21世纪高等学校规划教材 | 信息管理与信息系统

管理信息系统实用教程

汪维清 汪维华 编著

清华大学出版社
北京

内容简介

本书介绍了管理信息系统的相关概念、计算机硬软件技术基础、网络和数据库技术基础、管理信息系统开发技术的相关理论、方法和应用，同时介绍了包括决策支持系统、面向对象技术在内的管理信息系统的最新发展动向。本书的重点对象是非计算机专业学习信息技术的本科生，全书共分 11 章，主要内容包括绪论、计算机技术基础、管理信息系统开发基本问题、系统的规划与可行性研究、系统分析、系统设计、系统测试与维护、管理信息系统实施、管理信息系统的应用、决策支持系统、面向对象分析技术等。各章均配有一定习题。

本书既可作为高等学校管理类、信息类、经济类及工程类等专业的教材，也可以作为企事业单位相关的管理人员及工程技术人员学习、参考的材料。

为方便教师教学和读者自学，本书配有电子教案，读者可到相应的网站下载。

图书在版编目(CIP)数据

管理信息系统实用教程/汪维清，汪维华编著. —北京：清华大学出版社，2012.3
(21 世纪高等学校规划教材·信息管理与信息系统)
ISBN 978-7-302-27770-5

Ⅰ. ①管…　Ⅱ. ①汪… ②汪…　Ⅲ. ①管理信息系统－高等学校－教材　Ⅳ. ①C931.6

中国版本图书馆 CIP 数据核字(2011)第 280360 号

责任编辑：刘向威　薛　阳
封面设计：傅瑞学
责任校对：胡伟民
责任印制：杨　艳
出版发行：清华大学出版社
　网　　址：http://www.tup.com.cn，http://www.wqbook.com
　地　　址：北京清华大学学研大厦 A 座　　邮　　编：100084
　社 总 机：010-62770175　　邮　　购：010-62786544
　投稿与读者服务：010-62776969，c-service@tup.tsinghua.edu.cn
　质 量 反 馈：010-62772015，zhiliang@tup.tsinghua.edu.cn
　课 件 下 载：http://www.tup.com.cn，010-62795954
印 装 者：北京市密东印刷有限公司
经　　销：全国新华书店
开　　本：185mm×260mm　　印　张：16　　字　　数：400 千字
版　　次：2012 年 3 月第 1 版　　印　　次：2012 年 3 月第 1 次印刷
印　　数：1～3000
定　　价：26.00 元

产品编号：042992-01

出版说明

随着我国改革开放的进一步深化，高等教育也得到了快速发展，各地高校紧密结合地方经济建设发展需要，科学运用市场调节机制，加大了使用信息科学等现代科学技术提升、改造传统学科专业的投入力度，通过教育改革合理调整和配置了教育资源，优化了传统学科专业，积极为地方经济建设输送人才，为我国经济社会的快速、健康和可持续发展以及高等教育自身的改革发展做出了巨大贡献。但是，高等教育质量还需要进一步提高以适应经济社会发展的需要，不少高校的专业设置和结构不尽合理，教师队伍整体素质亟待提高，人才培养模式、教学内容和方法需要进一步转变，学生的实践能力和创新精神亟待加强。

教育部一直十分重视高等教育质量工作。2007 年 1 月，教育部下发了《关于实施高等学校本科教学质量与教学改革工程的意见》，计划实施"高等学校本科教学质量与教学改革工程(简称'质量工程')"，通过专业结构调整、课程教材建设、实践教学改革、教学团队建设等多项内容，进一步深化高等学校教学改革，提高人才培养的能力和水平，更好地满足经济社会发展对高素质人才的需要。在贯彻和落实教育部"质量工程"的过程中，各地高校发挥师资力量强、办学经验丰富、教学资源充裕等优势，对其特色专业及特色课程(群)加以规划、整理和总结，更新教学内容、改革课程体系，建设了一大批内容新、体系新、方法新、手段新的特色课程。在此基础上，经教育部相关教学指导委员会专家的指导和建议，清华大学出版社在多个领域精选各高校的特色课程，分别规划出版系列教材，以配合"质量工程"的实施，满足各高校教学质量和教学改革的需要。

为了深入贯彻落实教育部《关于加强高等学校本科教学工作，提高教学质量的若干意见》精神，紧密配合教育部已经启动的"高等学校教学质量与教学改革工程精品课程建设工作"，在有关专家、教授的倡议和有关部门的大力支持下，我们组织并成立了"清华大学出版社教材编审委员会"(以下简称"编委会")，旨在配合教育部制定精品课程教材的出版规划，讨论并实施精品课程教材的编写与出版工作。"编委会"成员皆来自全国各类高等学校教学与科研第一线的骨干教师，其中许多教师为各校相关院、系主管教学的院长或系主任。

按照教育部的要求，"编委会"一致认为，精品课程的建设工作从开始就要坚持高标准、严要求，处于一个比较高的起点上；精品课程教材应该能够反映各高校教学改革与课程建设的需要，要有特色风格、有创新性(新体系、新内容、新手段、新思路，教材的内容体系有较高的科学创新、技术创新和理念创新的含量)、先进性(对原有的学科体系有实质性的改革和发展，顺应并符合 21 世纪教学发展的规律，代表并引领课程发展的趋势和方向)、示范性(教材所体现的课程体系具有较广泛的辐射性和示范性)和一定的前瞻性。教材由个人申报或各校推荐(通过所在高校的"编委会"成员推荐)，经"编委会"认真评审，最后由清华大学出版社审定出版。

目前，针对计算机类和电子信息类相关专业成立了两个“编委会”，即“清华大学出版社计算机教材编审委员会”和“清华大学出版社电子信息教材编审委员会”。推出的特色精品教材包括：

(1) 21世纪高等学校规划教材·计算机应用——高等学校各类专业，特别是非计算机专业的计算机应用类教材。

(2) 21世纪高等学校规划教材·计算机科学与技术——高等学校计算机相关专业的教材。

(3) 21世纪高等学校规划教材·电子信息——高等学校电子信息相关专业的教材。

(4) 21世纪高等学校规划教材·软件工程——高等学校软件工程相关专业的教材。

(5) 21世纪高等学校规划教材·信息管理与信息系统。

(6) 21世纪高等学校规划教材·财经管理与计算机应用。

(7) 21世纪高等学校规划教材·电子商务。

清华大学出版社经过二十多年的努力，在教材尤其是计算机和电子信息类专业教材出版方面树立了权威品牌，为我国的高等教育事业做出了重要贡献。清华版教材形成了技术准确、内容严谨的独特风格，这种风格将延续并反映在特色精品教材的建设中。

清华大学出版社教材编审委员会
联系人：魏江江
E-mail：weijj@tup.tsinghua.edu.cn

前言

管理信息系统是将信息科学、管理科学、计算机科学技术、通信技术有机地结合在一起，是管理决策服务的管理应用平台，目的在于优化项目管理，共享信息资源，提高管理决策水平，增加企业的综合竞争实力。提高企业在同行业的影响力。它是提高工作效率，实现现代化管理的重要手段。

本书根据不同专业在内容上的差异，结合近几年教学改革的实践以及对人才培养的要求，对书中的结构进行了精心设计，对教学内容进行了精心安排。

全书共分11章，各章的主要内容如下。

第1章是绪论，介绍管理信息系统的概念及其相关知识，包括信息的概念及其相关基础知识、管理的概念及其相关知识、系统科学技术基础知识、管理信息系统的概念及其相关知识等。

第2章介绍计算机技术的基础知识，包括计算机硬件结构、计算机软件、计算机网络相关知识、数据库相关知识，是后续章节的入门和基础。

第3章介绍管理信息系统开发的基础知识，包括管理信息系统开发的基本任务、目的、开发方式与开发策略等基本问题，系统开发基本方法，系统开发工具以及系统开发的组织工作等。

第4章介绍系统规划与可行性分析的相关知识，包括系统规划模型、系统的初步调查、系统规划方法、系统可行性研究的任务、可行性研究的工具、可行性研究的内容和步骤以及可行性研究报告的内容等。

第5章介绍系统分析所涉及的相关知识，包括系统分析的基本知识、系统调查的内容和方法、系统分析的工具及其使用、系统分析建模方法和系统需求报告等。

第6章介绍系统设计的相关知识，包括系统设计概要知识、系统的总体设计、系统的详细设计、系统的代码设计、系统的界面设计、系统的输入输出设计以及系统设计报告书等。

第7章介绍系统实施的相关知识，包括系统实施的任务与准备工作、程序设计相关知识、系统测试相关知识、实施阶段的文档基本内容等。

第8章介绍系统运行与维护的相关知识，包括系统运行环境建设、系统运行相关工作、系统维护相关工作以及系统评价基本知识等。

第9章介绍管理信息系统的基本应用，包括企业资源计划和客户关系管理等。

第10章介绍决策支持系统的相关基础知识，包括决策支持系统的基本概念、决策方法、决策支持系统的功能、决策支持系统的体系结构以及决策支持系统的其他形式等。

第11章介绍面向对象开发方法的相关知识，包括面向对象的概念、面向对象分析相关知识、面向对象设计相关知识、面向对象实现相关知识以及面向对象测试的相关知识等。

全书由汪维清、汪维华编写，其中，第1、4～8章由汪维清编写，第2、3、9～11章由汪维华编写。

管理信息系统开发是一项不断发展变化的技术，涉及的知识博大精深，鉴于作者水平有限，经验不足，书中一定存在不少错误和不当之处，恳请专家、同行和读者批评指正。

编　者

2011年9月

目录

第1章 绪论

介绍管理信息系统的概念及其相关知识，包括信息的概念及其相关基础知识、管理的概念及其相关知识、系统科学技术基础知识、管理信息系统的概念及其相关知识等。通过本章的学习，实现以下目标：

- 了解信息的概念及其特点；
- 了解管理的概念及其基本特征；
- 了解系统的基本含义；
- 掌握管理信息系统基本概念及其功能。

1.1 信息基础知识

1.1.1 信息的概念

信息（Information）是以适合于通信、存储或处理的形式来表示的知识或消息。"信息"一词由来已久，早在两千多年前我国的西汉，即有"信"字的出现。"信"常可作消息来理解。作为日常用语，"信息"经常是指"音讯、消息"的意思，到目前为止，"信息"一词还没有统一的、公认的定义。下面介绍几个具有代表性的定义。

- 信息是物质、能量、信息及其属性的标示。
- 信息是确定性的增加。
- 信息是事物现象及其属性标识的集合。
- 信息是以物质介质为载体，传递和反映世界各种事物存在的方式和运动状态的表征。
- 信息是物质运动规律总和，信息不是物质，也不是能量！
- 信息是客观事物状态和运动特征的一种普遍形式，客观世界中大量地存在、产生和传递着以这些方式表示出来的各种各样的信息。
- 信息论的创始人香农认为"信息是能够用来消除不确定性的东西"。
- 周戟教授对信息的定义：信息是系统的组成部分，是物质和能量的形态、结构、属性和含义的表征，是人类认识客观的纽带。如物质表现为具有一定质量、体积、形状、颜色、温度、强度等性能。这些物质的属性都是以信息的形式表达的。我们通过信息认识物质、认识能量、认识系统、认识周围世界。

综合以上定义可以将“信息”定义为：信息是反映客观世界中各种事物的特征和变化并可借某种载体加以传递的有用知识。

同信息相关的概念还有“数据”和“知识”。

数据是对客观事物记录下来的、可以鉴别的符号，这些符号不仅指数字，而且包括字符、文字、图形等；数据经过处理仍然是数据。处理数据是为了便于更好地解释，只有经过解释，数据才有意义，才成为信息；可以说信息是经过加工以后，并对客观世界产生影响的数据。

所谓知识，就是反映各种事物的信息进入人们大脑，对神经细胞产生作用后留下的痕迹。知识是由信息形成的。信息是对客观世界各种事物的特征的反映，是关于客观事实的可通信的知识。

在管理过程中，同一数据，每个人的解释可能不同，其对决策的影响也可能不同。结果，决策者利用经过处理的数据做出决策，可能取得成功，也可能失败，这里的关键在于对数据的解释是否正确，即是否正确地运用知识对数据做出解释，以得到准确的信息。

1.1.2 信息的特点

信息具有以下特点。

- 可识别性：信息是可以识别的，识别又可分为直接识别和间接识别，直接识别是指通过感官的识别，间接识别是指通过各种测试手段的识别。不同的信息源有不同的识别方法。
- 可存储性：信息是可以通过各种方法存储的。
- 可扩充性：信息随着时间的变化，将不断扩充。
- 可压缩性：人们对信息进行加工、整理、概括、归纳就可使之精练，从而浓缩。
- 可传递性：信息的可传递性是信息的本质特征。
- 可转换性：信息是可以由一种形态转换成另一种形态。
- 特定范围内有效性：信息在特定的范围内是有效的，否则是无效的。信息有许多特性，这是信息区别于物质和能量的特性。
- 客观性：信息是数据处理的结果，是事物变化和状态的反映。由于事物的状态、特性和变化是不以人的意志为转移而客观存在的。所以能反映这种客观存在的信息同样具有客观性。
- 主观性：信息不仅具有客观性，还具有主观性。因为不同的人对同一信息的范围、评价、处理，以及认识的角度等都是不同的，带有一定的主观性。
- 时滞性：任何信息从信源传播到接收者都要经过一定时间。

1.1.3 信息的生命周期

信息生命周期是指信息数据存在一个从产生到使用、维护、存档，直至删除的一个生命周期。一般来说，从管理的角度而言，信息数据的生命周期分为5个阶段：

(1) 产生；

(2) 传播；

(3) 使用；

(4) 维护；

(5) 归宿(存档或删除)。

这 5 个阶段的关系如图 1-1 所示。

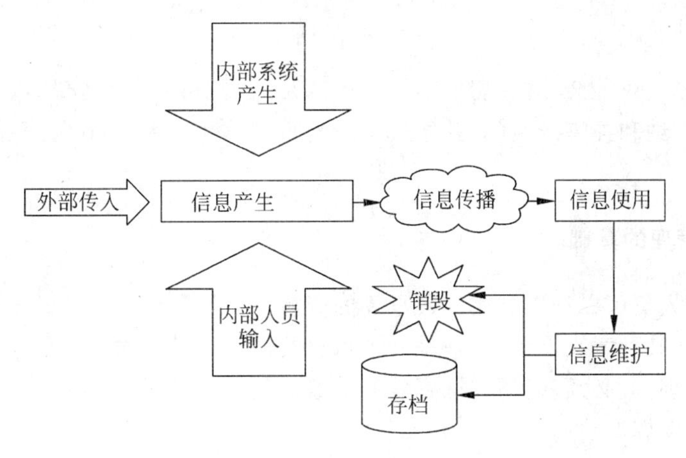

图 1-1　信息生命周期

1. 产生

产生阶段指信息数据从无到有的起源。信息数据可以是企业内部的某一个或某些人员创立的，也可以是从外部接收的，还可以是信息系统本身运行所产生的。例如，各种来往商业函件、计算机系统的输入/输出、员工编写的各种报告、报表、统计数据等。

2. 传播

传播阶段是指数据一旦产生后，按照某种方式在企业内部或外部进行传递并到达最终用户手中的过程。

3. 使用

使用是指在信息到达最终用户手中后对数据进行的分析、统计和以其为基础进行的商业、政治和道德决策。

4. 维护

维护是指对信息的管理，这种管理包括存放、读取、传输、拷贝、备份等。

5. 归宿(存档或删除)

归宿是指对已经使用过的信息进行最终处理。这种最终处理可能是存档，例如对各种法律法规要求存档的文件进行最后归档。也有可能是删除，对于使用过且不再需要的信息可以进行此种处理，例如对个人电子邮件的处理。其中，存档时间的长短依赖于该信息的法律价值、历史价值、情感价值、商业价值、军事价值和政治价值。

1.1.4 信息的作用

信息具有以下作用。

1. 认识作用

人类对自然界、对社会、对一切事物的认识都是通过对得到和已知的信息进行分析、比较、整理、分类、归纳和提炼产生的,并通过不断地重复这个过程产生更深层的信息,达到认识世界的目的。

2. 信息是管理的基础

信息是管理人员可以加以利用的最重要的资源。一切管理行为都是通过信息的传递和反馈来实现的,从某种意义上说,管理是一个信息的输入、处理、输出的反馈系统。任何组织要实现有效的管理,就必须获得及时、有效的信息。管理者需要获得足够的信息,才能保证管理功能的正常发挥。

3. 信息是决策的依据

决策是组织或个人为了将来达到某种目的而做出的一系列决定,是一种方案创造及选优的过程。决策是制定经济发展方针、政策的依据。为了保证决策的正确性、科学性和有效性,在决策过程中,应当得到全面、准确、及时的信息。在现代社会中,人与人、人与社会、人与自然的交往日趋复杂,人们的行为受到多种因素影响。

4. 信息对社会发展的作用

信息对社会发展具有重要的作用。

1)信息是推动社会进步的动力

社会的发展,离不开信息。“科学技术是生产力”是马克思主义的一个基本原则。在人类历史的发展过程中,石器时代的文明延续了二百多万年,人类有文字的历史虽然只是五千年左右,但这五千年的文明发展,远远超越了二百多万年的人类史。然而,人类的近代文明发展只有短短的近三百年,但这三百年的发展历史中,科学技术这一生产力造就了人类社会的近代文明。科学研究、发明创造要转换成推动人类进步的生产力,就需要信息的支撑。充分开发和利用信息资源,使社会劳动力掌握更多的知识。提高劳动者的素质,可以创造出更多的符合社会需求的物质财富和精神财富,从而推动社会文明的进步。当今社会,人与人之间、部门之间、企业之间、国家之间依赖于信息而维系,通过及时、准确地交流信息,可以消除误解,化解矛盾,增进了解,加强友谊,从而促进社会的进步和发展。

2)信息是社会再生产有序进行的保证

社会再生产是生产与流通过程的统一,社会再生产由行业部门、各种经济成分的社会组织构成。如何使生产与流通的各个部门、各个环节统一协调起来,信息起了十分关键的作用。信息沟通了各部门、各组织的联系,联系着社会再生关系这个系统的方方面面。没有信息,企业的生产、管理、决策都将不能进行,社会的再生产过程就要陷入混乱。

3）信息是促进科技发展的手段

我们所处的世界是一个充满竞争的世界，竞争的关键是科技的竞争，而科技竞争的关键就是要获得、消化、吸收科学技术信息。科学技术信息不仅能有助于我们掌握国内外科技发展的最新动态，避免重复别人的工作，还能直接采用别人的先进技术，使我们的科学技术的发展水平处于高起点，甚至在某些方面有所超越。

1.2　管理基础知识

1.2.1　管理概念

管理（management）是一种社会现象和文化现象，它是一种与人类社会共生的社会活动，只要有人类社会存在，就会存在着管理活动。彼得·杜拉克曾经说过："在人类历史上，还很少有什么事比管理的出现和发展更为迅猛，对人类具有更为重大和更为激烈的影响"。但是把管理作为一门科学来进行系统的研究，是近一两百年的事。那么究竟什么是管理呢？同"信息"一词的定义一样，管理的定义也没有一个统一的定义。下面是几个代表性的定义。

- 法约尔（Henri Fayol，1841—1925）1916 年提出管理是由计划、组织、指挥、协调及控制等职能为要素组成的活动过程。
- 管理是在某一组织中，为完成目标而从事的对人与物质资源的协调活动。
- 管理是协调人际关系，激发人的积极性，以达到共同目标的一种活动。
- 毛泽东 1964 年提出管理也是社会主义教育。
- 德鲁克提出管理是一种以绩效责任为基础的专业职能。
- 赫伯特·西蒙（Herbert Simon）提出管理就是决策。

综合以上定义可以将"管理"定义为：管理是一定组织中的管理者，通过实施计划、组织、人员配备、指导与领导、控制等职能来协调他人的活动，使别人同自己一起实现既定目标的活动过程。

管理可以分为很多种类，比如行政管理、社会管理、工商企业管理、人力资源管理等。在现代市场经济中工商企业的管理最为常见。每一种组织都需要对其事务、资产、人员、设备等所有资源进行管理。每个人也同样需要管理，比如管理自己的起居饮食、时间、健康、情绪、学习、职业、财富、人际关系、社会活动、精神面貌（即穿着打扮）等。企业管理可分为几个分支：人力资源管理、财务管理、生产管理、物控管理、营销管理、成本管理、研发管理等。在企业系统的管理上，又可分为企业战略、业务模式、业务流程、企业结构、企业制度、企业文化等系统的管理。

任何一种管理活动都必须由以下 4 个基本要素构成。

- 管理主体：回答由谁管的问题；
- 管理客体：回答管什么的问题；
- 组织目的：回答为何而管的问题；
- 组织环境或条件：回答在什么情况下管的问题。

既然管理行为本身就是由上述这 4 个管理要素决定的，那么构成管理行为的这 4 个管理要素当然应在管理的定义中首先得到体现。其次，由于要真正进行管理活动，还必须要运用为达到管理目的的管理职能和管理方法，即解决如何进行管理的问题。这一点也应该在管理的定义中能够得到体现。但是，法约尔在管理的定义中直接指出了管理就是实行计划、组织、指挥、协调和控制，如果简单地把管理理解为计划、组织、指挥、协调和控制这些活动的总称，那么管理就成了一项项具体的活动而失去了它统一的实质。管理的定义应该反映客观管理活动的一般的、本质的特征，或者说，管理的定义中一定要反映管理的本质，即追求效率。

1.2.2 管理的基本特征

管理具有以下基本特征。

- 管理是一种社会现象或文化现象。
- 管理的“载体”就是“组织”。
- 管理的任务是设计和维持一种体系，使在这一体系中共同工作的人们能够用尽可能少的支出，去实现他们既定的目标。
- 管理的职能包括计划、组织、人员配备、指导与领导、控制 5 项职能。
- 管理的层次分上、中、下。
- 管理的核心是处理各种人际关系。
- 管理者的角色。

1.2.3 管理职能与原则

管理职能，指管理承担的功能。现在最为广泛接受的是将管理分为以下 4 项基本职能。

- 计划(planning)：计划就是确定组织未来发展目标以及实现目标的方式。
- 组织(organizing)：服从计划，并反映组织计划完成目标的方式。
- 领导(leading)：运用影响力激励员工以便促进组织目标的实现。同时，领导也意味着创造共同的文化和价值观念，在整个组织范围内与员工沟通组织目标和鼓舞员工树立起谋求卓越表现的愿望。此外，领导也包括对所有部门，职能机构的直接与管理者一道工作的员工进行激励。
- 控制(controlling)：对员工的活动进行监督，判定组织是否正朝着既定的目标健康地向前发展，并在必要的时候及时采取矫正措施。

法国管理学者法约尔最初提出把管理的基本职能分为计划、组织、指挥、协调和控制。后来，又有学者认为人员配备、领导、激励、创新等也是管理的职能。何道谊在《论管理的职能》中依据业务过程把管理分为目标、计划、实行、检馈、控制、调整 6 项基本职能，加之人力、组织、领导三项人的管理方面的职能，系统地将管理分为 9 大职能。

管理的基本原则是“用力少，见功多”，以越少的资源投入、耗费，取得越大的功业、效果。细分为四种情况：产出不变，支出减少；支出不变，产出增多；支出减少，产出增多；支出增多，产出增加更多。这里的支出包括资金、人力、时间、物料、能源等的消耗。

1.2.4 企业管理的组织结构

管理组织机构是对企业中管理工作关系的一种静态的、形式上的安排，它反映企业中若干相互关联的构成要素如管理职位、管理部门和管理层次之间的排列组合方式。企业在一定时期的管理组织结构设置，通常可用一张组织图来加以表示，就像人体有其基本骨架一样，任何组织都在相当程度上需要有某种架构形式来对组织任务加以分化和整合。这种架构安排是否合理，对于组织任务的完成具有重要的影响。

在长期的企业组织变革的实践活动中，西方管理学家曾提出过一些组织设计基本原则，如管理学家厄威克曾比较系统地归纳了古典管理学派泰罗、法约尔、马克斯·韦伯等人的观点，提出了8条指导原则：目标原则、相符原则、职责原则、组织阶层原则、管理幅度原则、专业化原则、协调原则和明确性原则；美国管理学家孔茨等人，在继承古典管理学派的基础上，提出了健全组织工作的15条基本原则：目标一致原则、效率原则、管理幅度原则、分级原则、授权原则、职责的绝对性原则、职权和职责对等原则、统一指挥原则、职权等级原则、分工原则、职能明确性原则、检查职务与业务部门分设原则、平衡原则、灵活性原则和便于领导原则。

管理的组织形式归纳起来可以分为以下几种。

1. U形组织

U形(united structure)组织是根据职能来实行部门化的一种组织设计形式，著名的新制度主义经济学家 Oliver E. Williamson 将这种组织形式称为U形组织。在U形组织中，人员和单位根据像营销和制造这样的职能进行分组。U形结构具体可分为以下三种形式。

1) 直线结构(line structure)

直线结构的组织形式是沿着指挥链进行各种作业，每个人只向一个上级负责，必须绝对地服从这个上级的命令。直线结构适用于企业规模小、生产技术简单，而且还需要管理者具备生产经营所需要的全部知识和经验。这就要求管理者应当是"全能式"的人物，特别是企业的最高管理者。

2) 职能结构(functional structure)

职能结构是按职能实行专业分工的管理办法来取代直线结构的全能式管理。下级既要服从上级主管人员的指挥，也要听从上级各职能部门的指挥。

3) 直线职能制(line and function system)

直线职能制结构形式是保证直线统一指挥，充分发挥专业职能机构的作用。从企业组织的管理形态来看，直线职能制是U形组织的最为理想的管理架构，因此被广泛采用。

U形组织的优点是：

- 职能部门任务专业化，这可以避免人力和物力资源的重复配置；
- 便于发挥职能专长，这点对许多职能人员颇有激发力；
- 可以降低管理费用，这主要来自于各项职能的规模经济效益。

U形组织的缺点是：

- 狭隘的职能眼光，不利于企业满足迅速变化的顾客需要；
- 一部门难以理解另一部门的目标和要求；
- 职能部门之间的协调性差；

- 不利于在管理队伍中培养全面的管理人才，因为每个人都力图向专业的纵向方向发展自己。

【例 1-1】 图 1-2 所示的是一直线组织结构

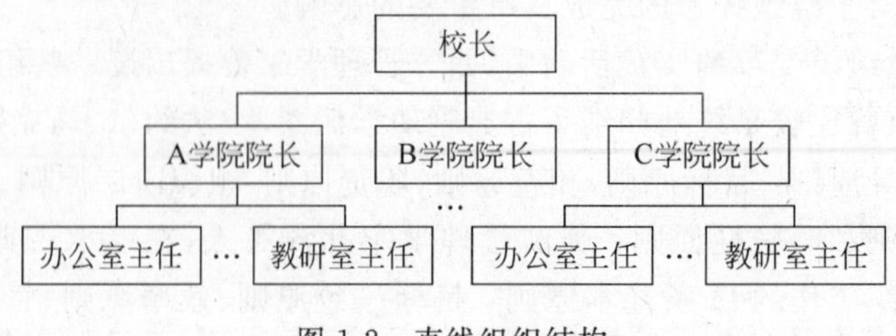

图 1-2 直线组织结构

2. M形组织

M形结构(multidivisional structure)亦称事业部制或多部门结构，有时也称为产品部式结构或战略经营单位。这种结构可以针对单个产品、服务、产品组合、主要工程或项目、地理分布、商务或利润中心来组织事业部。

实行事业部制的企业，可以按职能机构的设置层次和事业部取得职能部门支持性服务的方式划分为以下三种类型。

1）产品事业部结构(product division structure)

总公司设置研究与开发(R&D)、设计、采购、销售等职能部门，事业部主要从事生产，总公司有关职能部门为其提供所需要的支持性服务。

2）多事业部结构(Multi-division structure)

总公司下设多个事业部，各个事业部都设立自己的职能部门，进行科研、设计、采购、销售等支持性服务。各个事业部生产自己设计的产品，自行采购和自行销售。

3）矩阵式结构(matrix structure)

是对职能部门化和产品部门化两种形式相融合的一种管理形式，通过使用双重权威、信息以及报告关系和网络把职能设计和产品设计结合起来，同时实现纵向与横向联系。

M形控股公司组织结构集权程度较高，突出整体协调功能。它成为目前国际上特别是欧美国家大型公司组织形态的主流形式。

M形控股公司组织结构模式的优点有：

- 实现了集权和分权的适度结合，既调动了各事业部发展的积极性，又能通过统一协调与管理，有效制定和实施集团公司的整体发展战略，能做到上下联动，互相有效配合，反应速度更加敏捷；
- 日常经营决策交付各事业部、职能部门进行，与长期的战略性决策分离，这使得高层领导可以从繁重的日常事务中解脱出来，有更多的时间、精力进行协调、评价和做出重大决策。

M形模式的缺点是：管理层次增加，协调和信息传递困难加大，从而一定程度上增加了内部交易费用。

【例 1-2】 图 1-3 显示了矩阵式结构。

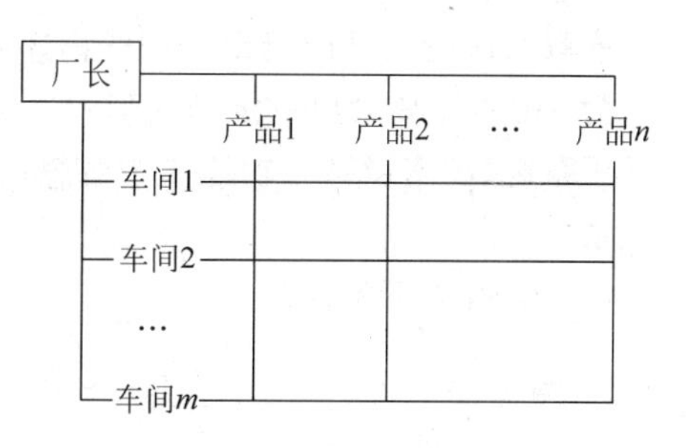

图 1-3 矩阵式结构

3. H 型组织

H 形结构（holding company form，H-form）即控股公司结构，它严格讲起来并不是一个企业的组织结构形态，而是企业集团的组织形式。H 形公司持有子公司或分公司部分或全部股份，下属各子公司具有独立的法人资格，是相对独立的利润中心。

控股公司依据其所从事活动的内容，可分为纯粹控股公司（pure holding company）和混合控股公司（mixed holding company）。纯粹控股公司是指，其目的只是掌握子公司的股份，支配被控股子公司的重大决策和生产经营活动，而本身不直接从事生产经营活动的公司。混合控股公司指既从事股权控制，又从事某种实际业务经营的公司。

H 形结构中包含了 U 形结构，构成控股公司的子公司往往是 U 形结构。

【例 1-3】 图 1-4 显示了 H 形组织结构。

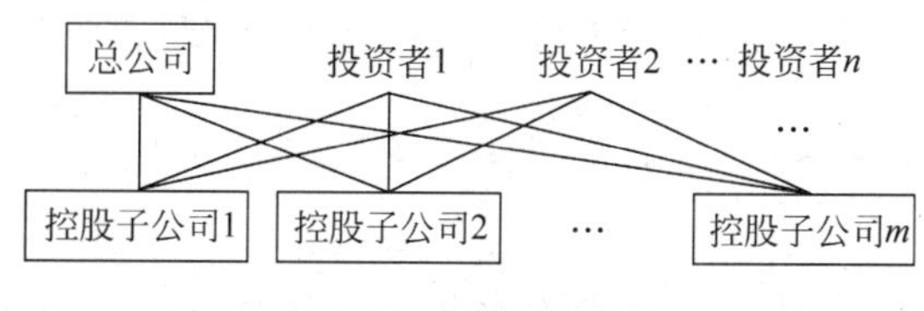

图 1-4 H 形组织结构

4. 虚拟组织

虚拟组织又称为动态联盟，它是由多个企业、公司、组织机构组成的临时性的组织，当一项任务来临时，各企业组成联盟，任务完成后联盟自动解散，但相互仍然保持联系。虚拟组织是现代信息技术发展的产物，特别是互联网技术的发展，电子商务应用的普及，使不同地域的企业、公司、组织机构在逻辑上构成一个组织。

1.3 系统科学基础

1.3.1 系统的概念与特征

“系统”一词历史悠久，来源于古希腊语，是由部分构成整体的意思。同信息、管理的概念一样，系统的概念目前也没有统一的、公认的定义，人们从不同的角度对系统进行了不同的定义，具有代表性的定义有：

- 系统是诸元素及其顺序行为的给定集合。
- 系统是有组织的和被组织化的全体。
- 系统是有联系的物质和过程的集合。系统是许多要素保持有机的秩序，向同一目的行动的东西。

一般系统论则试图给出一个能描述各种系统共同特征的一般的系统定义，通常把系统定义为：由若干要素以一定结构形式连接构成的具有某种功能的有机整体。在这个定义中包括了系统、要素、结构、功能 4 个概念，表明了要素与要素、要素与系统、系统与环境三方面的关系。

系统具有以下特征。

1. 整体性

系统的整体性是指系统是由若干要素组成的具有一定功能的有机整体，各个要素一旦组成系统整体，就表现出独立要素所不具备的性质和功能，形成新系统的质的规定性，从而表现出的整体的性质和功能不等于各个要素的性质和功能的简单相加。整体与部分的关系可以有两种情况：一种是各个部分简单凑合在一起；另一种是各个部分有机地结合在一起，即有一定的结构，各个部分相互联系、相互制约，构成有机整体即系统。如中国人常说的"三个臭皮匠赛过一个诸葛亮"。

整体性是系统最重要的特性，是系统论的基本原理。系统之所以称为系统，首先是系统具备整体性。系统的整体性是由系统的有机关联性作为保证的。一方面，系统内部各要素相互关联、相互作用；另一方面，系统与外部环境有物质、能量、信息的交换，有相应的输入、输出。

2. 层次性

层次性是系统的一种基本特征。系统的层次性指的是由于组成系统的种种差异，使系统组织在地位、作用、结构和功能上表现出等级秩序性，形成具有质的差异的系统等级。系统是多层次的，例如，在一个层次上，我们看到了天文实体：星系团、星系、星团、恒星、行星和它们的附属体；在另一层次上，有物理学、化学、生物学、生态学、社会学，甚至还有国际关系方面的实体。

3. 目的性

任何系统都具有明确的目的性。所谓目的就是系统运行要达到的预期目标，它表现为系统所要实现的各项功能。系统目的或功能决定着系统各要素的组成和结构。

系统的目的性原理，具有实践上的指导意义。一个系统的状态不仅可以用其现实状态来表示，还可以用发展状态来表示，用现实状态与发展状态的差距来表示。因此，人们既可以从原因来研究结果，也可以从结果来研究原因，按照设定的目的来要求一定的原因。系统工程方法的基本思想是：要解决的问题有一个明确的目标，我们要选取达到它的几种途径，并从其中找出一种最好的途径，实施并加以监控、修正，最后达到目标。

4. 系统的稳定性

系统的稳定性指在外界作用下的开放系统有一定的自我稳定能力，能够在一定范围内自我调节，从而保持和恢复原有的有序状态、原有的结构和功能。

系统稳定性是开放之中的稳定性，动态中的稳定性。系统发展中的稳定态指的是稳定的定态，稳定不等于静止。

系统的稳定性与系统的整体性、目的性实际上是相互联系的。它们都与系统的负反馈能力有关，与在负反馈基础上的自我调节、自我稳定能力相联系。由于系统的这种内在能力，使系统得以消灭偏离稳定状态的失稳因素而稳定存在，使系统保持整体性、目的性。

5. 系统的突变性

系统的突变性是指系统通过失稳从一种状态进入另一种状态的一种剧烈变化过程。它是系统质变的一种基本形式。突变是一种普遍的自然现象和社会现象。系统的突变通过失稳而发生，因此突变与系统的稳定性有关。突变成为系统发展过程中的非平衡因素，是稳定中的不稳定。当系统个别要素的运动状态或结构功能的变异得到其他要素的响应时，子系统之间的差异进一步扩大，加大了系统内的非平衡。当它响应到整个系统时，整个系统一起行动起来，系统就要质变，进入新的状态。

6. 系统的自组织性

系统的自组织是指开放系统在内外因素的作用下，自发组织起来，使系统从无序到有序，从低级有序到高级有序。

7. 系统的相似性

相似性是系统的基本特征。系统相似性是指系统具有同构和同态的特性，体现在系统结构、存在方式和演化过程具有共同性。

系统的相似性的根本原因在于世界的物质统一性。系统的相似性体现着系统的统一性。系统的整体性、层次性、目的性等都是系统统一性的表现。

1.3.2 系统的分类

从不同的角度，可以将系统分为不同的类别。常用的系统分类有以下几种。

1. 按系统的复杂性分

系统思想诞生于人类应付日益增加“有组织的复杂性”的尝试。博尔丁(E. E. Boulding)提出了一个把系统从低级到高级，从简单到复杂按层次划分的系统结构框架，将物理的、生物的和社会的所有系统分成 3 类 9 个层次，如图 1-5 所示。

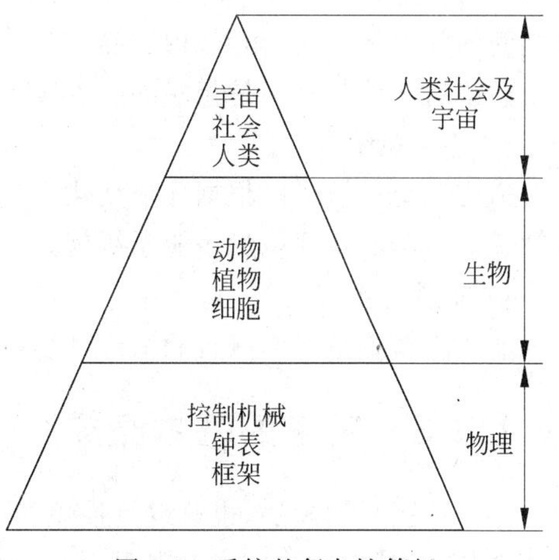

图 1-5　系统的复杂性等级

2. 按照系统的起源分

按照系统的起源不同，分为自然系统和人工系统两类。

1) 自然系统

自然系统是自然进化形成的系统。自然系统的组成部分是自然物质，例如生物系统、银河系统、原子核结构系统等。

2）人工系统

人工系统是为了满足人类需求而建立的系统。人工系统种类繁多，但归纳起来，主要包括三大类：人工物理系统、人工抽象系统、人类活动系统。

- 人工物理系统：人工物理系统起源于人类的某个目的，是为某个目的设计出来的，其存在也是为了服务于该目的。
- 人工抽象系统：人工抽象系统代表着人类有序的有意识产品，例如数学、诗歌和哲学。它们本身是抽象系统，有了书、磁带、蓝图等人工物理系统作为载体，才为人们所把握。它们也是与某个目的有关而存在，例如为了扩大知识。
- 人类活动系统：人类活动系统是有目的的人类活动的集合。这类系统起源于人的自我意识。

3. 按照抽象程度分

按照抽象程度系统可以分为以下几类。

1）实体系统

实体系统是由具体实体、具体物质组成的系统。实体系统的最主要特征是完全确定性，例如：机械、矿物、生物等系统。

2）概念系统

概念系统是由概念、原理、方法、制度、程度、步骤等非物质实体组成的系统。概念系统是人们根据系统目标和以往的知识构思出来的系统。例如：科学技术系统、管理系统、教育系统等。

4. 按系统与环境的关系分

按照系统与环境的关系，可以将系统划分为以下几类。

1）开放系统

开放系统是系统与外界环境之间有物质、能量和信息交换的系统。开放系统与环境之间的关系密切，环境对系统影响大。

2）封闭系统

封闭系统是与外界环境至今几乎不存在物质、能量和信息交换的系统。封闭系统与环境之间的关系不密切，环境对系统影响小。

系统的开放与封闭是相对的。事实上，纯粹的封闭系统是不存在的。

3）适应系统

适应系统是指可以根据环境变化而自动适应环境的系统，例如：市场经济环境下，能够自动适应市场经济环境的企业系统就是适应系统。

4）非适应系统

非适应系统是指不能自动适应环境的系统，例如：不能适应市场经济环境的企业系统。

1.3.3 系统的基本组成

系统可以是物理的，也可以是抽象的。虽然各种实际的物理系统的组成、结构和功能等方面都各不相同，但从宏观上来看所有的系统都包括输入、处理和输出三个基本部分。

1. 输入部分

系统的输入部分是指系统所接收的物质、能量和信息等。系统的输入部分所输入的是系统处理所需要的原料、处理对象等。

2. 处理部分

系统的处理部分是根据输入的原料、处理对象，按照一定的规则、模式，按照系统的目标，按照用户的意愿进行加工处理。

3. 输出部分

输出就是系统经过处理后产生的另外一种物质、能量和信息。

1.4 管理信息系统概述

1.4.1 基本概念

管理信息是指那些以文字、数据、图表、音像等形式描述的，能够反映组织各种业务活动在空间上的分布状况和时间上的变化程度，并能给出对组织的管理决策和管理目标的实现有参考价值的数据、情报资料。管理信息都是专门为某种管理目的和管理活动服务的信息。

管理信息是管理科学、信息科学、计算机科学技术、通信技术的有机组合，其涉及的基本概念有：信息、信息系统、管理信息系统等，这里对这些基本概念进行介绍，为后面的学习奠定基础。

前面已经介绍了信息的定义，它是反映客观世界中各种事物的特征和变化并可借某种载体加以传递的有用知识。信息是现实世界事物存在的方式或运动状态，是一种已经被加工为特定形式的数据。

信息系统是由计算机硬件、网络和通信设备、计算机软件、信息资源、信息用户和规章制度组成的以处理信息流为目的的人机一体化系统。

管理信息系统(Management Information System，MIS)是在20世纪80年代形成的，管理信息系统的创始人明尼苏达大学管理学院的著名教授高登·戴维斯(Gordon B. Davis)给出了一个较完善的管理信息系统的定义：管理信息系统是利用计算机硬件和软件，手工作业，分析、计划、控制和决策的模型。该定义说明了管理信息系统的功能模型和组成，也说明了管理信息系统的目标有高、中、低三个层次，也就是分别在决策层、管理层和运行层三个层次上支持管理活动。

按照《中国企业管理百科全书》中的定义，管理信息系统被定义为：管理信息系统是一个由人、计算机等组成的进行信息的收集、传递、加工、维护和使用的系统。它能实测企业的各种运行情况，利用过去的数据预测未来，从全局出发辅助企业进行决策，利用信息控制企业的行为，帮助企业实现其规划目标。

因此可以将管理信息系统定义为：是一个以人为主导，利用计算机硬件、软件及其他办公设备进行信息的收集、传递、存储、加工、维护和使用的系统，以企业战略竞争、提高收益和效率为目的，支持企业高层决策、中层控制和基层操作。主要功能包括经营管理、资产管理、生产管理、行政管理和系统维护等。

一个完整的管理信息系统应包括：决策支持系统(DSS)、工业控制系统(CCS)、办公自动化系统(OA)以及数据库、模型库、方法库、知识库和与上级机关及外界交换信息的接口。其中，特别是办公自动化系统、与上级机关及外界交换信息的接口等都离不开 Intranet(企业内部网)的应用。可以这样说，现代企业管理信息系统不能没有 Intranet，但 Intranet 的建立又必须依赖于管理信息系统的体系结构和软硬件环境。

1.4.2 管理信息系统的分类

管理信息系统含义广泛，至今没有一个公认的分类方法，根据不同的分类依据有不同类别的管理信息系统，下面是几种分类。

1. 按组织职能划分

按组织职能可以将管理信息系统划分为办公系统、决策系统、生产系统和信息系统。

2. 按信息处理层次划分

按照信息处理层次可以将管理信息系统划分为面向数量的执行系统、面向价值的核算系统、报告监控系统、分析信息系统、规划决策系统，它们自底向上形成信息金字塔。

3. 按发展历史划分

按发展历史可以将管理信息系统划分为第一代管理信息系统、第二代管理信息系统和第三代管理信息系统。第一代 MIS 是由手工操作，使用的工具是文件柜、笔记本等。第二代 MIS 增加了机械辅助办公设备，如打字机、收款机、自动记账机等。第三代 MIS 使用计算机、电传、电话、打印机等电子设备。

4. 按照系统作用范围划分

随着电信技术和计算机技术的飞速发展，现代 MIS 从地域上划分已逐渐由局域范围走向广域范围。

5. 按管理信息系统的综合结构划分

按管理信息系统的综合结构可以划分为横向综合结构和纵向综合结构，横向综合结构指同一管理层次各种职能部门的综合，如劳资、人事部门。纵向综合结构指把具有某种职能的各管理层的业务组织在一起，如上下级的对口部门。

6. 按系统的功能和服务对象划分

按系统的功能和服务对象，可分为国家经济信息系统、企业管理信息系统、事务型管理信息系统、行政机关办公型管理信息系统和专业型管理信息系统等。

1) 国家经济信息系统

国家经济信息系统是一个包含各个综合统计部门(如国家计委、国家生产委员会和国家统计局）在内的国家级信息系统。这个系统能纵向联合各个省市、地市、各县甚至各个重点企业的经济信息系统，横向联合外贸、能源、交通等各个行业信息系统，形成一个纵横交错、覆盖全国的总和经济信息系统。

2）企业管理信息系统

企业管理信息系统面向工厂、企业，主要进行管理信息的加工处理，这是一类最复杂的管理信息系统。企业复杂的管理活动给管理信息系统提供了典型的应用环境和广阔的应用舞台，大型企业的管理信息系统都很大，“人、财、物”、“产、供、销”以及质量、技术应有尽有，同时技术要求也很复杂，因而常被作为典型的管理信息系统进行研究，从而有力地促进了管理信息系统的发展。

3）事务型管理信息系统

事务型管理信息系统面向事业单位，主要进行日常事物处理，如医院管理信息系统、饭店管理信息系统、学校管理信息系统等。由于不同应用单位处理的事务不同，这些管理信息系统的逻辑模型也不尽相同，但基本的处理对象都是管理事务信息，决策工作相对较小，因而要求系统具有很高的实时性和数据处理能力，数学模型使用较少。

4）行政机关办公型管理信息系统

国家各级行政机关办公管理信息系统，对提高领导机关的办公质量和效率，改进服务水平具有重要意义。办公管理信息系统的特点是办公自动化和无纸化，其特点与其他各类信息管理系统有很大不同。

5）专业型管理信息系统

专业型管理信息系统指从事特定行业或领域的管理信息系统，如人口管理信息系统、材料管理信息系统、科技人才管理信息系统、房地产管理信息系统等。这类信息系统专业性很强，信息相对专业，主要功能是收集、存储、加工、预测等，技术相对简单，规模一般较大。

此外，还有一类专业性很强的管理信息系统，如铁路运输管理信息系统、电力建设管理信息系统、银行信息系统、民航信息系统等，其特点是综合性很强，包含了上述各种管理信息系统的特点，也称为“综合型”信息系统。

1.4.3　管理信息系统的功能和特点

管理信息系统的基本功能有以下几种。

1. 数据处理功能

包括数据收集和输入、数据传输、数据存储、数据加工处理和输出。全面、准确地向管理者提供他们所需要的各种信息。

2. 控制功能

根据各职能部门提供的数据，对计划的执行情况进行监测、检查、比较执行与计划的差异，对差异情况分析其原因，辅助管理人员及时以各种方法加以控制。这样便于管理者及时地发现问题，解决问题。

3. 预测功能

由于管理信息系统使用了一定的数学方法并且引入了预测模型，所以它可以利用历史的数据对将要发生的活动进行预测，从而使管理者尽早地指定未来发展的战略。

4. 计划功能

管理信息系统能够根据企业提供的约束条件，合理地安排各职能部门的计划，按照不同的管理层，提供相应的计划报告，大大提高了管理工作的效率。

5. 决策支持功能

采用各种数学模型和所存储在计算机中的大量数据，及时推导出有关问题的最优解或满意解，辅助各级管理人员进行决策，以期合理利用人、财、物和信息资源，取得较大的经济效益。

管理信息系统既是技术系统，同时也是社会系统。因为就其功能来说，管理信息系统是组织理论、会计学、统计学、数学模型及经济学的混合物，它全面使用计算机技术、网络通信技术、数据库技术等，是多学科交叉的边缘技术，因此是技术系统。从社会技术系统的观点来看，MIS和组织结构之间是相互影响的，引进MIS将导致新组织结构的产生，而现存的组织结构又对MIS的分析、设计、引进的成功与否产生重要影响，其影响要素包括组织环境、组织战略、组织目标、组织结构、组织过程和组织文化。

MIS具有以下特点：

(1) 管理信息系统是一个人机交互作用的系统；
(2) 管理信息系统是一个一体化的集成系统；
(3) 面向管理决策的系统；
(4) 现代管理方法与手段相结合的系统；
(5) 采用了数学模型；
(6) 多学科交叉的边缘学科。

1.4.4 企业MIS建设基本原则

企业管理信息系统建设的几个基本原则如下。

1. 系统观点

企业信息系统作为一个系统，具备系统的基本特性，它可以分解为一组相互关联的子系统，这些子系统各自有其独立的功能，有其边界，输入与输出。但各子系统之间彼此联系、配合，共同实现系统的总目标。这反映了系统的目的性。

对子系统本身进行观察，它也是一个独立的系统，有其自身的目标、界限、输入与输出。一个子系统还可分解为更低一层的子系统，逐级分层便构成了系统的层次性。

开发企业信息系统，必须用系统的总体观点来进行。在系统的总目标下，设置各个子系统。开发子系统时，必须首先搞清楚系统与该子系统的关系，子系统与子系统之间的相互关系，也就是某个子系统与其他子系统之间的信息输入、输出关系。孤立地开发一个个小项目只能是事倍功半，从形式上看起来可能见效快，但总体来看效率低，进度慢。

2. 用户观点

管理信息系统是为管理人员决策服务的。管理人员就是系统的用户，只有用户使用方便满意的系统才称得上是好的系统。而为一个用户所接受、在实际工作中真正服务于用户的成功的管理信息系统是离不开用户的参与的。从最初的总体规划的制定，到系统分析、系统设计，以及最后的系统实施的全过程，都需要用户与系统开发人员的真诚合作。管理信息系统的开发包括用户自己，用户不仅是使用管理信息系统的主人，也是开发管理信息系统的主人。系统开发人员与用户真诚的合作是系统成功的关键。

3. "一把手"原则

开发管理信息系统是一个周期长，耗资大，涉及面广的一项任务。它需要专业技术人员、管理人员和相关的职能科室的业务管理人员的协同配合。它的开发影响到管理方式、规章制度以及职责范围，甚至会涉及管理机构的变化。这种影响面大的开发工作，没有最高层领导，特别是企业一把手的参与和具体领导，协调各部门的需求与步调，开发工作不可能顺利进行。系统开发的成败在一定程度上决定于领导层的参与与支持，也称为一把手原则。

4. 重视企业信息系统的战略规划

作为一项复杂的系统工程，企业信息系统的战略规划是非常重要的。

严格区分企业信息系统开发工作的阶段性，每个阶段必须规定明确的任务，提供相应的文档资料，作为下一个阶段的依据，这些原则都是企业信息系统的开发过程中所积累的工作经验和教训。如不严格按阶段进行开发，将会给工作带来极大的混乱，以致返工或某些工作推倒重来，系统分析未完成之前，就匆忙地选机型，确定硬件配置，或系统设计未完成之前，就开始编写程序，这都是开发企业信息系统经常出现的情况，这样做，很可能造成浪费与返工。

1.5 案例分析

【案例背景】：北京某企业，主要业务为煤炭运输及买卖。员工常年从山西和陕西向天津港运煤，并由天津港海运到日本销售给固定大客户。老板李总发现许多员工在运输过程中常常偷偷卖煤，中饱私囊。每次追究起来，员工们均称为自然损耗。李总虽然心知肚明，却查无实据，困惑不已。

【案例策略】：经过研究探讨，李总决定运用管理信息软件系统。首先，分别给每个煤炭供应方开通账号，并记录下每批煤的初始过磅数据。其次，给天津港过磅人员开通账号，记录下每批煤的最终数据。接着，定期计算出当期每个员工每批煤的损耗率。这些数据都只有运煤员工当事人及老板知道。最后，在公司最显眼的地方公布出当期损耗率匿名排行榜(只公布煤的相关数据，不指明员工姓名)。实行之后，效果明显，损耗率迅速下降，三个月后达到让李总惊喜的程度。

1.6 思考与练习

1. 简述信息的基本定义。
2. 信息与数据、知识之间的关系是什么?
3. 管理活动的基本要素是什么?
4. 管理的基本职能是什么?
5. 简述系统的特征。
6. 简述管理信息与管理信息系统的关系。
7. 管理信息系统的基本功能有哪些?
8. 企业建立管理信息系统的基本原则是什么?

第2章 计算机技术基础

介绍管理信息系统开发与应用过程中所涉及的计算机技术相关基础知识，包括计算机的系统结构、计算机网络技术、数据库技术等。本章涉及的内容比较多，通过本章的学习，主要实现以下目标：

- 了解计算机的体系结构及各部分的功能与分类等；
- 了解计算机网络的基本功能和组成结构以及网络的分类；
- 了解数据的体系结构；
- 掌握关系数据库的设计技术。

2.1 计算机系统

计算机在当今高速发展的信息社会之中已经得到了广泛应用，并且是管理信息系统的物质基础。对每一台计算机的外观，大家都不会陌生，甚至很多人已经能非常熟练的操作计算机了，但是对于那些还没有掌握计算机的人来说，同时对于信息管理的应用和管理人员而言，首先了解计算机的基本结构和工作原理，对于以后的信息管理大有帮助。

计算机系统具有接收和存储信息、按程序快速计算和判断并输出处理结果等功能。一个完整的计算机系统是由硬件系统和软件系统组成的。前者是借助电、磁、光、机械等原理构成的各种物理部件的有机组合，是系统赖以工作的实体。后者是各种程序和文件，用于指挥系统按指定的要求进行工作。

2.1.1 计算机体系结构

冯·诺依曼体系结构是现代计算机的基础，现在大多数计算机仍然采用的是冯·诺依曼计算机的组织结构，只是对其做了一些改进而已，并没有从根本上突破冯·诺依曼体系结构的束缚。冯·诺依曼也因此被人们称为“计算机之父”。因此，在这里简单介绍计算机系统结构——冯·诺依曼体系结构。

冯·诺依曼计算机主要由运算器、控制器、存储器、输入设备和输出设备5部分组成，它的特点如下。

(1) 采用存储程序方式，指令和数据不加区别地存储在同一个存储器中，数据和程序在内存中是没有区别的，它们都是内存中的数据。指令指针寄存器指针指向哪里，中央处理器(Central Processing Unit，CPU)就加载哪段内存中的数据，如果是不正确的指令格式，

CPU 就会发生错误中断。在 CPU 的保护模式中，每个内存段都有其描述符，这个描述符记录着这个内存段的访问权限(可读、可写、可执行)。这就变相的指定了该内存中存储的是指令还是数据指令和数据都可以送到运算器进行运算，即由指令组成的程序是可以修改的。

(2) 存储器是按地址访问的线性编址的一维结构，每个单元的位数是固定的。

(3) 指令由操作码和地址组成。操作码指明本指令的操作类型，地址码指明操作数和地址。操作数本身无数据类型的标志，它的数据类型由操作码确定。

(4) 通过执行指令直接发出控制信号控制计算机的操作。指令在存储器中按其执行顺序存放，由指令计数器指明要执行的指令所在的单元地址。指令计数器只有一个，一般按顺序递增，但执行顺序可按运算结果或当时的外界条件而改变。

(5) 以运算器为中心，输入输出(Input/Output，I/O)设备与存储器间的数据传送都要经过运算器。

(6) 数据以二进制表示。

2.1.2 计算机硬件系统

冯·诺依曼体系结构计算机硬件的各个组成部分的功能如下。

1. 运算器

运算器又称算术逻辑单元(Arithmetic Logic Unit，ALU)。它是计算机对数据进行加工处理的部件，包括算术运算(加、减、乘、除等)和逻辑运算(与、或、非、异或、比较等)。不同的计算机，其运算器的结构也不同，但最基本的结构都是由算术/逻辑运算单元、累加器(ACC)、寄存器组、多路转换器和数据总线等逻辑部件组成的。

2. 控制器

控制器负责从存储器中取出指令，并对指令进行译码；根据指令的要求，按时间的先后顺序，负责向其他各部件发出控制信号，保证各部件协调一致地工作，并一步一步地完成各种操作。控制器主要由指令寄存器、译码器、程序计数器、操作控制器等组成。

3. 存储器

存储器是计算机记忆或暂存数据的部件。计算机中的全部信息，包括原始的输入数据，经过初步加工的中间数据以及最后处理完成的有用信息都存放在存储器中。而且，指挥计算机运行的各种程序，即规定对输入数据如何进行加工处理的一系列指令也都存放在存储器中。存储器分为内存储器(内存)和外存储器(外存)两种。

4. 输入设备

输入设备是给计算机输入信息的设备。它是重要的人机接口，负责将输入的信息(包括数据和指令)转换成计算机能识别的二进制代码，并送入存储器保存。如键盘、鼠标等。

5. 输出设备

输出设备是输出计算机处理结果的设备。在大多数情况下,它将这些结果转换成便于人们识别的形式。如显示器、打印机等。

硬件系统的核心是中央处理器。它主要由控制器、运算器等组成。CPU 是采用大规模集成电路工艺制成的芯片,因此又称为微处理器芯片。输入设备与输出设备统称为输入输出(I/O)设备。

计算机硬件系统结构如图 2-1 所示。其工作原理是:首先将程序或原始数据通过输入设备(如键盘)输入到存储器中,运算器再根据程序中的指令在控制器的控制下进行算术运算或逻辑运算,运算器中的数据来自于先前存储器输入到运算器中的原始数据,并将运算结果返回到存储器中,最后处理结果由存储器通过输出设备(如显示器)输出。

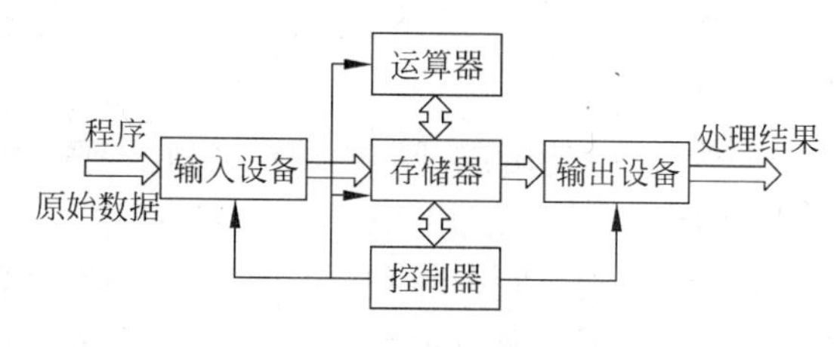

图 2-1 计算机硬件结构

计算机的主要性能指标有以下几种。

1) 运算速度

计算机的运算速度是指计算机每秒钟执行的指令数。单位为每秒百万条指令(Million Instractions Per Second,MIPS)或者每秒百万条浮点指令(Million Floating Point Operations Per Second,MFPOPS)。

2) 机器处理字长

机器字长是指参与运算的数的基本位数,它是由加法器、寄存器的位数决定的,所以机器字长一般等于内部寄存器的大小。字长标志着精度,字长越长,计算的精度就越高。

在计算机中为了更灵活地表达和处理信息,又以字节(B)为基本单位。一个字节等于 8 位二进制位(b)。

3) 内存储器的容量

内存储器,也简称主存,是 CPU 可以直接访问的存储器,需要执行的程序与需要处理的数据就是存放在主存中的。内存储器容量的大小反映了计算机即时存储信息的能力。随着操作系统的升级,应用软件的不断丰富及其功能的不断扩展,人们对计算机内存容量的需求也不断提高。

4) 外存储器的容量

外存储器容量通常是指硬盘容量(包括内置硬盘和移动硬盘)。外存储器容量越大,可存储的信息就越多,可安装的应用软件就越丰富。

2.1.3 计算机软件系统

软件(software)是一系列按照特定顺序组织的计算机数据和指令的集合。一般来讲,软件被划分为系统软件、应用软件和介于这两者之间的中间件。软件并不只是包括可以在计算机(这里的计算机是指广义的计算机)上运行的电脑程序,与这些电脑程序相关的文档一般也被认为是软件的一部分。简单来说,软件就是程序加文档的集合体。一般来讲,软件被划分为系统软件、应用软件。

系统软件是指控制和协调计算机及外部设备,支持应用软件开发和运行的系统,是无须用户干预的各种程序的集合,主要功能是调度、监控和维护计算机系统;负责管理计算机系统中各种独立的硬件,使得它们可以协调工作。系统软件使得计算机使用者和其他软件将计算机当做一个整体,而不需要顾及到底层每个硬件是如何工作的。系统软件包括以下几个部分。

- 服务程序:诊断、排错等。
- 语言程序:汇编、编译、解释等。
- 操作系统。
- 数据库管理系统。

应用软件(application software)是用户可以使用的各种程序设计语言,以及用各种程序设计语言编制的应用程序的集合,分为应用软件包和用户程序。应用软件包是利用计算机解决某类问题而设计的程序的集合,供多个用户使用。应用软件是为满足用户不同领域、不同问题的应用需求而提供的那部分软件。它可以拓宽计算机系统的应用领域,放大硬件的功能。常用的应用软件有:

- 互联网软件;
- 文本编辑软件;
- 办公软件;
- 图像处理软件;
- 影音播放软件。

下面介绍几种常用软件。

1. 操作系统

在计算机软件中最重要且最基本的就是操作系统(Operating System,OS)。它是计算机最底层的软件,它控制所有计算机运行的程序并管理整个计算机的资源,是计算机裸机与应用程序及用户之间的桥梁。没有它,用户也就无法使用各种软件或程序。

操作系统是计算机系统的控制和管理中心,从资源角度来看,它具有处理机管理、存储器管理、设备管理、文件管理等4项功能。

2. 数据库管理系统

数据库管理系统(Database Management System,DBMS)是一种操纵和管理数据库的大型软件,用于建立、使用和维护数据库。

3. 办公软件

办公软件指可以进行文字处理、表格制作、幻灯片制作、简单数据库的处理等方面工作的软件。包括微软 Office 系列、金山 WPS 系列、永中 Office 系列、红旗 2000 RedOffice、致力协同OA系列等。目前办公软件的应用范围很广，大到社会统计，小到会议记录，数字化的办公，都离不开办公软件的鼎力协助。目前办公软件朝着操作简单化，功能细化等方向发展。讲究大而全的Office系列和专注于某些功能深化的小软件并驾齐驱。另外，政府用的电子政务，税务用的税务系统，企业用的协同办公软件，这些都叫办公软件，不再限制是传统的打字，做表格之类的软件。

4. 图像处理软件

图像处理软件是用于处理图像信息的各种应用软件的总称，专业的图像处理软件有Adobe的Photoshop系列；基于应用的处理管理、处理软件Picasa等，还有国内很实用的大众型软件彩影，非主流软件有美图秀秀，动态图片处理软件有Ulead GIF Animator，GIF Movie Gear等。

5. 程序设计语言

程序设计语言(programming language)是用于书写计算机可以执行的程序的语言，语言的基础是一组符号串和一组规则。根据规则由符号串构成的总体就是语言。

2.2 网络技术

随着计算机硬件和软件技术的不断发展，计算机应用也在不断地深入和普及，特别是个人计算机的普及应用，广大的用户对彼此之间进行信息共享和信息交流的需求越来越强烈。同时由于个人计算机性能低下，用户希望能够有效地利用中、大型计算机的资源及服务器的硬软件资源，基于这些原因，计算机网络技术的出现与发展成为必然。

2.2.1 计算机网络的基本概念

计算机网络是计算机技术与现代通信技术相结合的产物，那么究竟什么是计算机网络呢？简单地说，计算机网络就是一些相互连接的、以共享资源为目的的、自治的计算机的集合。另外，从广义上看，计算机网络是以传输信息为基础目的，用通信线路将多个计算机连接起来的计算机系统的集合。从用户角度看，计算机网络是这样定义的：存在着一个能为用户自动管理的网络操作系统，由它调用完成用户所调用的资源，而整个网络像一个大的计算机系统一样，对用户是透明的。比较通用的定义是所谓计算机网络就是指将地理位置不同的具有独立功能的多台计算机及其外部设备，通过通信线路连接起来，在网络操作系统，网络管理软件及网络通信协议的管理和协调下，实现资源共享和信息传递的计算机系统。

2.2.2 计算机网络的基本功能与用途

建立计算机网络的基本目的是实现数据通信和资源共享，因此，计算机网络必须实现资源共享与数据通信功能，除此之外，还有其他功能。计算机网络的主要功能可归纳为以下几类。

1. 资源共享

建立计算机网络的主要目的之一就是实现资源共享，因此，资源共享是计算机网络的基本功能之一。通过计算机网络，可以让网络上的用户在任何地方共享网络上的资源，这里的资源包括硬件、软件和信息资源等。

- 硬件资源共享。可以在全网范围内提供对处理资源、存储资源、输入/输出资源等昂贵设备的共享，使用户节省投资，也便于集中管理和均衡分担负荷。
- 软件资源共享。允许互联网上的用户远程访问各类大型数据库，可以得到网络文件传送服务、远程进程管理服务和远程文件访问服务，从而避免软件研制上的重复劳动以及数据资源的重复存储，也便于集中管理。
- 信息共享。信息也是一种资源，Internet 就是一个巨大的信息资源宝库，其上有极为丰富的信息，它就像是一个信息的海洋，有取之不尽，用之不竭的信息与数据。每一个接入 Internet 的用户都可以共享这些信息资源。可共享的信息资源有：搜索与查询的信息，Web 服务器上的主页及各种链接，FTP 服务器中的软件，各种各样的电子出版物，网上消息、报告和广告，网上大学，网上图书馆等。

2. 数据通信

数据通信是计算机网络的基本功能之一，通过计算机网络可以为网络用户提供强有力的通信手段。建设计算机网络的另一个目的就是让分布在不同地理位置的计算机用户能够相互通信、交流信息。计算机网络可以传输数据以及声音、图像、视频等多媒体信息。利用网络的通信功能，可以发送电子邮件、打电话、在网上举行视频会议等。

3. 提高计算机的可靠性和可用性

计算机通过网络中的冗余部件可大大提高可靠性。例如在工作过程中，一台机器出了故障，可以使用网络中的另一台机器；网络中一条通信线路出了故障，可以取道另一条线路，从而提高了网络整体系统的可靠性。系统的可靠性对于军事、金融和工业过程控制等部门特别重要。

4. 分布式处理

对于大型的课题，可以分为许多的小题目，由分布在网络中不同的计算机分别完成，然后再集中起来，解决问题，这就是分布式处理。这特别适合于解决 NP 等特大问题的处理。因为这些问题，一台计算机是根本就没有办法在有限的时间之内完成课题任务，通过分布式处理既可以大大提高计算机处理问题的速度，也能够实现负荷均衡。负荷均衡是指将网络中的工作负荷均匀地分配给网络中的各计算机系统。当网络上某台主机的负载过重时，通过网络和一些应用程序的控制和管理，可以将任务交给网络上其他的计算机去处理，充分发挥网络系统上各主机的作用。

随着现代信息社会进程的推进，通信和计算机技术的迅猛发展，计算机网络的应用也越来越普及，它几乎深入到社会的各个领域。计算机网络的基本用途有：

- 信息共享与办公自动化；

- 电子邮件；
- IP 电话；
- 在宽带计算机网络中，可以实现在线实时新闻和现场直播；
- 在线游戏；
- 网上交友和实时聊天；
- 电子商务及商业应用；
- 文件传输；
- 网上教学与远程教育；
- 网上冲浪 WWW；
- 网格计算机系统。

2.2.3 计算机网络的组成结构

计算机网络在物理组成上可以分为资源子网、通信子网和通信协议等几个部分，如图 2-2 所示。

下面详细介绍这几个部分的含义、任务和组成结构。

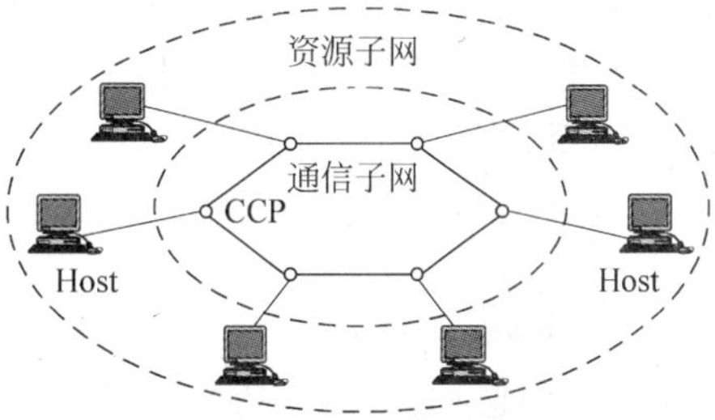

图 2-2 计算机网络的组成结构

1. 资源子网

资源子网是指用户端系统(局内调度自动化网、MIS 网和变电站的局域网)，其主要负责全网的信息处理和数据处理业务，向网络用户提供各种网络资源和网络服务。

资源子网的主体为网络资源设备，主要包括网络中所有的主计算机、I/O 设备和终端，各种网络协议、网络软件、数据库、系统软件和应用软件等，具体设备有：

(1) 用户计算机(也称工作站)；
(2) 网络存储系统；
(3) 网络打印机；
(4) 独立运行的网络数据设备；
(5) 网络终端；
(6) 服务器；
(7) 网络上运行的各种软件资源；
(8) 数据资源等。

主机(host)就是主计算机系统，它可以是大型机、中型机或小型机。主机是资源子网的主要组成单元，它通过高速通信线路与通信子网的通信控制处理机相连接。普通用户终端通过主机连入网内。主机要为本地用户访问网络其他主机设备和资源提供服务，同时为远程服务用户共享本地资源提供服务。

终端(terminal)是用户访问网络的界面。终端可以是简单的输入、输出终端，也可以是带有微处理机的智能终端。终端可以通过主机连入网内，也可以通过终端控制器、报文分组组装与拆卸装置或通信控制处理机连入。

2. 通信子网

通信子网就是指网络中实现网络通信功能的设备及其软件的集合，通信设备、网络通信协议、通信控制软件等属于通信子网，是网络的内层，负责信息的传输。主要为用户提供数据的传输、转接、加工、变换等。

通信子网的硬件设备主要有：网络适配器、中继器、集线器、网桥、路由器、交换机、网关、服务器及传输电缆。下面简单介绍这些有关的互连设备的作用及其工作在网络体系结构模型的哪一个层次。

(1) 网络适配器(网卡)：工作在物理层，网络适配器是使计算机联网的设备，其内核是链路层控制器，该控制器实现了许多链路层服务，这些服务包括成帧、链路接入、流量控制、差错检测等。

(2) 中继器：是工作于物理层的一种设备，用于简单的网络扩展，是接收单个信号再将其广播到多个端口的电子设备。

(3) 集线器(hub)：多口的中继器。

① 集线器的类型包括：

- 被动集线器；
- 主动集线器；
- 智能集线器。

② 集线器的作用主要有：

- 用于简单的网络扩展，增加局域网络的传输距离，进行信号再生放大，但无过滤功能；
- 共享带宽，因此，机子连得越多则每台机子得到的带宽就越少；
- 集线器工作在开放式系统互联参考模型(Open System Interconnect Reference Model，OSI 参考模型)的物理层。

(4) 网桥(bridge)。

① 网桥的类型有：

- 透明网桥；
- 源路由网桥。

② 网桥的作用是：

- 是两个局域网之间建立连接的桥梁，用于扩展局域网和通信手段。
- 能连接两个不同类型的局域网；如以太网、令牌环网。
- 可以把一个大网分成多个小的子网，还可以有选择地将带有地址的信号从一个传输介质发送到另一传输介质。这样可以平衡各网段的负载，减少网段内的信息量，提高网络性能。
- 可以提供过滤功能，并能有效地限制两个介质系统中无关紧要的通信，防止传送某一 LAN 段的报文穿过与它们毫不相关的网段，减少网络的信息量，提高性能。
- 网桥工作在 OSI 的数据链路层。

(5) 交换机：交换机是一种基于 MAC 地址识别，能完成封装转发数据包功能的网络设备。交换机工作在数据链路层。

(6) 路由器：是用于连接多个逻辑上分开的网络设备，具有实现协议转换、判断网络地址和路径选择的功能。它能在多网络互联环境中建立灵活的连接，可用完全不同的数据分组和介质访问方法连接各种子网。一般来说，异种网络互联或多个子网互联都应采用路由器。路由器工作在网络层。

(7) 网关：网关(gateway)又称网间连接器、协议转换器。网关在传输层上以实现网络互联，是最复杂的网络互联设备，仅用于两个高层协议不同的网络互联。

3. 通信协议

通过通信信道和设备互连起来的多个不同地理位置的数据通信系统，要使其能协同工作实现信息交换和资源共享，它们之间必须具有共同的语言。交流什么、怎样交流及何时交流，都必须遵循某种互相都能接受的规则。这个规则就是通信协议。通信协议是指双方实体完成通信或服务所必须遵循的规则和约定。协议定义了数据单元使用的格式，信息单元应该包含的信息与含义，连接方式，信息发送和接收的时序，从而确保网络中数据顺利地传送到确定的地方。

协议主要由以下三个要素组成。

- 语法："如何讲?"，数据的格式、编码和信号等级(电平的高低)。
- 语义："讲什么?"，数据内容、含义以及控制信息。
- 定时：速率匹配和排序。

由于网络协议非常复杂，为了将协议简单化，通常在计算机网络中将网络协议进行分解，按照层次结构分解，再分别处理，使复杂的问题简化，以便于网络的理解及各部分的设计和实现。每一层实现相对独立的功能，下层向上层提供服务，上层是下层的用户；有利于交流、理解、标准化；协议仅针对某一层，为同等实体之间通信制定；易于实现和维护；灵活性较好，结构上可分割。标准的分层参考模型是OSI参考模型，该模型是一个逻辑上的定义，它把网络从逻辑上分为了7层，如图2-3所示。

应用层
表示层
会话层
传输层
网络层
数据链路
物理层

图2-3　OSI参考模型

在OSI参考模型中，从下至上，每一层完成不同的、目标明确的功能。

(1) 物理层规定了激活、维持、关闭通信端点之间的机械特性、电气特性、功能特性及过程特性。该层为上层协议提供了一个传输数据的物理媒体。在物理层中数据的单位称为比特(b)。属于物理层定义的典型规范代表包括EIA/TIA RS-232、EIA/TIA RS-449、RJ-45等。

(2) 数据链路层在不可靠的物理介质上提供可靠的传输。该层的作用包括物理地址寻址、数据的成帧、流量控制、数据的检错、重发等。在数据链路层中数据的单位称为帧(frame)。数据链路层协议的代表包括SDLC、HDLC、PPP、STP、帧中继等。

(3) 网络层负责对子网间的数据包进行路由选择。此外，网络层还可以实现拥塞控制、网际互联等功能。在网络层中数据的单位称为数据包(packet)。网络层协议的代表包括IP、IPX、RIP、OSPF等。

(4) 传输层是第一个端到端，即主机到主机的层次。传输层负责将上层数据分段并提供端到端的、可靠的或不可靠的传输。此外，传输层还要处理端到端的差错控制和流量控制问题。在传输层中数据的单位称为数据段(segment)。传输层协议的代表包括 TCP、UDP、SPX 等。

(5) 会话层管理主机之间的会话进程,即负责建立、管理、终止进程之间的会话。会话层还利用在数据中插入校验点来实现数据的同步。会话层协议的代表包括 NetBIOS、ZIP(AppleTalk 区域信息协议)等。

(6) 表示层对上层数据或信息进行变换以保证一个主机应用层信息可以被另一个主机的应用程序理解。表示层的数据转换包括数据的加密、压缩、格式转换等。表示层协议的代表包括 ASCII、ASN.1、JPEG、MPEG 等。

(7) 应用层为操作系统或网络应用程序提供访问网络服务的接口。应用层协议的代表包括 Telnet、FTP、HTTP、SNMP 等。

还有一种工业标准分层参考模型,那就是 TCP/IP 协议,TCP/IP 协议由 4 层组成:应用层、传输层、互联网层、网络接口层。每层又包括若干具体协议,如图 2-4 所示。

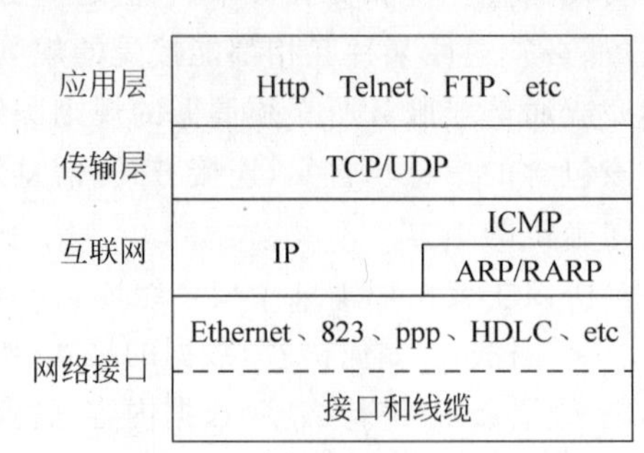

图 2-4 TCP/IP 协议模型

TCP/IP 分层模型的 4 个协议层分别完成以下的功能。

(1) 网络接口层包括用于协助 IP 数据在已有网络介质上传输的协议。实际上 TCP/IP 标准并不定义与 OSI 数据链路层和物理层相对应的功能。相反,它定义像地址解析协议(Address Resolution Protocol,ARP)这样的协议,提供 TCP/IP 协议的数据结构和实际物理硬件之间的接口。

(2) 互联网对应于 OSI 七层参考模型的网络层。本层包含 IP 协议、路由信息协议(Routing Information Protocol,RIP),负责数据的包装、寻址和路由。同时还包含网间控制报文协议(Internet Control Message Protocol,ICMP)用来提供网络诊断信息。

(3) 传输层对应于 OSI 七层参考模型的传输层,它提供两种端到端的通信服务。其中 TCP 协议(Transmission Control Protocol)提供可靠的数据流传输服务,UDP 协议(Use Datagram Protocol)提供不可靠的用户数据报服务。

(4) 应用层对应于 OSI 七层参考模型的应用层和表达层。因特网的应用层协议包括 Finger、Whois、FTP(文件传输协议)、Gopher、HTTP(超文本传输协议)、Telent(远程终端协议)、SMTP(简单邮件传送协议)、IRC(因特网中继会话)、NNTP(网络新闻传输协议)。

为了保障系统的正常运转和服务,计算机网络系统需要通过专门软件,对网络中的各种资源进行全面的管理、调度和分配,并保障系统的安全。网络软件是实现网络功能的必不可缺的支撑环境。网络软件通常指以下 5 种类型的软件:网络协议和协议软件、网络通信软件、网络操作系统软件、网络管理软件及网络应用软件。

2.2.4 计算机网络的分类

计算机网络的类型是多种多样的,按照地理范围可以将计算机网络类型划分为局域网、城域网、广域网和互联网 4 种。按照拓扑结构可以将计算机网络类型划分为星状结构、总线型结构、树状结构、网状结构、蜂窝状结构、分布式结构等。

1. 按照地理范围分类

按这种标准可以把各种网络划分为局域网、城域网、广域网和互联网4种。这种划分是一种大家都认可的通用网络划分标准。一般来说，局域网只能是一个较小区域内，城域网是不同地区的网络互联，不过在此要说明的一点就是这里的网络划分并没有严格意义上地理范围的区分，只能是一个定性的概念。下面简要介绍这几种计算机网络。

1）局域网(Local Area Network，LAN)

通常我们常见的LAN就是指局域网，这是最常见、应用最广的一种网络。所谓局域网就是在一个局部的地理范围内，将各种计算机、外部设备和数据库等互相连接起来组成的计算机通信网。局域网覆盖的地理范围比较小，一般在几十米到几千米之间。它常用于组建一个办公室、一栋楼、一个楼群、一个校园或一个企业的计算机网络。局域网可以由一个建筑物内或相邻建筑物的几百台至上千台计算机组成，也可以小到连接一个房间内的几台计算机、打印机和其他设备。局域网主要用于实现短距离的资源共享。

局域网的特点是连接范围窄、用户数少、配置容易、连接速率高。目前局域网最快的速率要算现今的10G以太网了。IEEE的802标准委员会定义了多种主要的LAN网：以太网(Ethernet)、令牌环网(Token Ring)、光纤分布式接口网络(FDDI)、异步传输模式网(ATM)以及最新的无线局域网(WLAN)。这些都将在后面详细介绍。

2）城域网(Metropolitan Area Network，MAN)

城域网是一种大型的LAN，它的覆盖范围介于局域网和广域网之间，一般为几千米至几万米，这种网络一般来说是在一个城市，但不是同一地理小区范围内的计算机互连。它采用的是IEEE 802.6标准。MAN与LAN相比扩展的距离更长，连接的计算机数量更多，在地理范围上可以说是LAN网络的延伸。

城域网所使用的通信设备和网络设备的功能要求比局域网高，以便有效地覆盖整个城市的地理范围。一般在一个大型城市中，城域网可以将多个学校、企事业单位、公司和医院的局域网连接起来共享资源。

3）广域网(Wide Area Network，WAN)

广域网也称远程网。通常跨接很大的物理范围，所覆盖的范围从几十千米到几千千米，它一般是在不同城市之间的LAN或者MAN网络互联，地理范围可从几百千米到几千千米。

因为距离较远，信息衰减比较严重，所以这种网络一般是要租用专线，通过IMP(接口信息处理)协议和线路连接起来，构成网状结构，解决循径问题。这种城域网因为所连接的用户多，总出口带宽有限，所以用户的终端连接速率一般较低，通常为9.6Kb/s～45Mb/s如：邮电部的CHINANET、CHINAPAC和CHINADDN网。

4）互联网(Internet)

互联网又称为“英特网”、Web、WWW和“万维网”等。Internet是广域网的一种，但它不是一种具体独立性的网络，它将同类或不同类的物理网络(局域网、广域网与城域网)互联，并通过高层协议实现不同类网络间的通信。

从地理范围来说，它可以是全球计算机的互连，这种网络的最大的特点就是不定性，整个网络的计算机数量每时每刻随着人们网络的接入在不断地变化。当用户连在互联网上的时候，用户的计算机可以算是互联网的一部分，但一旦当用户断开互联网的连接时，用户的计算机就不属于互联网了。但它的优点也是非常明显的，就是信息量大，传播广，无论用户身处何地，只要连上互联网用户就可以对任何可以联网用户发出信函和广告。因为这种网络的复杂性，所以这种网络实现的技术也是非常复杂的。

2. 按照拓扑结构分类

网络的拓扑结构是抛开网络物理连接来讨论网络系统的连接形式，网络中各站点相互连接的方法和形式称为网络拓扑。拓扑图给出网络服务器、工作站的网络配置和相互间的连接，它的结构主要有星状结构、环状结构、总线型结构、树状结构、网状结构、蜂窝状结构、分布式结构等。

1）星状结构

星状结构网络如图 2-5 所示。在星状拓扑结构中，网络有中央节点，其余每个节点都由一个单独的通信线路连接到中心节点上。中心节点控制全网的通信，任何两个节点的相互通信，都必须经过中心节点。这种结构以中央节点为中心，因此又称为集中式网络。因为中心节点是网络的瓶颈，所以这种拓扑结构又称为集中控制式网络结构。

星状结构网络具有如下特点：

- 结构简单，便于管理；
- 控制简单，便于建网；
- 网络延迟时间较小，传输误差较低。

其缺点是：

- 成本高；
- 可靠性较低；
- 资源共享能力也较差。

2）环状结构

环状拓扑结构中，每台计算机都与相邻的两台计算机相连，从而构成一个封闭的环状，整个网络结构既没有起点也没有终点，如图 2-6 所示。每个节点设备只能与它相邻的一个或两个节点设备直接通信，数据在环路中沿着一个方向在各个节点间传输，信息从一个节点传到另一个节点。

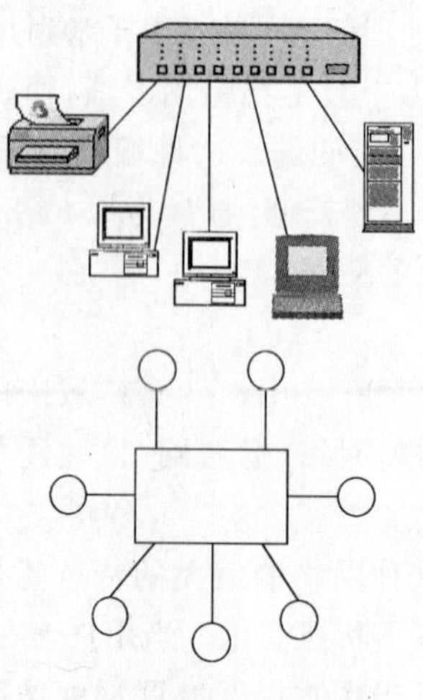

图 2-5 星状结构网络

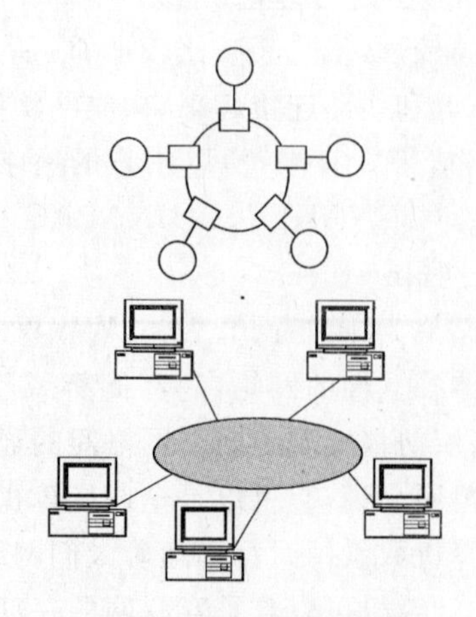

图 2-6 环状结构网络

环状结构具有如下特点：

- 信息流在网中是沿着固定方向流动的，两个节点仅有一条道路，故简化了路径选择的控制；环路上各节点都是自举控制，故控制软件简单；
- 由于信息源在环路中是串行地穿过各个节点，当环中节点过多时，势必影响信息传输速率，使网络的响应时间延长；
- 环路是封闭的，不便于扩充；
- 可靠性低，一个节点故障，将会造成全网瘫痪；
- 维护难，对分支节点故障定位较难。

3）总线型结构

总线型结构是指各工作站和服务器均挂在一条总线上如图 2-7 所示，各工作站地位平等，无中心节点控制，公用总线上的信息多以基带形式串行传递，其传递方向总是从发送信息的节点开始向两端扩散，如同广播电台发射的信息一样，因此又称广播式计算机网络。各节点在接收信息时都进行地址检查，看是否与自己的工作站地址相符，相符则接收网上的信息。

总线型结构的网络特点如下：

- 结构简单，可扩充性好；
- 当需要增加节点时，只需要在总线上增加一个分支接口便可与分支节点相连，当总线负载不允许时还可以扩充总线；
- 使用的电缆少，且安装容易；使用的设备相对简单，可靠性高；
- 维护难，分支节点故障查找难。

4）树状结构

树状结构是分级的集中控制式网络如图 2-8 所示，与星状相比，它的通信线路总长度短，成本较低，节点易于扩充，寻找路径比较方便，但除了叶节点及其相连的线路外，任一节点或其相连的线路故障都会使系统受到影响。

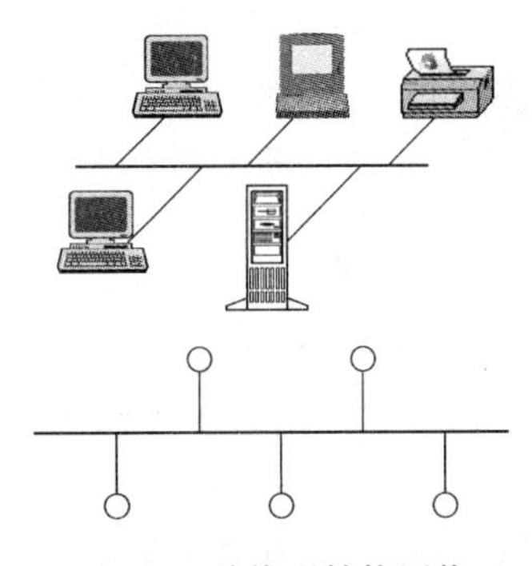

图 2-7　总线型结构网络

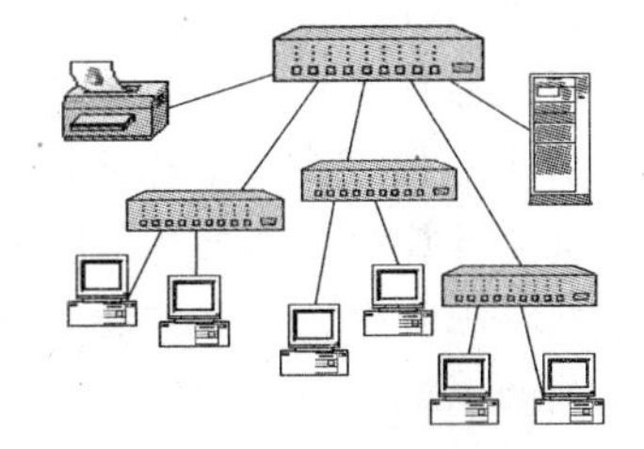

图 2-8　树状结构网络

5）网状拓扑结构

在网状拓扑结构中，网络的每台设备之间均有点对点的链路连接，这种连接不经济，只有每个站点都要频繁发送信息时才使用这种方法。它的安装也复杂，但系统可靠性高，容错能力强。有时也称为分布式结构。

6）蜂窝拓扑结构

蜂窝拓扑结构是无线局域网中常用的结构。它以无线传输介质（微波、卫星、红外等）点到点和多点传输为特征，是一种无线网，适用于城市网、校园网、企业网。

7）分布式结构

分布式结构的网络是将分布在不同地点的计算机通过线路互连起来的一种网络形式，分布式结构的网络具有如下特点：

- 由于采用分散控制，即使整个网络中的某个局部出现故障，也不会影响全网的操作，因而具有很高的可靠性；网中的路径选择最短路径算法，故网上延迟时间少，传输速率高，但控制复杂。
- 各个节点间均可以直接建立数据链路，信息流程最短。
- 便于全网范围内的资源共享。缺点为连接线路用电缆长，造价高；网络管理软件复杂。
- 报文分组交换、路径选择、流向控制复杂；在一般局域网中不采用这种结构。

2.2.5 计算机网络产生与发展

计算机网络的发展经历了4个阶段。

- 第一代计算机网络——远程终端联机阶段。
- 第二代计算机网络——计算机网络阶段。
- 第三代计算机网络——计算机网络互联阶段。
- 第四代计算机网络——国际互联网与信息高速公路阶段。

第一代计算机网络实际上是以单个计算机为中心的远程联机系统。这样的系统中除了一台中心计算机外，其余的终端都不具备自主处理的功能，在系统中主要存在的是终端和中心计算机间的通信。虽然历史上也曾称它为计算机网络，但现在为了更明确地与后来出现的多个计算机互连的计算机网络相区分，也称为面向终端的计算机网络。20世纪60年代初期美国航空公司投入使用的由一台中心计算机和全美范围内2000多个终端组成的预订飞机票系统就是这种远程联机系统的一个代表。

第二代计算机网络是多个主计算机通过通信线路互连起来，为用户提供服务。是20世纪60年代后期开始兴起的。它和以单个计算机为中心的远程联机系统的显著区别在于，这里的多个主计算机都是具有自主处理能力的，它们之间不存在主从关系。这样的多个主计算机互连的网络才是我们目前常称的计算机网络。这种系统中，终端和中心计算机的通信已发展到计算机和计算机间的通信，用单台中心计算机为所有用户需求服务的模式被大量分散而又互连在一起的多台主计算机共同完成的模式所替代。第二代计算机网络的典型代表是美国国防部的ARPANet。

第三代计算机网络是国际标准化的网络，它具有统一的网络体系结构、遵循国际标准化的协议，使得不同的计算机能方便地互连在一起。现在已广泛应用于世界各地的因特网，就是比较具有代表性。

第四代计算机网络将是信息高速公路时代。这一阶段，计算机网络发展的特点是：互联、高速、智能和更为广泛的应用。进入20世纪90年代以来，信息产业已成为经济社会中的支柱产业之一。1993年美国提出“国家信息基础设施”的NII计划，即人们通常所说的“信息高速公路”(Super Highway)。克林顿政府宣布从1997年开始实施下一代互联网络(Internet Next Generation)建设计划，并且要求由政府和企业界共同参与。这个项目的目标就是在现有的商业化因特网之外重新建立一个连接美国100所主要大学和50所国家实验室的新型计算机网络，形成美国先进教育和科研的因特网，以保持美国在教育和科研信息基础建设设施方面的全球领导地位。其他国家也相继提出自己的信息高速公路计划，为网络的飞速发展提供有力支持。

2.3 数据库技术

2.3.1 数据库技术概述

管理信息系统是以管理信息为处理对象的，重点是对管理信息的处理，也就是信息处理，要处理信息，就离不开数据库技术。数据库技术是信息系统的核心技术也是计算机应用技术的核心，随着计算机技术、通信技术、网络技术的迅速发展，人类社会进入了信息时代。建立一个行之有效的管理信息系统已成为每个企业或组织生存和发展的重要条件。从某种意义而言，数据库的建设规模、数据库信息量的大小和使用频度，已成为衡量一个国家信息化程度的重要标志。

首先我们必须清楚什么是数据库技术？数据库的研究内容是什么？作为信息系统的核心技术的数据库技术就是一种计算机辅助管理数据的方法，它研究如何组织和存储数据，如何高效地获取和处理数据。数据库技术是通过研究数据库的结构、存储、设计、管理以及应用的基本理论和实现方法，并利用这些理论来实现对数据库中的数据进行处理、分析和理解的技术。即：数据库技术是研究、管理和应用数据库的一门软件科学。

同时，还应该了解同数据库技术相关的几个关键性的概念，即数据、信息、数据处理、数据库，数据库管理、数据库管理系统以及数据库系统等，理解这些概念有利于数据库技术的学习，也有利于理解和掌握管理信息系统的相关内容。

1. 信息与数据

信息是反映客观世界中各种事物的特征和变化并可借某种载体加以传递的有用知识。信息是现实世界事物存在的方式或运动状态，是一种已经被加工为特定形式的数据。

数据(Data)是对客观事物记录下来的、可以鉴别的符号，这些符号不仅指数字，而且包括字符、文字、图形等。数据是描述现实世界的各种信息的符号记录，是信息的载体，是信息的具体表现形式，是数据库中存储的基本对象。其具体的表现有数字、文字、图形、图像、声音等。

数据与信息的关系是：

(1) 信息是各种数据所包括的意义，数据是载荷信息的物理符号。

(2) 可用不同的数据形式来表现同一信息，信息不随数据的表现形式而改变。

(3) 信息和数据通常可混用。

2. 数据处理

数据处理(Data Processing)指的是利用计算机从大量的原始数据中抽取有价值的信息，作为行为和决策的依据，是将原始数据转换成信息的过程。数据处理的基本目的是从大量的、可能是杂乱无章的、难以理解的数据中抽取并推导出对于某些特定的人们来说是有价值、有意义的数据。数据处理是系统工程和自动控制的基本环节。数据处理贯穿于社会生产和社会生活的各个领域。

3. 数据库

数据库(Database,DB)是在计算机系统中按照一定数据模型组织、存储和应用的相互联系的数据集合。

4. 数据库管理与数据库管理员

数据库管理(Database Manager)是有关建立、存储、修改和存取数据库中信息的技术,是指为保证数据库系统的正常运行和服务质量,有关人员必须进行的技术管理工作。负责这些技术管理工作的个人或集体称为数据库管理员(Database Administrator,DBA)。数据库管理的主要内容有:数据库的调优、数据库的重组、数据库的重构、数据库的安全管控、报错问题的分析、汇总和处理、数据库数据的日常备份。

5. 数据库管理系统

数据库管理系统(Database Management System,DBMS)是一种操纵和管理数据库的大型软件,用于建立、使用和维护数据库。它对数据库进行统一的管理和控制,以保证数据库的安全性和完整性。用户通过 DBMS 访问数据库中的数据,数据库管理员也通过 DBMS 进行数据库的维护工作。它可使多个应用程序和用户用不同的方法在同时或不同时刻去建立、修改和询问数据库。DBMS 提供数据定义语言 DDL(Data Definition Language)与数据操作语言 DML(Data Manipulation Language),供用户定义数据库的模式结构与权限约束,实现对数据的追加、删除等操作。

6. 数据库系统

数据库系统(Database System,DBS)就是以数据库应用为基础的计算机系统。数据库系统一般由数据库、操作系统、数据库管理系统(及其开发工具)、应用系统、数据库管理员和用户构成。

2.3.2 数据库系统体系结构

考察数据库系统的体系结构可以有多种不同的层次或不同的角度。从数据库最终用户角度来看,数据库系统的结构可以分为 5 类,即单机结构、主从式结构、分布式结构、客户-服务器结构和浏览器-服务器结构等,这是数据库系统外部的体系结构,简称数据库系统体系结构。目前,客户-服务器结构和浏览器-服务器系统是数据库系统中最为常用的结构。

1. 主从式系统

在主从式系统中,DBMS 和应用程序以及与用户终端进行通信的软件等都运行在一台宿主计算机上,所有的数据处理都是在宿主计算机中进行。宿主计算机一般是大型机、中型机或小型机。应用程序和 DBMS 之间通过操作系统管理的共享内存或应用任务区来进行通信,DBMS利用操作系统提供的服务来访问数据库。终端通常是非智能的,本身没有处理能力。近年来,微处理器的出现引起了智能化终端的发展,这种终端可以完成某些用户的输入输出处理。

主从式系统的主要优点是:具有集中的安全控制以及处理大量数据和支持大量并发用户的能力。主从式系统的主要缺点是:购买和维持这样的系统一次性投资太大,并且不适合分布处理。

2. 单机结构

单机结构是一种比较简单的数据库系统。在单机系统中,整个数据库系统包括的应用程序、DBMS和数据库都安装在一台计算机上,由一个用户独占,不同机器之间不能共享数据。这种数据库系统也称桌面系统。在这种桌面型DBMS中,数据的存储层、应用层和用户界面层的所有功能都存储在单机上,因而适合于未联网的用户、个人用户及移动用户。这类DBMS(如FoxPro、Acssce)的功能灵活,系统结构简洁,运行速度快,但这类DBMS的数据共享性、安全性、完整性等控制功能比较薄弱。

3. 客户-服务器系统

在客户-服务器(Client/Server,C/S)结构的数据库系统中,数据处理任务被划分为两部分:一部分运行在客户端,另一部分运行在服务器端。划分的方案可以有多种,一种常用的方案是:客户端负责应用处理,数据库服务器负责完成DBMS的核心功能。

在C/S结构中,客户端软件和服务器端软件可以运行在一台计算机上,但大多是分别运行在网络中不同的计算机上。客户端软件一般运行在PC上,服务器端软件可以运行在从PC到大型机等各类计算机上。数据库服务器把数据处理任务分开在客户端和服务器上运行,因而充分利用了服务器的高性能数据库处理能力以及客户端灵活的数据表示能力。通常从客户端发往数据库服务器的只是查询请求,从数据库服务器传回给客户端的只是查询结果,不需要传送整个文件,从而大大减少了网络上的数据传输量。

C/S结构是一个简单的两层模型,一端是客户机,另一端是服务器。这种模型中,客户机上都必须安装应用程序和工具,使客户端过于庞大、负担太重,而且系统安装、维护、升级和发布困难,从而影响效率。

4. 分布式系统

一个分布式数据库系统由一个逻辑数据库组成,整个逻辑数据库的数据,存储在分布于网络中的多个节点上的物理数据库中。

在分布式数据库中,由于数据分布于网络中的多个节点上,因此与集中式数据库相比,存在一些特殊的问题,例如,应用程序的透明性、节点自治性、分布式查询和分布式更新处理等,这就增加了系统实现的复杂性。

较早的分布式数据库是由多个宿主系统构成的,数据在各个宿主系统之间共享。在当今的客户/服务器结构的数据库系统中,服务器的数目可以是一个或多个。当系统中存在多个数据库服务器时,就形成了分布系统。

5. 浏览器/服务器系统

随着 Internet 的迅速普及，出现了三层客户端-服务器模型：客户端→应用服务器→数据库服务器。这种结构的客户端只需安装浏览器就可以访问应用程序，这种系统称为浏览器-服务器(Browser/Server，B/S)系统。B/S 结构克服了 C/S 结构的缺点，是 C/S 结构的继承和发展。

2.3.3 数据库系统结构

从数据库管理系统角度看，数据库系统通常采用三级模式结构，这是数据库系统内部的体系结构，通常称为数据库体系结构。

数据库中的数据是被广大用户使用的，库中数据随着时间的推移和情况的变化可能改变，如某人职称由“副教授”改为“教授”。但任何用户都不希望自己面对的数据的逻辑结构发生变化，否则，应用程序就必须重写。

数据库中整体数据的逻辑结构、存储结构的需求发生变化是有可能的，正常的，有时也是必需的。而单个用户不希望自己所面对的局部数据的逻辑结构发生变化也是合理的，必须尊重。为此，各实际的数据库管理系统尽管使用的环境不同，内部数据的存储结构不同，使用的语言也不同，但对数据，一般都采用三级模式结构，这三级模式分别称为模式、外模式和内模式。

1. 模式(schema)

模式也称为逻辑模式，是数据中全体数据的逻辑结构和特征描述，是所有用户的公共数据视图。它是数据库系统模式结构的中间层，既不涉及数据的物理存储细节和硬件环境，也与具体的应用程序及其所使用的开发工具(如 C、Visual Basic、Power Build、ASP、JSP 等)无关。

一个数据库只有一个模式。数据库模式以某种数据模型为基础，统一综合地考虑了所有用户的需求，并将这些需求有机地结合成一个逻辑整体。

定义模式时不仅要定义数据的逻辑结构(包括数据记录由哪些数据项构成，数据项的名字、类型、取值范围等)，而且要定义数据之间的联系，定义与数据有关的安全性、完整性要求。DBMS 提供描述语言(模式 DDL)来严格定义模式。

2. 外模式(external schema)

外模式也称为子模式(subschema)或用户模式，它是数据库用户(包括应用程序员和最终用户)能够看到和使用的局部数据的逻辑结构和特征的描述，是数据库用户的数据视图，是与某一应用有关的数据的逻辑表示。

外模式通常是模式的子集。一个数据库可以有多个外模式。由于它是各个用户的数据视图，如果不同的用户在应用需求、看待数据的方式、对数据保密的要求等存在差异，则其外模式描述就是不同的。即使对模式中同一数据记录，在外模式中的结构、类型、长度、保密级别等都可以不同。另一方面，同一个外模式也可为某一用户的多个应用系统所用，但一个应用程序只能使用一个外模式。

外模式是保证数据库安全性的一个有力措施。每个用户只能看见和访问所对应的外模式中的数据,数据库中其余数据是不可见的。DBMS 提供子模式描述语言(子模式 DDL)来严格定义子模式。

3. 内模式(internal shcema)

内模式也称为存储模式(storage shcema),一个数据库只有一个内模式。它是数据物理结构和存储方式的描述,是数据在数据库内部的表示方式。

例如,记录的存储方式是顺序存储、按照 B 树结构存储还是按 Hash 方法存储;索引按照什么方式组织;数据是否压缩存储,是否加密存储,记录有何规定等。DBMS 提供内模式描述语言(内模式 DDL,或者存储模式 DDL)来严格定义内模式。

三级模式是对数据的三个抽象级别。三级模式结构把对数据的具体组织留给 DBMS 管理,使用户能逻辑地、抽象地处理数据,而不必关心数据在计算机中的具体表示与存储。为了能够在内部实现这三个抽象层次的联系和转换,DBMS 在这三个级别之间提供了两层映像:

1) 外模式/模式映像

外模式/模式映像,定义了该外模式与模式之间的对应关系。这些映像定义通常包含在各自外模式的描述中。当模式改变时,只要相应改变外模式/模式映像,就可以使外模式保持不变。应用程序是依据数据的外模式编写的,外模式不变,应用程序就没必要修改。这种用户数据独立于全局的逻辑数据的特性叫做数据的逻辑独立性。所以外模式/模式映像功能保证了数据的逻辑独立性,使数据具有较高的逻辑独立性。

2) 模式/内模式映像

模式/内模式映像,定义了数据库全局逻辑结构与存储结构之间的对应关系。当数据库的存储结构改变时,只要相应改变模式/内模式映像,就可以使模式保持不变。这种全局的逻辑数据独立于物理数据的特性叫做数据的物理独立性。模式不变,建立在模式基础上的外模式就不会变,与外模式相关的应用程序也就不需要改变,所以模式/内模式映像功能保证了数据的物理独立性。

三级模式与两层映像关系如图 2-9 所示。

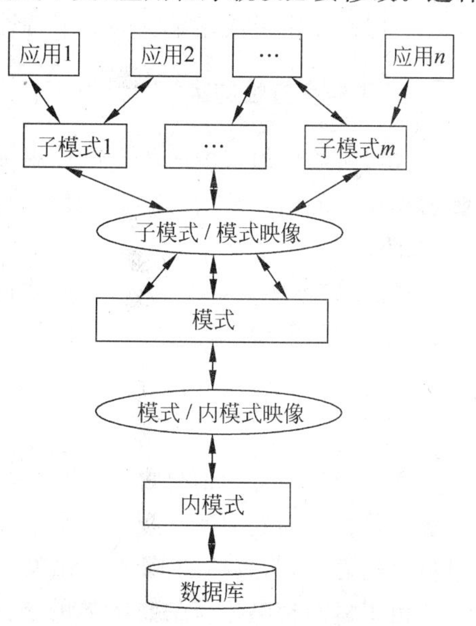

图 2-9 三级模式与两层映像

2.3.4 数据库模型及要素

数据库中的大量数据必须按严格的数据模型来组织。数据库中的数据是高度结构化的,它不仅反映数据本身,而且反映数据之间的关系。数据模型就是描述这种关系的数据结构形式。理想的数据模型应能满足三方面的要求:一是能比较真实地描述现实世界;二是容易被人所理解；三是便于在计算机上实现。根据模型应用的不同目的。可以将模型划分为两类，它们分属于两个不同的层次。

数据模型通常包括以下3个要素。

1. 数据结构

数据结构研究数据之间的组织形式（数据的逻辑结构）、数据的存储形式（数据的物理结构）以及数据对象的类型等。存储在数据库中的对象类型的集合是数据库的组成部分。例如在图书馆管理中，要管理的数据对象有图书、读者、借阅等基本情况。图书对象集中，每本图书包括编号、书名、作者、出版社、出版日期、定价等信息，这些基本信息描述了每本图书的特性，构成了在数据库中存储的框架，即对象类型。

数据结构主要用于描述数据的静态特征，包括数据的结构和数据间的联系。

数据结构是刻画一个数据模型性质最重要的方面。因此，在数据库系统中，通常按照其数据结构的类型来命名数据模型。例如层次结构、网状结构、关系结构的数据模型分别命名为层次模型、网状模型和关系模型。

2. 数据操作

数据操作是指在数据库中能够进行查询、修改、删除现有数据或增加新数据的各种数据访问方式，并且包括数据访问相关的规则。

数据操作用于描述系统的动态特性。

3. 数据完整性约束

数据完整性约束由一组完整性规则组成，是给定的数据模型中数据及其联系所具有的制约和存储规则，用于符合数据模型的数据库状态以及状态的变化，以保证数据的正确、有效和相容。

目前，数据库领域中，最常用的数据模型有：层次模型、网状模型和关系模型。其中，层次模型和网状模型统称为非关系模型。

2.3.5 概念模型

概念模型也称为信息模型，它是根据人们的需要对现实世界中的事物以及事物之间的联系进行抽象而建立起的模型。概念模型是从现实世界过渡到机器世界的中间层，用于信息世界的建模，与具体的DBMS无关。

由于概念模型用于信息世界的建模，是现实世界到信息世界的第一层抽象，是用户与数据库设计人员之间进行交流的语言，因此概念模型一方面应该具有较强的语义表达能力，能够方便、直接地表达应用中的各种语义知识，另一方面它还应该简单、清晰、易于用户理解。

1. 信息世界中的基本概念

1）实体

实体（entity）就是现实世界中客观存在并可相互区分的事物。实体既可以是看得见摸得着的具体的事物，也可以是抽象的概念或联系。

例如，一本书、一架飞机、一个学生等都是实体。

2）属性

实体所具有的某一特征称为属性(attribute)。一个实体由若干个(至少一个)属性来描述。一个实体的所有属性组成实体本身。

例如，学生实体可以由学号、姓名、性别、出生年月日、班级等属性组成。而(0100001、冯东梅、女、1980/12/26、01 电子商务 1)就是一个学生(实体)的属性值。

3）码

唯一标识实体的属性组称为码(key)，通常又称为关键字。如果实体有多个码，则可以选定其中一个码为主码(primary key)，通常又称为主关键字。如果实体只有一个码，它就是主码(主关键字)。

例如，一个学校里，学生实体的学号是肯定不重复的。所以学号可以作为学生实体的码。如果学生实体中含有身份证号属性，则身份证号也是码，可以在学号和身份证号中选定一个作为主码(主关键字)。

通常情况下只关注实体的主码，所以，在不会引起混淆时，通常说码、主码、关键字或主关键字，含义都相同。

4）域

属性的允许取值的集合称为该属性的域(domain)。

例如，学号的域是{7 位数字}(某校规定)，性别的域是{男、女}，班级的域是该校所有班级的集合。

5）实体型

用实体名及其所有属性名集合来抽象和描述同类实体称为实体型(entity type)。

例如，学生(学号、姓名、性别、出生年月日、班级)就是一个实体型。

6）实体集

同型实体的集合称为实体集(entity set)。

例如，某个学校(或某个班级)的全体学生就是一个实体集。

7）联系

在现实世界中，事物内部以及事物之间是有联系的，这些联系在信息世界中反映为实体内部的联系和实体之间的联系。实体内部的联系通常是组成实体的各属性之间的联系。

例如，每个教师隶属一个研究所，每个教师和其隶属的研究所之间有一个隶属联系。

2. 实体间联系

两个实体型之间的联系可以分为 3 类。

1）一对一联系(1：1)

如果对于实体集 A 中的每一个实体，实体集 B 至多有一个实体与之联系，反之亦然，则称实体集 A 与实体集 B 具有一对一联系，记为 1：1。

例如，车间和车间主任之间的管理联系，一个车间只有一个车间主任，一个车间主任只能管理一个车间。

2）一对多联系(1：n)

如果对于实体集 A 中的每一个实体，实体集 B 中有 n 个实体与之联系($n\geqslant 0$)，反之，对

于实体集 B 中的每一个实体，实体集 A 中至多有一个实体与之联系，则称实体集 A 与实体集 B 具有一对多联系，记为 $1:n$。

例如，一个车间内有多个工人，每个工人只能属于一个车间。

3）多对多联系（$m:n$）

如果对于实体集 A 中的每一个实体，实体集 B 中有 n 个实体与之联系（$n\geqslant 0$），反之，对于实体集 B 中的每一个实体，实体集 A 中也有 m 个实体与之联系（$m\geqslant 0$），则称实体集 A 与实体集 B 具有多对多联系，记为 $m:n$。

例如，学生和课程之间的联系，一个学生可以选修多门课程，每门课程有多个学生选修。

3. 概念模型的表示方法

概念模型是对信息世界建模，所以概念模型应该能够方便、准确地表示出信息世界中的常用概念。概念模型的表示方法最常用的是 P. P. S. Chen 于 1976 年提出的实体-联系方法（Entity-Relationship approach）。该方法用 E-R 图来描述现实世界的概念模型。E-R 图中各图形的含义及图示见表 2-1。

表 2-1　E-R 图含义

对　　象	表 示 方 法	E-R 图表示图示	示　　例
实体	用矩形表示，矩形框内写明实体名	实体名	学生
属性	用椭圆形表示，并用无向边将其与相应的实体连接起来	属性名	姓名　性别
联系	用菱形表示，菱形框内写明联系名，并用无向边分别与有关实体连接起来，这些属性也要用无向边与该联系连接起来	联系名	学生 n 隶属 1 班级

实体-联系方法（E-R）是抽象和描述现实世界的有力工具。用 E-R 图表示的概念模型独立于具体的 DBMS 所支持的数据模型，它是各种数据模型的共同基础，因此比数据模型更一般、更抽象、更接近现实世界。

【例 2-1】 利用 E-R 图建立学生选课的概念模型。

建模结果如图 2-10 所示（带横线的是关键字）。

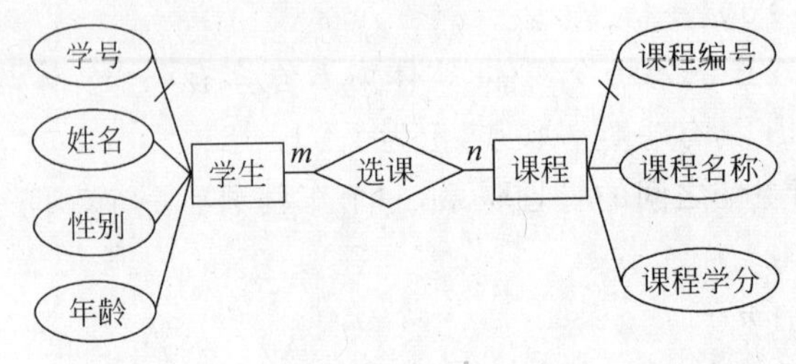

图 2-10　学生选课的概念模型

2.3.6 数据库设计

数据库设计(Database Design)是指对于一个给定的应用环境,构造最优的数据库模式,建立数据库及其应用系统,使之能够有效地存储数据,满足各种用户的应用需求(信息要求和处理要求)。根据数据库及其应用系统开发的全过程,可以将数据库设计过程分为以下6个阶段。

1. 需求分析

需求分析主要目的是调查和分析用户的业务活动和数据的使用情况,弄清所用数据的种类、范围、数量以及它们在业务活动中交流的情况,确定用户对数据库系统的使用要求和各种约束条件等,形成用户需求规约。

2. 概念结构设计

对用户要求描述的现实世界(可能是一个工厂、一个商场或者一个学校等),通过对其中实体的分类、聚集和概括,建立抽象的概念数据模型。这个概念模型应反映现实世界各部门的信息结构、信息流动情况、信息间的互相制约关系以及各部门对信息储存、查询和加工的要求等。所建立的模型应避开数据库在计算机上的具体实现细节,用一种抽象的形式表示出来,一般用E-R图表示概念模型。

3. 逻辑结构设计

主要工作是将现实世界的概念数据模型设计成数据库的一种逻辑模式,即适应于某种特定数据库管理系统所支持的逻辑数据模式。与此同时,可能还需为各种数据处理应用领域产生相应的逻辑子模式。这一步设计的结果就是所谓的"逻辑数据库"。

4. 数据库物理设计

根据特定数据库管理系统所提供的多种存储结构和存取方法等依赖于具体计算机结构的各项物理设计措施,对具体的应用任务选定最合适的物理存储结构(包括文件类型、索引结构和数据的存放次序与位逻辑等)、存取方法和存取路径等。这一步设计的结果就是所谓的"物理数据库"。

5. 数据库实施

数据库实施阶段的任务是根据逻辑设计和物理设计的结果,在计算机上建立数据库,编制与调试应用程序,组织数据入库,并进行系统测试和试运行。

6. 数据库运行和维护

数据库应用系统经过试运行后即可投入正式运行。在数据库系统运行过程中必须不断地对其进行评价、调整与修改。

2.3.7 关系模型

关系模型是目前最常用的一种数据模型。关系数据库系统采用关系模型作为数据的组织方式。1970 年美国 IBM 公司 San Jose 研究室的研究员 E. F. Codd 首次提出了数据库系统的关系模型,开创了数据库关系方法和关系数据理论的研究,为关系数据库技术奠定了理论基础。由于 E. F. Codd 的杰出工作,他于 1981 年获得 ACM 图灵奖。

关系数据模型是以集合论中的关系概念为基础发展起来的。关系模型中无论是实体还是实体间的联系均由单一的结构类型——关系来表示。在实际的关系数据库中的关系也称表。一个关系数据库就是由若干个表组成的。表 2-2 所示的学生情况就是一个关系模型。

表 2-2 学生关系

学号	姓名	性别	年龄	籍贯
000001	张三	女	23	山西
000002	李四	女	34	陕西
000003	王五	男	23	成都
000004	张三丰	女	56	重庆
000005	李逵	男	67	重庆

1. 关系模型的主要概念

1) 关系(relation)

关系模型中表示数据的整个一张二维表就是关系。例如整个表 2-2 就是一个关系。

2) 元组(tuple)

二维表中的每一行即为一个元组,对应概念模型的一个实体。例如表 2-2 中的每一行都是一个元组(第一行除外)。

3) 属性

二维表中的每一列即为一个属性,对应概念模型的一个属性。例如表 2-2 中的学号、姓名、性别等每一列都是属性。

4) 主码(Key)

二维表中唯一标识元组的某个属性组称为该关系的主码,对应概念模型的码。例如表 2-2 中的学号是这个关系的码。

5) 域

二维表中任一属性的取值范围称为该属性的域,对应概念模型的域。例如表 2-2 中{男、女}是性别属性的域。

6) 分量

元组中的每一个属性值称为元组的分量。例如表 2-2 中的'000002'、'张三'、'女'等都是分量。

2. 关系模式和关系

关系模式是对关系的描述。关系实际上就是关系模式在某一时刻的状态或内容。也就是说，关系模式是型，关系是它的值。关系模式是静态的、稳定的，而关系是动态的、随时间不断变化的，因为关系操作在不断地更新着数据库中的数据。但在实际当中，常常把关系模式和关系统称为关系，读者可以从上下文中加以区别。关系模式可以形式化地表示为：

R(U,D,dom,F)

R——关系名；

U——组成该关系的属性名集合；

D——属性组 U 中属性的域；

dom——属性向域的映像集合；

F——属性间的数据依赖关系集合。

关系模式通常可以简记为：

R (U) 或 R (A1,A2,…,An)

R——关系名；

A1,A2,…,An ——属性名。

注：域名及属性向域的映像常常直接说明为属性的类型、长度。

例如表 2-2 中的关系模式为：学生(<u>学号</u>,姓名,性别,年龄,籍贯)。

例子中带下划线的属性为关键字。

2.3.8　数据库管理系统

数据库管理系统是一种操纵和管理数据库的大型软件，用于建立、使用和维护数据库，它对数据库进行统一的管理和控制，以保证数据库的安全性和完整性。用户通过 DBMS 访问数据库中的数据，数据库管理员也通过 DBMS 进行数据库的维护工作。它可使多个应用程序和用户用不同的方法在同时或不同时刻去建立、修改和询问数据库。

1. DBMS 的主要功能

DBMS 主要有以下功能。

1) 数据定义

DBMS 提供数据定义语言，供用户定义数据库的三级模式结构、两级映像以及完整性约束和保密限制等约束。DDL 主要用于建立、修改数据库的库结构。DDL 所描述的库结构仅仅给出了数据库的框架，数据库的框架信息被存放在数据字典(data dictionary)中。

2) 数据操作

DBMS 提供数据操作语言，供用户实现对数据的追加、删除、更新、查询等操作。

3) 数据库的运行管理

数据库的运行管理功能是 DBMS 的运行控制、管理功能，包括多用户环境下的并发控制、安全性检查和存取限制控制、完整性检查和执行、运行日志的组织管理、事务的管理和自动恢复，即保证事务的原子性。这些功能保证了数据库系统的正常运行。

4）数据组织、存储与管理

DBMS要分类组织、存储和管理各种数据，包括数据字典、用户数据、存取路径等，需确定以何种文件结构和存取方式在存储器上组织这些数据，如何实现数据之间的联系。数据组织和存储的基本目标是提高存储空间利用率，选择合适的存取方法提高存取效率。

5）数据库的保护

数据库中的数据是信息社会的战略资源，所以数据的保护至关重要。DBMS对数据库的保护通过4个方面来实现：

- 数据库的恢复；
- 数据库的并发控制；
- 数据库的完整性控制；
- 数据库的安全性控制。

DBMS的其他保护功能还有系统缓冲区的管理以及数据存储的某些自适应调节机制等。

6）数据库的维护

这一部分包括数据库的数据载入、转换、转储、数据库的重组和重构以及性能监控等功能，这些功能分别由各个实用程序来完成。

7）通信

DBMS具有与操作系统的联机处理、分时系统及远程作业输入的相关接口，负责处理数据的传送。对网络环境下的数据库系统，还应该包括DBMS与网络中其他软件系统的通信功能以及数据库之间的互操作功能。

2. DBMS的层次结构

根据处理对象的不同，数据库管理系统的层次结构由高级到低级依次为应用层、语言翻译处理层、数据存取层、数据存储层、操作系统。

1）应用层

应用层是DBMS与终端用户和应用程序交互的界面层，处理的对象是各种各样的数据库应用。

2）语言翻译处理层

语言翻译处理层是对数据库语言的各类语句进行语法分析、视图转换、授权检查、完整性检查等。

3）数据存取层

数据存取层处理的对象是单个元组，它将上层的集合操作转换为单记录操作。

4）数据存储层

数据存储层处理的对象是数据页和系统缓冲区。

5）操作系统

操作系统是DBMS的基础。操作系统提供的存取原语和基本的存取方法通常是作为和DBMS存储层的接口。

3. DBMS 的选择原则

选择数据库管理系统时应从以下几个方面予以考虑。

1）构造数据库的难易程度

构造数据的难易程度主要考虑以下几个方面。

- 需要分析数据库管理系统有没有范式的要求，即是否必须按照系统所规定的数据模型分析现实世界，建立相应的模型。
- 数据库管理语句是否符合国际标准，符合国际标准则便于系统的维护、开发、移植；有没有面向用户的易用的开发工具。
- 所支持的数据库容量，数据库的容量特性决定了数据库管理系统的使用范围。

2）程序开发的难易程度

程序开发的难易程度取决于：

- 有无计算机辅助软件工程工具 CASE——计算机辅助软件工程工具可以帮助开发者根据软件工程的方法提供各开发阶段的维护、编码环境，便于复杂软件的开发、维护；
- 有无第 4 代语言的开发平台——第 4 代语言具有非过程语言的设计方法，用户不需编写复杂的过程性代码，易学、易懂、易维护；
- 有无面向对象的设计平台——面向对象的设计思想十分接近人类的逻辑思维方式，便于开发和维护；
- 对多媒体数据类型的支持——多媒体数据需求是今后发展的趋势，支持多媒体数据类型的数据库管理系统必将减少应用程序的开发和维护工作。

3）数据库管理系统的性能分析

数据库管理系统的性能分析主要包括性能评估（响应时间、数据单位时间吞吐量）、性能监控（内外存使用情况、系统输入/输出速率、SQL 语句的执行，数据库元组控制）、性能管理（参数设定与调整）。

4）对分布式应用的支持

对分布式应用的支持包括数据透明与网络透明程度。数据透明是指用户在应用中不需指出数据在网络中的什么节点上，数据库管理系统可以自动搜索网络，提取所需数据；网络透明是指用户在应用中无需指出网络所采用的协议。数据库管理系统自动将数据包转换成相应的协议数据。

5）并行处理能力

支持多 CPU 模式的系统（SMP，CLUSTER，MPP），负载的分配形式，并行处理的颗粒度、范围。

6）可移植性和可扩展性

可移植性指垂直扩展和水平扩展能力。垂直扩展要求新平台能够支持低版本的平台，数据库客户机/服务器机制支持集中式管理模式，这样保证用户以前的投资和系统；水平扩展要求满足硬件上的扩展，支持从单 CPU 模式转换成多 CPU 并行机模式（SMP，CLUSTER，MPP）。

7）数据完整性约束

数据完整性指数据的正确性和一致性保护，包括实体完整性、参照完整性、复杂的事务规则。

8）并发控制功能

对于分布式数据库管理系统，并发控制功能是必不可少的。因为它面临的是多任务分布环境，可能会有多个用户点在同一时刻对同一数据进行读或写操作，为了保证数据的一致性，需要由数据库管理系统的并发控制功能来完成。评价并发控制的标准应从下面几方面加以考虑：

- 保证查询结果一致性方法；
- 数据锁的颗粒度（数据锁的控制范围，表、页、元组等）；
- 数据锁的升级管理功能；
- 死锁的检测和解决方法。

9）容错能力

异常情况下对数据的容错处理。评价标准：硬件的容错，有无磁盘镜像处理功能软件的容错，有无软件方法异常情况的容错功能。

10）安全性控制

安全性控制包括安全保密的程度（账户管理、用户权限、网络安全控制、数据约束）。

11）支持多种文字处理能力

包括数据库描述语言的多种文字处理能力（表名、域名、数据）和数据库开发工具对多种文字的支持能力。

12）数据恢复的能力

当突然停电、出现硬件故障、软件失效、病毒或严重错误操作时，系统应提供恢复数据库的功能，如定期转存、恢复备份、回滚等，使系统有能力将数据库恢复到损坏以前的状态。

4. 常用的 DBMS

常用的数据库管理系统有：

- MS SQL；
- SYBASE；
- DB2；
- ORACLE；
- MySQL；
- ACCESS；
- VF。

2.4 案例分析

【案例背景】：学院排课管理系统的应用范围包括教务处、系部和教师三级单位。教务处和系部作为课表的设计者和管理者，重点在于对课程的安排和统计数据的分析；教师作为教学计划的执行者，是信息的源头。排课系统为全校学生和教职工提供排课服务，并打印出课程表。

【数据库设计】：根据上述背景对该系统进行数据库设计，设计过程如下。

1. 需求分析

数据库结构要能充分满足多种信息的输入和输出，通过收集基本数据、数据结构以及数据处理的流程，组成一个详尽的数据字典，为后面的具体设计打下基础。根据分析该学院教学情况如下：一名教师可以讲授多门课程，而某固定班级的一门课程由一名教师来教，所以教师和课程之间存在着一对多的联系。

2. 概念结构设计

该学院的基本实体集有：教师、班级、课程、排课元和课程表。

实体间有以下联系。

开设：1：n，即一个班级可以开设多门课程。

讲授：1：n，即一个教师可以讲授多门课程。

排课：1：n，即一门课程可以排多个排课元。

整合：1：n，一个教师有多个排课元。

各个实体有以下属性。

教师：职工号、姓名、性别、出生日期、部门、教职工类别、学历、职称、职务、不可排课时间段1、不可排课时间段2。

课程：课程编号、课程名称、理论学时、实践学时、开始周、结束周、学分、课程性质、班级编号、专业名称、职工号、教师要求、是否合班、课程优先级。

班级：班级编号、班级名称、学生人数。

排课元：课程编号、职工号、班级编号、学时数、类别。

该系统的E-R图如图2-11所示。

3. 逻辑结构设计

根据上面的分析与概念模型设计，可以设计该排课系统的各个关系模式为：

教师(<u>职工号</u>，姓名，性别，出生日期，部门，教职工类别，学历，职称，职务，不可排课时间段1，不可排课时间段2)；

课程(<u>课程编号</u>，课程名称，理论学时，实践学时，开始周，结束周，学分，课程性质，班级编号，专业名称，职工号，教师要求，是否合班，课程优先级)；

班级(<u>班级编号</u>，班级名称，学生人数)；

排课元(<u>课程编号</u>，职工号，班级编号，学时数，类别)。

最后根据上面的关系模式，设计出该排课系统的数据库中各个数据表分别如表2-3～2-6所示。

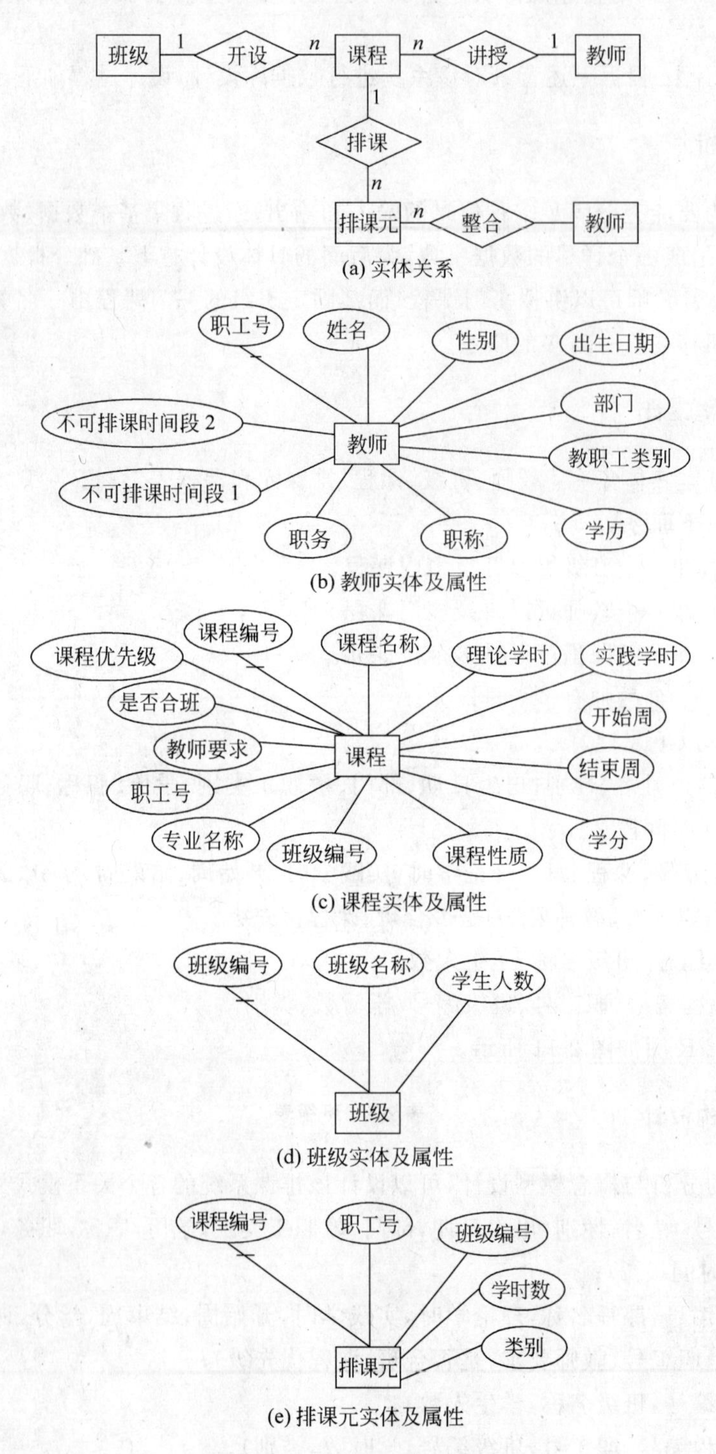

图 2-11 排课系统 E-R 图

表 2-3　教师表

字段名	字段内容	数据类型
Zgid	职工号	整型
Xm	姓名	字符型
Xb	性别	字符型
Csny	出生日期	日期型
Bm	部门	字符型
Jzglb	教职工类别	字符型
Xl	学历	字符型
Zc	职称	字符型
Zw	职务	字符型
Bkpksjd1	不可排课时间段 1	字符型
Bkpksjd2	不可排课时间段 2	字符型

表 2-4　课程表

字段名	字段内容	数据类型
Kcid	课程编号	整型
Kcmc	课程名称	字符型
Llxs	理论学时	整型
Sjxs	实践学时	整型
Ksz	开始周	整型
Jsz	结束周	整型
Xf	学分	数值型
Kcxz	课程性质	字符型
Bjbh	班级编号	整型
Zymc	专业名称	字符型
Zgid	职工号	整型
Jsyq	教师要求	字符型
Sfhb	是否合班	字符型
Kcyxj	课程优先级	数值型

表 2-5　班级表

字段名	字段内容	数据类型
Bjid	班级编号	整型
Bjmc	班级名称	字符型
Xsrs	学生人数	整型

表 2-6　排课元表

字段名	字段内容	数据类型
Kcid	课程编号	整型
Zgid	职工号	整型
Bjid	班级编号	整型
Xss	学时数	数值型
Lb	类别	字符型

2.5 思考与练习

1. 简述冯·诺依曼计算机原理。
2. 简述冯·诺依曼计算机的构成及各部分功能。
3. 什么是软件？软件分为哪几类？
4. 解释计算机网络的概念。
5. 计算机网络的基本功能是什么？
6. 简述计算机网络的组成结构及各部分功能。
7. 什么是通信协议？协议的要素有哪些？
8. OSI 参考模型有哪几层？各层的功能是什么？
9. 计算机网络分为哪几类？
10. 简述数据库与数据库管理系统及其关系。
11. 数据库的三级模式分别是什么？
12. 数据模型的要素有哪些？
13. 数据库的设计有哪几个阶段？
14. 选择 DBMS 的原则是什么？

第3章 管理信息系统开发

通过前面几章的学习，我们对管理信息系统已经有了足够的认识，也对计算机的基础知识有了足够的认识。从本章开始到第8章，我们学习管理信息系统的开发方法，包括系统规划、系统分析、系统设计、系统实施以及系统维护等。

本章介绍管理信息系统开发的基础知识，包括管理信息系统开发的基本任务、目的、开发方式与开发策略等基本问题，系统开发基本方法，系统开发工具以及系统开发的组织工作等。通过本章的学习，实现以下目标：

- 掌握管理信息系统开发的目的和基本任务；
- 了解管理信息系统的开发原则、开发方式与开发策略；
- 理解常用的系统开发方法；
- 了解系统开发工具及其分类；
- 掌握系统开发人员的职责。

3.1 MIS系统开发基本问题

3.1.1 MIS开发基本任务

要开发一个管理信息系统，首先要知道开发管理信息系统的任务，管理信息系统开发的基本任务是：根据企业的目标和企业的业务特点，选择合适的方法和技术，开发出满足企业管理和决策需要的管理信息系统。因此，MIS开发的基本任务如下。

- 满足用户的需要，这是最基本的任务，任何一个MIS就是为了满足开发方的需求，否则就没有开发的价值。
- 通过开发使得系统的功能更完整，MIS的基本功能是：数据处理、控制、预测、决策、公用信息服务等。
- 技术更先进，我们知道，IT技术更新比较快，因此开发MIS时要求，无论是开发的环境，还是运行的环境都需要我们使用的技术是先进的，不要使用已经落后或者淘汰的技术。
- 实现辅助决策，管理信息系统的最终目标是实现辅助决策。

3.1.2 MIS 开发目的

MIS 系统对于一个部门而言是一个工程项目，因此组织实施一个 MIS 系统，必须要从技术上和管理上采取多项措施，这样才能够保证这个整体项目的成功。为了能够有效地完成一个 MIS 的开发，最好的办法就是按照软件工程的方式来开发 MIS，最终保证项目的成功，通过工程化形式开发 MIS，主要达到以下基本目标：

- 付出较低的开发成本；
- 达到预期的系统功能；
- 取得较好的系统性能；
- 使得系统易于移植；
- 使得系统能够按时完成；
- 降低系统的维护费用。

在具体项目的实际开发中，企图使得以上几个目标都达到理想的程度往往是非常困难的。因为这些目标之间的关系有的本来就是相互排斥，有的又是相互补充的。它们之间的关系如图 3-1 所示。

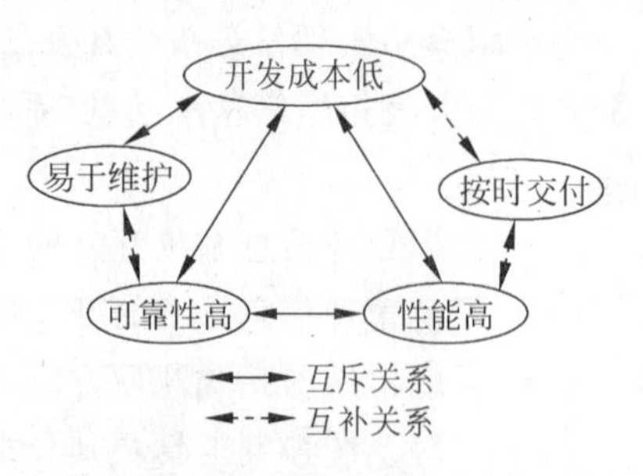

图 3-1　系统目标之间的关系

在实际开发过程中，根据企业内部的实际状况来选择自己需要达到的目标，例如资金充裕可以选择高性能、高可靠性，如果资金欠缺可以实现基本系统的基本功能，实现低成本开发。

3.1.3 MIS 开发原则

既然我们是以软件工程的形式开发 MIS，因此软件工程的基本原则就是 MIS 的开发原则，在开发过程中必须遵循软件工程的下列原则。

- 抽象：抽取事物最基本的特性和行为，忽略非基本的细节。采用分层次抽象，自顶向下、逐层细化的办法控制软件开发过程的复杂性。
- 信息隐蔽：将模块设计成“黑箱”，实现的细节隐藏在模块内部，不让模块的使用者直接访问。这就是信息封装，使用与实现分离的原则。使用者只能通过模块接口访问模块中封装的数据。
- 模块化：模块是程序中逻辑上相对独立的成分，是独立的编程单位，有良好的接口定义。如 C 语言程序中的函数过程，C++语言程序中的类。模块化有助于信息隐蔽和抽象，有助于表示复杂的系统。
- 局部化：要求在一个物理模块内集中逻辑上相互关联的计算机资源，保证模块之间具有松散的耦合，模块内部具有较强的内聚。这有助于控制解的复杂性。
- 确定性：软件开发过程中所有概念的表达应是确定的、无歧义性的、规范的。这有助于人们之间在交流时不会产生误解、遗漏，保证整个开发工作协调一致。
- 一致性：整个软件系统(包括程序、文档和数据)的各个模块应使用一致的概念、符号和术语，程序内部接口应保持一致，软件和硬件、操作系统的接口应保持一致，系统规格说明与系统行为应保持一致，用于形式化规格说明的公理系统应保持一致。

同时为了实现 MIS 的基本任务，开发 MIS 系统还需要满足以下基本原则。

- 实用性原则：系统必须满足用户管理上的要求，既保证系统功能的正确性又方便实用，需要友好的用户界面、灵活的功能调度、简便的操作和完善的系统维护措施。
- 系统性原则：在 MIS 的开发过程中，必须十分注重其功能和数据上的整体性、系统性。
- 符合软件工程规范的原则：MIS 的开发是一项复杂的应用软件工程，应该按软件工程的理论、方法和规范去组织与实施。
- 完善，逐步发展的原则：MIS 的建立不可能一开始就十分完善和先进，而总是要经历一个逐步完善、逐步发展的过程。

3.1.4 MIS 的开发方式与策略

1. MIS 的开发方式

MIS 的开发方式有 4 种。

1）独立开发

独立开发是指由本单位的工作人员独立进行管理信息系统的开发。该方法适合于有较强专业开发分析与设计队伍和程序设计人员、有专门的系统维护使用队伍的组织和单位，如：大学、研究所、计算机公司、高科技公司等单位。

该方法的优点是：开发费用少，容易开发出适合本单位需要的系统，方便维护和扩展，有利于培养自己的系统开发人员。

该方法的缺点是：容易受业务工作的限制，系统整体优化不够，开发水平较低；系统开发时间长，开发人员调动后，系统维护工作没有保障。

使用该方法需要注意的是：

- 需要大力加强领导，实行“一把手”原则；
- 向专业开发人士或公司进行必要的技术咨询，或聘请他们作为开发顾问。

2）委托开发

委托开发方式是指由单位提出开发要求、新系统的功能、目标、开发时间等，委托有开发能力的单位进行管理信息系统的开发工作。该方法适合于使用单位（甲方）没有 MIS 的系统分析、系统设计及软件开发人员或开发队伍力量较弱、但资金较为充足的单位。

该方法的优点是：省时、省事，开发的系统技术水平较高。

该方法的缺点是：费用高、系统维护与扩展需要开发单位的长期支持，不利于本单位的人才培养。

使用该方法需要注意的是：

- 使用单位（甲方）的业务骨干要参与系统的论证工作；
- 开发过程中需要开发单位（乙方）和使用单位（甲方）双方及时沟通，进行协调和检查。

3）合作开发

合作开发是指由使用单位（甲方）和有丰富开发经验的机构或专业开发人员（乙方），共同完成开发任务。双方共享开发成果，实际上是一种半委托性质的开发工作。该方法适合于使用单位(甲方)有一定的MIS分析、设计及软件开发人员,但开发队伍力量较弱,希望通过MIS的开发建立、完善和提高自己的技术队伍,便于系统维护工作的单位。

该方法的优点是：相对于委托开发方式比较节约资金,可以培养、增强使用单位的技术力量,便于系统维护工作,系统的技术水平较高。

该方法的缺点是：双方在合作中沟通易出现问题,因此,需要双方及时达成共识,进行协调和检查。

4) 购买现成软件

购买现成软件是指从销售商手中直接购买已开发成功且功能强大的专项业务管理信息系统软件。如财务管理系统、小型企业MIS、供销存MIS等。该方法对于功能单一的小系统开发颇为有效。但不太适用于规模较大、功能复杂、需求量的不确定性程度比较高的系统的开发。

该方法的优点是：能缩短开发时间,节省开发费用,技术水平比较高,系统可以得到较好的维护。

该方法的缺点是：功能比较简单,通用软件的专用性比较差,难以满足特殊要求,需要有一定的技术力量根据使用者的要求做软件改善和编制必要的接口软件等二次开发的工作。

上述4种管理信息系统开发方式的比较如表3-1所示。

表3-1 MIS开发方式比较

方式 / 特点比较	独立开发	委托开发	合作开发	购买现成软件
分析和设计能力的要求	较高	一般	逐渐培养	较低
编程能力的要求	较高	不需要	需要	较低
系统维护的要求	容易	较困难	较容易	较困难
开发费用	少	多	较少	较少

2. MIS系统的开发策略

1) 开发策略

下面是几种可以考虑的开发策略。

(1) 接受式开发策略

接受式开发策略认为用户对信息的需求的叙述是正确的、完全的和固定的,并且以此作为开发的根据。该策略适合于小项目,高度结构化,用户需求明确和开发者有充分经验的情形。例如：对文件的转换、从已有文件或数据库中产生各种报表以及某些简单的、单用户的系统等。

(2) 直线式开发策略

直线式开发策略从需求说明开始到最后开发直线地进行下去,每完成一步都要进行评审,以验证是否和需求一致。直线式开发策略适合于用户的应用需求可较好的定义,且以后不需进一步修改或只需稍作修改(如生命周期法)、系统规模较大,但结构化程度高,用户任务的综合性强以及开发者具有熟练技术与丰富经验的情形。

(3) 迭代式开发策略

迭代式开发策略是研制过程中验证需求不论是有错还是不恰当,都可以回到需求确定过程,对需求说明进行修改,如此重复进行,直到所开发的系统满足需求为止。若开发需求的不确定性比较高,直线式开发策略不能保证用户真正的信息需求,就需要把传统直线式过程加以改进,使其按迭代方式重复进行。迭代式开发策略适合于大型多用户系统、对用户或开发者来说是新的应用领域的情形。

(4) 实验式开发策略

实验式开发策略采用原型法或应用的模拟,通过实验的方式去逐次近似并减少不确定信息需求,同时找出原型的缺点,直到用户对需求完全理解和需求得到保证为止。若信息需求不确定性很高,则可通过一个实际工作系统来验证需求是否得到保证。如:高层管理决策支持系统、交互预测模型及多用户的非结构化系统等。

(5) 规划式开发策略

规划式开发策略从系统的战略目标、信息需求分析、资源分配和项目计划等方面进行规划,合理的设计出系统的总体结构。各个子系统的开发,则根据其信息需求的不确定性程度,选择不同的开发策略。规划式开发策略适用于 MIS 的规模特别大,复杂程度特别高,例如跨地区、跨部门的全国性的大系统,其信息需求的不确定性程度特别大,必须做好 MIS 的总体规划。

选择开发策略的模型如图 3-2 所示。

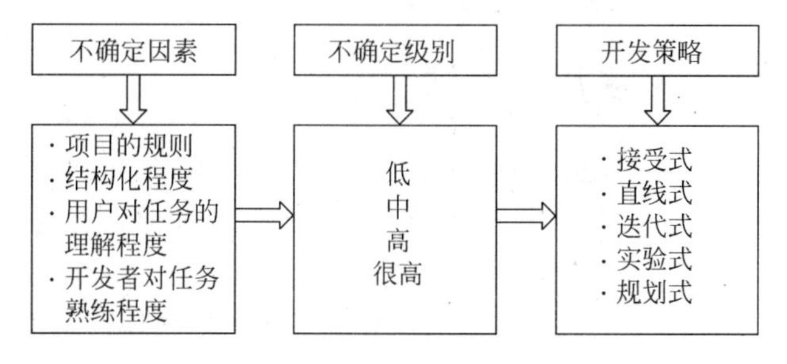

图 3-2 选择开发策略的模型

2) 开发策略选择

选择策略时应注意以下 3 个问题。

(1) 关于总体规划

在系统建立与开发过程的整体规划上,应采取"总体规划,分期实施,逐步投资,逐步见效"的策略原则。

具体的方法有以下三种。

- "自上而下"的方法:"自上而下"也称"自顶向下"(TOP-DOWN)策略,它是从 MIS 总体出发,确定 MIS 的功能、模块构成以及它们之间的关系,在此基础上开发一个个子系统。该方法的优点是:整体性强、逻辑性强。该方法的缺点是:工作量大,周期长,复杂。该方法的适用范围是:大、小系统。
- "自下而上"的方法:"自下而上"也称"自底向上"(DOWN-TOP)策略,它是从各个子系统(模块)开始,开发一个个子系统,然后将它们组合成 MIS 总体。该方法的优点：工作量小，周期短，相对简单。该方法的缺点：缺乏整体性，功能、数据冗余，易返工。该方法的适用范围是：小系统。

- 综合方法：自上而下的进行系统的总体规划、分析、设计；自下而上的对各个模块进行实施。该方法的特点：既考虑到系统的整体性，又可节约人力、物力、时间的耗费。

(2) 开发的技术方法

在考虑系统开发的技术方法上，必须注意应用成熟的技术，MIS开发不是搞科研，而是一项应用软件工程。

(3) 开发的进程控制

在系统开发的进程控制上，应立足于采用增量实现的策略。

3.2 系统开发方法

管理信息系统的基本开发方法有：

- 结构化系统开发方法；
- 原型法；
- 面向对象的开发方法；
- 计算机辅助软件工程方法。

3.2.1 结构化系统开发方法

结构化系统开发方法（structured system development methodology）也称为面向功能的开发方法，是较传统的一种开发方法，也是目前最成熟的一种系统开发方法。

结构化系统开发的基本思想是：采用结构化思想、系统工程的观点和工程化的方法，按照用户至上的原则，采用模块化技术和抽象化技术先将整个管理信息系统作为一个大模块，自顶向下，以模块化结构设计技术进行模块分解，然后，再自底向上按照系统的结构将各模块进行组合，最终实现系统的开发。其结构形式如图3-3所示。

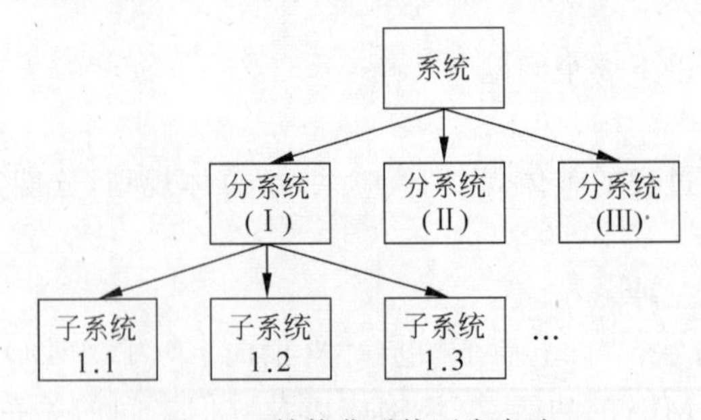

图3-3 结构化系统开发方法

系统开发分为以下几个阶段，每个阶段的主要工作如下。

(1) 系统规划阶段。根据用户的系统开发请求，进行初步调查，明确问题，确定系统目标和总体结构，确定分阶段实施进度，然后进行可行性研究。

（2）系统分析阶段。分析业务流程；分析数据与数据流程；分析功能与数据之间的关系；最后提出分析处理方式和新系统逻辑方案。

（3）系统设计阶段。总体结构设计；代码设计；数据库/文件设计；输入/输出设计；模块结构与功能设计。

（4）系统实施阶段。同时进行编程和人员培训，然后投入试运行。

（5）系统运行阶段。同时进行系统的日常运行管理、评价、监理审计三部分工作。

结构化系统开发方法的开发过程如图3-4所示。

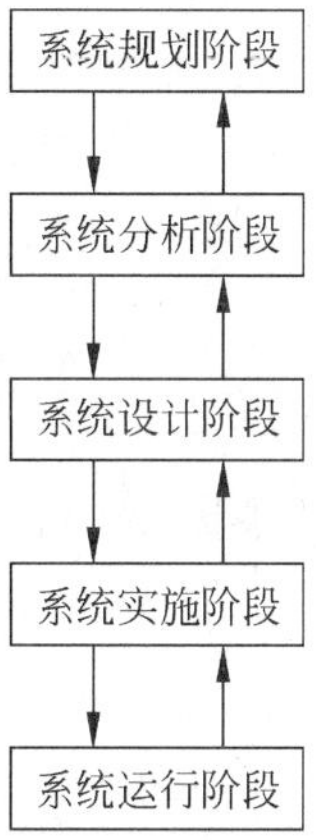

系统规划阶段
系统分析阶段
系统设计阶段
系统实施阶段
系统运行阶段

图3-4　结构化方法系统开发过程

为了保证系统的开发的正确性，每一阶段完成后，都要进行阶段性评审，确认之后进入下一阶段的开发，如果阶段评审中发现有问题，要继续整改。

结构化系统开发方法的特点是：

- 面向用户的观点。
- 严格区分工作阶段，每个阶段规定明确的任务和所应得的成果。
- 按照系统的观点，自顶向下地完成研制工作。
- 充分考虑变化的情况。
- 工作成果要成文，文献资料的格式要规范化、标准化。

结构化系统开发方法强调严格按照系统开发的生命周期进行新系统开发，适合于大型系统的开发。该方法具有以下优点：

- 严格区分系统开发的阶段性。
- 自顶向下的整体性开发与设计和自底向上的由局部到整体的模块化设计与实施相结合。
- 遵循用户至上原则，深入调查研究。
- 系统开发过程工程化，文档资料标准化。

但是该方法也存在如下缺点：

- 系统开发周期过长。
- 要求在开发之初全面认识系统的信息需求，充分预料各种可能发生的变化，难度很大。
- 用户参与系统开发的积极性没有充分调动，造成系统交接过程不平稳，系统运行维护管理难度加大。

3.2.2　原型法系统开发方法

原型法（prototyping），也称渐进法（evolutionary）或迭代法（iterative），是在关系数据库系统、第4代程序生成工具和各种系统开发生成环境诞生的基础上，逐步形成的一种设计思想、过程和方法全新的系统开发方法。

所谓原型，是指由系统分析设计人员与用户合作，在短期内定义用户基本需求的基础上，开发出来的一个只具备基本功能、实验性的、简易的应用软件。原型法开发的基本思想是：根据用户提出的需求，由用户与开发者共同确定系统的基本要求和主要功能并在较短时间内建立一个实验性的简单的信息系统原型，在用户使用的基础上，与用户交流，将模型不断补充、修改、完善，如此反复，最终直至用户和开发者都比较满意为止，就形成了一个相对稳定、较为理想的管理信息系统。原型法的开发模式如图 3-5 所示。

原型法系统开发方法的开发过程如图 3-6 所示。系统分为明确基本要求、开发初始原型系统、系统运行、系统评价、系统修改和最终产品等阶段。

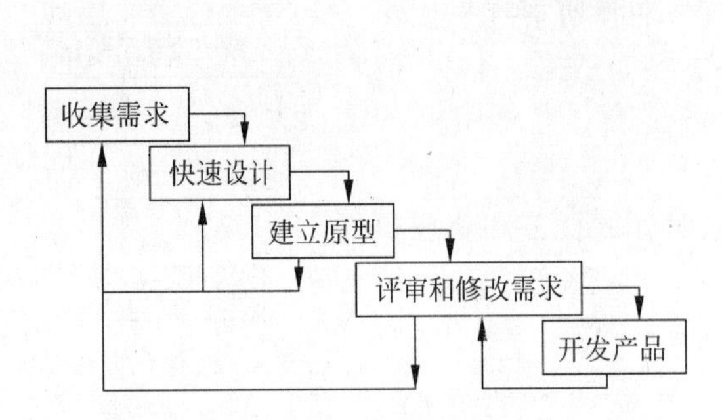

图 3-5 原型法系统开发模式

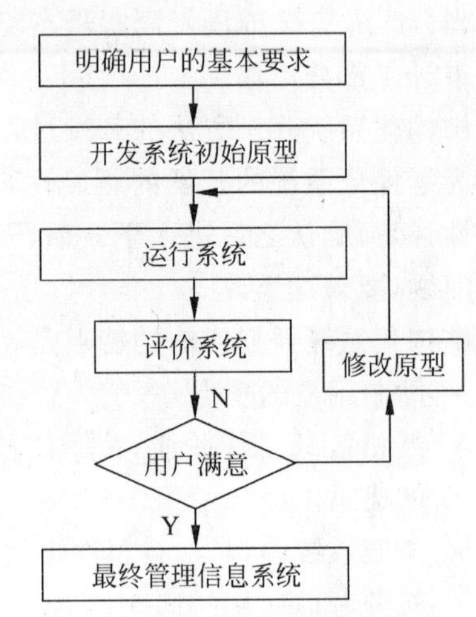

图 3-6 原型法系统开发过程

同结构化方法一样，原型法也有利弊，其优点是：

- 有利于用户及早参与开发过程，让用户在开发之初就看到系统雏形，了解管理信息系统，激发参与开发的热情和积极性。
- 也可以使用户培训工作同时启动，有利于系统今后顺利交接和运行维护。
- 构造原型快速，成本较低。
- 开发进程加快，周期缩短，反馈及时。

原型法的缺点是：

- 对于大型系统或复杂性高的系统，没有充分的系统需求分析，很难构造出原型；
- 开发进程管理复杂，要求用户和开发人员的素质高，配合默契；
- 必须依赖强有力的支撑环境，否则无法进行。

原型法适用于以下场合：

- 原型法适用于用户需求不清，管理及业务处理不稳定，需求常常变化。
- 规模小，不太复杂，而且不要求集中处理的系统。
- 有比较成熟借鉴经验的系统开发。
- 用于开发信息系统中的最终用户界面。
- 原型法的最大优点是能提高用户满意度。
- 使用原型法的开发系统周期短，成本低。

3.2.3 面向对象的开发方法

面向对象方法是针对传统的结构化开发方法中存在的问题，为了提高系统的稳定性、可修复性和可复用性而逐渐提出的，主要是解决传统开发方法中存在的以下问题：

- 问题空间与求解空间的不一致；
- 系统分析到系统设计转换困难；
- 处理模型和数据模型分别建立；
- 忽视信息系统的行为特征。

面向对象方法的出发点和基本原则是尽可能模拟人类习惯的思维方式，使得系统的方法与过程尽可能接近人类认识世界、解决问题的方法与过程，将客观世界中的实体抽象为问题域中的对象。

面向对象开发的基本思想是：面向对象的开发方法基于类和对象的概念，把客观世界的一切事物都看成是由各种不同的对象组成的，每个对象都有各自内部的状态、机制和规律；按照对象的不同特性，可以组成不同的类。不同的对象和类之间的相互联系和相互作用就构成了客观世界中的不同的事物和系统。

那么什么是面向对象的开发方法呢？面向对象的开发方法可描述如下。

(1) 客观事物都是由对象组成的。对象(object)是面向对象系统运行过程中的基本实体，既包括属性，也包括作用于属性的行为。属性用来反映对象的信息特征，如：特点、值、状态等。方法(method)则用来定义改变对象属性状态的各种操作方式。传统语言的操作数据是被动地等待相应的操作去处理，但对象是一个主动的数据实体，其中封装了一组对该数据的操作，所以对"对象"和传统的"数据"的使用方法也不同。

(2) 对象之间的联系通过传递消息来实现。消息是对象之间进行通信的一种数据结构，对象之间是通过传递消息来进行联系的，消息用来请求对象执行某一处理或提供某些信息的要求，控制流和数据流统一包含在消息中，程序的执行是靠对象间传递消息来连接的。

(3) 对象可按其属性进行归类。类(class)是对一组对象的抽象，将该组对象所具有的共同特征(包括操作特征和存储特征)集中起来，以说明该组对象的能力和性质。类有一定的结构，类可以有超类(super class)这种对象或类之间的层次结构是靠继承关系维系的。

(4) 对象是被封装的实体，类可以有子类(subclass)。所谓封装(encapsulation)，即指严格的模块化。这种封装的对象满足软件工程的要求，而且可以直接被面向对象的程序设计语言所接受。

面向对象方法的开发过程如下。

(1) 系统调查和需求分析。对系统将要面临的具体管理问题以及用户对系统开发的需求进行调查研究，即弄清干什么的问题。

(2) 分析问题的性质和求解问题。在复杂的问题域中抽象地识别出对象及其结构、属性、方法等。即面向对象的分析(OOA)。

(3) 整理问题。对分析的结构作进一步的抽象、归类、整理。即面向对象的设计(OOD)。

(4) 程序实现。利用面向对象程序设计语言将上一步的成果直接映射为应用程序软件。即面向对象程序设计(OOP)。

与结构化方法比较，面向对象方法的优点如下。

(1) 对问题空间的理解更直接，更符合人们认识客观事物的思维规律。

结构化方法把现实世界映射成数据流来加工，但它把数据流和控制流分开讨论，二者有时难以统一，而且数据流方法主要构造的还是过程模型，它描述数据结构的能力仍然很弱，一般还需要另外使用诸如E-R图之类的工具来建立数据的逻辑模型，造成了过程和数据的分离。

而面向对象方法把二者统一于对象内部，加工过程映射为对象的操作，数据映射为对象的属性，任何数据和与这些数据相关的过程都是与相关的对象共同生存的，这样增强了模型的一致性和准确性。使得系统的描述及信息模型的表示与客观实体相对应，符合人类的思维习惯，有利于系统开发过程中用户与开发人员的交流和沟通，缩短开发周期，提高系统开发的正确性和效率。

(2) 系统分析和系统设计使用同一模型，不存在过渡困难。

结构化方法的另一个主要问题是从分析过渡到设计有双重负担。一是构造方法的转换；二是添加实施细节。

而在面向对象方法中，从分析到设计使用相同的基本表示，对象模型是整个开发过程中的一个统一的表示工具。好处不仅是减少了各个阶段模型之间的转换，较好地支持模型到代码的正向工程及代码到模型的逆向工程，而且可以使需求的变化较为容易地同步到模型和代码中。

(3) 开发出来的信息系统从本质上具有更强的生命力。需求的不断变化是我们不得不接受的事实。

结构化方法基于功能分析与功能分解，而用户的需求变化往往是功能或流程的变化，因此开发出来的系统是不稳定的。

而问题空间的对象最稳定，它们对潜在变化最不敏感。面向对象方法使代表共性的对象稳定下来，而把不稳定的东西隐藏起来。这样可避免增加复杂性，系统对环境的适应和应变能力也随之增强。

(4) 维护成本降低。

采用结构化方法开发出来的系统是模块层次结构的，而模块的划分具有随意性，不同的开发人员可能将其分解成不同的软件结构。这样的系统维护工作相当困难。

面向对象方法中的类是更理想的模块机制，其独立性好，类对外部的接口设计好后，类内部的修改不会影响到其他类。

3.2.4 计算机辅助软件工程方法

计算机辅助软件工程(Computer Aided Software Engineering，CASE)的实质是利用一些CASE工具(软件)实现开发过程的自动化，严格来说，它不是一种开发方法。

什么是CASE工具呢？软件工具是用于辅助计算机软件的开发、运行、维护和管理等活动的一类软件。程序的CASE工具如下。

CASE工具
- 项目管理工具：如ADPS、Miscrosoft。
- 图形工具：用于辅助绘制结构图、流程图、功能图等。如DevelopMale。
- 专用检测工具：检测、检查系统设计错误即数据不一致等。如SAIT、WITT。
- 代码生成器：自动生成程序代码。如王特MIS、MISGS。
- 文档生成器：生成标准化、规范化的文档资料。如系统分析说明书等。

CASE帮助进行应用程序开发的软件，包括分析、设计和代码生成。CASE工具为传统的系统开发提供了自动的方法。

CASE方法的特点：

- 实现开发过程自动化；文档标准化、规范化；提高开发速度和效率；缩短开发周期；
- CASE方法必须与SSA&D、Prototyping、OOM方法结合使用。

3.2.5 MIS开发方法的比较

结构化的系统开发方法是经典的开发方法，强调从系统出发，自顶向下、逐步求精地开发系统。

原型法强调开发方与用户的交流，从动态的角度看待系统变化，采用的是以变应变的思路，思路上比结构化的系统开发方法要先进。原型法对于中小型的信息系统开发效果很好，但对于大型、复杂的系统在原型的制作上有相当的困难；在实际应用中，通常与结构化方法结合起来一起使用。

面向对象的方法从另外一个全新的角度来看问题，即从系统的基本构成入手，从现实世界中抽象出系统组成的基本实体（对象）。面向对象方法的局限性在于对计算机工具要求高：在没有进行全面的系统性调查分析之前，把握这个系统的结构有困难。因此，目前该方法的应用也是需要与其他方法相结合的。

综上所述，只有结构化系统开发方法是真正能较全面支持整个系统开发过程的方法。其他几种方法尽管有很多优点，但都只能作为结构化系统开发方法在局部开发环节上的补充，暂时都还不能替代其在系统开发过程中的主导地位。同时，由于面向对象开发方法专业技术能力要求较高，相对于管理、经济相关专业而言，用该方法进行MIS系统开发还具有一定难度，因此后面我们主要介绍结构化系统开发方法，并且按照结构化系统开发方法的各个阶段的先后顺序进行介绍。另外，为了扩展，对于面向对象方法，单独利用一章进行介绍。

3.3 系统开发工具

3.3.1 系统开发工具的概念

在高级程序设计语言的基础上，为提高系统开发的质量和效率，从规划、分析、设计、测试、成文和管理各方面，对系统开发者提供各种不同程度帮助的一类新型的软件工具。

软件开发工具包（Software Development Kit，SDK）是一些被软件工程师用于为特定的软件包、软件框架、硬件平台、操作系统等建立应用软件的开发工具的集合。

3.3.2 系统开发工具分类

从不同的角度可以将系统开发工具分为不同的类别，常用的系统开发工具分类方法有以下几种。

1. 按开发阶段划分

根据系统开发过程的各个开发阶段可以将系统开发工具分为设计工具、分析工具、计划工具三类。

1）设计工具

设计工具是最具体的，它是指在实现阶段对人们提供帮助的工具。例如各种代码生成器、一般所说的第4代语言和帮助人们进行测试的工具（包括提供测试环境或测试数据）等，都属于设计工具之列。它是最直接地帮助人们编写与调试软件的工具。

2）分析工具

分析工具主要是指用于支持需求分析的工具，例如，帮助人们编写数据字典的、专用的数据字典管理系统，帮助人们绘制数据流程图的专用工具，帮助人们画系统结构图或E-R图的工具等。它们不是直接帮助开发人员编写程序，而是帮助人们认识与表述信息需求与信息流程，从逻辑上明确软件的功能与要求。

3）计划工具

计划工具则是从更宏观的角度去看待软件开发。它不仅从项目管理的角度帮助人们组织与实施项目，把有关进度、资源、质量、验收情况等信息有条不紊地管理起来，而且考虑到了项目的反复循环、版本更新，实现了跨生命周期的信息管理与共享，为信息以及软件的复用创造了条件。

2. 按集成程度划分

集成化程度是用户接口一致性和信息共享的程度，是一个新的发展阶段。按集成程度可以将系统开发工具划分为以下两种。

1）专用的开发工具

专用的开发工具是面对某一工作阶段或某一工作任务的。

2）集成化的开发工具

集成化的开发工具是面对软件开发全过程的。集成化的系统开发工具要求人们对系统开发过程有更深入的认识和了解。开发与应用集成化的系统开发工具是应当努力研究与探索的课题，集成化的系统开发工具也常称为系统工作环境。

3. 按硬件、软件的关系划分

按与硬件和软件的关系，软件开发工具可以分为两类：依赖于特定计算机或特定软件（如某种数据库管理系统）和独立于硬件与其他软件的软件开发工具。一般来说，设计工具多是依赖于特定软件系统的，因为它生成的代码或测试数据不是抽象的，而是具体的某一种语言的代码或该语言所要求的格式的数据。而分析工具与计划工具则往往是独立于机器与软件系统的，集成化的软件系统开发工具常常是依赖于机器与软件系统的。

4. 按应用领域划分

按照应用领域的不同，应用软件可以分为事务处理、实时应用、嵌入式应用等。随着个人计算机与人工智能的发展，与这两个方面相联系的应用软件，也取得了较大的进展。

3.3.3 系统开发工具的基本功能

系统开发工具的基本功能包括以下几种。

1. 认识与描述客观系统

系统开发工具能够有效地协助系统开发人员认识系统工作的环境与要求、合理地组织与管理 MIS 系统开发的工作过程。

2. 存储及管理开发过程中信息

系统开发中产生大量的信息，结构复杂，数量众多，利用系统开发工具提供一个信息库和人机界面，有效地存储和管理这些信息。

3. 代码的编写或生成

利用系统开发工具，通过各种信息的提供，使用户在较短时间内，半自动地生成所需的代码段落，进行测试、修改。

4. 文档的编制或生成

利用系统开发工具能够方便地编制或生产各种开发文档，包括文字资料、各种报表、图形。

5. 软件项目的管理

利用系统开发工具进行软件项目的管理工作，包括进度、资源与费用、质量管理等。

3.4　系统开发组织工作

3.4.1　系统开发的组织机构与分工

按照工作内容的分工将系统开发的组织机构分为系统开发领导小组和系统开发工作小组。

1. 系统开发领导小组

系统开发领导小组主要负责新系统开发的行政组织和领导工作，具有权威的作用。主要权力是：机构调整，人员、设备、资金的调配，制定规章制度，项目管理及对系统开发做出重要决策。

系统开发领导小组主要由下列人员组成：

- 企、事业单位管理业务的骨干人员；
- 计算机或信息管理的主管人员；
- 系统开发的技术负责人等。

2. 系统开发工作小组

系统开发工作小组主要负责系统开发工作的组织与实施，在系统开发领导小组的领导下，具体执行系统开发的过程。其中，技术负责人起主导作用。系统开发工作小组由参加系统开发的所有人员组成，包括系统分析人员、系统设计人员、程序员、操作员、其他开发人员。

3.4.2 系统开发人员职责

1. 系统分析人员

系统分析人员又称为系统分析师，主要负责整个系统的调查与分析工作。对系统分析人员的要求是：

- 经过专门的培训，对计算机、MIS、现代管理理论和实践都有较丰富的知识。
- 知识面广，善于学习不同行业的业务知识，有很强的责任心，善于与不同背景的人员进行讨论，交流思想，有较强的组织工作的能力。

2. 系统设计人员

系统设计人员又称为系统设计师，主要负责系统的设计工作，具体包括系统的总体设计、物理设计。对系统设计人员的要求是：

- 具有熟练的计算机专业知识，掌握建立 MIS 的技术基础；
- 责任心强，熟悉系统实施与转换的一般技术方法。

3. 程序员

程序员主要负责系统的程序设计、调试和转换工作。对程序员的要求是：

- 精通程序设计语言与编程技巧，掌握系统测试的原理和方法；
- 具有准确理解和贯彻系统分析与系统设计思想的素质和能力；
- 善于学习和运用程序设计的新方法新技术，有一定的美学修养。

4. 操作员

操作员参与系统调试和转换工作，负责系统正常运行期间对系统功能的执行（数据录入、查删改、统计、打印输出、数据备份与恢复等）。对操作员的要求是：

- 除有熟练的键盘操作技能，准确的汉字录入能力外，还要掌握基本的硬件操作知识与操作系统命令；
- 善于学习和掌握应用系统的功能结构和性能特点；
- 遵守操作规程，有责任心。

5. 其他开发人员

在系统开发及正常运行后的管理与维护中，可根据需要配备相应的人员。如：设备维护、文档管理、网络系统管理等专门人员或兼职人员。

系统开发人员之间的相互关系如图 3-7 所示。

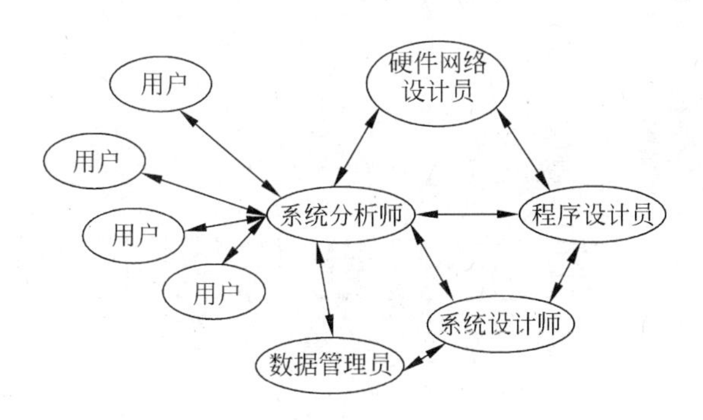

图 3-7 系统开发人员之间的相互关系

3.4.3 开发文档管理

文档是记录人们思维活动及其结果的书面形式的文字资料。信息系统的文档是描述系统从无到有整个开发与演变过程及各个状态的文字资料。文档是 MIS 建设的生命线，没有文档就没有 MIS。

文档能够有效地统一思想，防止健忘和误解，是系统开发工作组内各类人员之间及组内外的通信依据；观察、控制、协调系统开发过程的依据。文档管理的内容是：

- 文档标准与规范的制定；
- 文档编写的指导与监督；
- 文档的收存、保管与借用手续的办理。

3.5 思考与练习

1. MIS 系统的基本任务是什么？
2. 简述 MIS 系统的开发目的。
3. MIS 的开发策略是什么？
4. MIS 的基本开发方法有哪些？
5. 结构化开发方法分为哪几个阶段？每个阶段的主要任务是什么？
6. 什么是原型法开发方法？有什么优缺点？
7. 系统开发工具按照开发阶段分为哪几类？
8. 简述系统分析员和系统设计员各自的职责。

第4章 系统规划与可行性研究

按照结构化开发方法，制定系统规划方案是系统开发的第一个阶段，也是系统开发准备阶段。在这个阶段，要解决系统的问题的定义、可行性分析。

本章介绍系统规划与可行性分析的相关知识，包括系统规划模型、系统的初步调查、系统规划方法、系统可行性研究的任务、可行性研究的工具、可行性研究的内容和步骤以及可行性研究报告的内容等。通过本章的学习，实现以下目标：

- 掌握系统规划的任务和目的；
- 了解规划的模型和方法；
- 了解可行性研究的内容和任务；
- 掌握系统流程图的基本画法。

4.1 系统规划概述

信息系统规划是将组织目标、支持组织目标所必需的信息、提供这些必需信息的信息系统，以及这些信息系统的实施等诸要素集成的信息系统方案，是面向组织中信息系统发展远景的系统开发计划。

4.1.1 系统规划的任务和目的

管理信息系统规划的任务是在开发环境的调研基础之上，确定系统的开发方向、系统需要达到的目标，制定系统的总体政策和策略，做出人力、财力和物资的总体安排，制定开发活动的进度安排，制定 MIS 系统的总体结构，以确保系统开发的下调性，避免开发的孤立性和重复性。同时预测系统未来的发展，明确系统今后的发展、研究方向和准则。

对信息系统规划的目的，主要有以下几个方面。

- 保证管理信息系统开发符合企业总体战略目标，使得所开发的系统能够真正成为提高企业竞争能力的有力工具。
- 保证系统能满足企业各个部门对信息的需求。因为，企业是由多个部门所组成的一个复杂系统，各个部门均有自己的功能，部门之间必须要通过信息相互联系。
- 为领导对系统开发决策提供依据。
- 明确系统开发的优先顺序。

4.1.2　系统规划内容和原则

一个企业的信息系统规划可分为战略性规划和执行性规划两部分。战略性规划是指宏观指导性的长远规划，而执行性规划是指对战略性规划的具体化和细化。

1. 战略性规划

信息系统的战略性规划就是要在企业战略规划的指导下，考虑企业管理环境和信息技术对信息系统的影响，对企业内部的信息技术和信息资源开发工作进行合理安排，确定信息系统在组织中的地位以及结构关系，并制定出分阶段的发展目标、关键任务和主要内容。

2. 执行性规划

企业管理信息系统执行性规划又称为开发规划，是对战略性规划的具体落实，主要内容如下。

1）系统目标与范围的描述

首先要确定信息系统目标；确定系统界面，系统与外部的信息联系；系统的主要功能；系统与企业其他计算机的应用。

2）系统运行环境描述

它是说明系统运行在管理方面的基本要求与条件，包括管理思想及管理方法变革的设想、业务流程重组及组织机构的变化、职能调整的设想。

3）系统的硬件与软件配置

它是说明计算机和网络系统的配置要求，系统软件的配置要求。其目的是通过系统配置可以比较准确地估计出系统的总投资，有利于领导对是否开发信息系统进行决策。

4）系统开发计划

在计划中要确定系统开发策略（即系统开发的方式与方法），开发阶段的划分，开发的优先顺序及每阶段投入资源的预算，系统运行环境的形成与优化方案。

3. 系统规划的原则

管理信息系统的规划原则包括以下几种。

（1）支持企业总目标。企业的战略目标是系统规划的出发点，从整体上着眼于高层管理，兼顾各个管理层次的要求，所以，系统规划从企业目标出发，分析企业管理的信息需求，逐步得出信息系统的战略目标和总体结构。

（2）以高层管理为重点，兼顾其他各管理层。

（3）摆脱信息系统对组织机构的依从性。摆脱信息系统对组织机构的依从性首先着眼于企业过程。企业最基本的活动和决策可以独立于任何管理层和管理职责。例如，“库存管理”可以定义为“是原材料，零件和组件的手工控制和库存的估计过程”。这个过程可以由一个部门单独完成，也可以由多个部门联合完成。组织机构可以变动，但库存管理的过程大体上是不变的。对企业过程的了解往往从现行组织机构入手，但只有摆脱对它的依从性，才能提高信息系统的应变能力。

（4）系统整体性。系统的规划和实现是一个“自顶向下，自底向上”实现的过程，采用自上而下的规划方法，可以保证结构的完整性和信息的一致性。

(5) 便于实施性。系统规划应给后续工作提供指导，便于实施。方案选择应最求实效，宜选择经济、简单、易于实施的方案，技术手段强调实用性，不片面求洋、求新。

4.2 规划模型与方法

4.2.1 系统规划模型

管理信息系统战略规划有多种方法，诺兰模型就是一种典型的战略规划模型。1973 年美国专家诺兰(R. L. Nolan)提出信息系统发展 4 阶段理论，1980 年在此基础上将其发展为 6 阶段理论。

1. 初始阶段

这个阶段人们对计算机还很不了解，引入少数的计算机主要起到宣传、启蒙的作用，人们对它的兴趣也只是由于新鲜，注重学习技术，不求实际的效益。

2. 普及阶段

此时计算机技术开始普及，一些初期尝试的成功，使人们对计算机技术开始产生了实际的、基于自身工作需要的兴趣。这个阶段，计算机的作用主要还是用于学习和培训，真正用于管理的尚属少数。学习及普及是这一阶段的主要工作。

3. 控制阶段

此时投入使用的计算机应用系统逐渐多起来。然而由于缺乏全局考虑，各单项应用之间不协调，并未取得预期的效益。人们开始对计算机的使用进行规划与控制。

4. 集成阶段

人们按照信息系统工程的方法，全面规划，切实地从管理的实际需要出发，进行信息系统的建设与改造。

5. 数据管理阶段

信息管理提高到了一个新的以计算机为技术手段的水平上，计算机已经成为日常管理工作的不可缺少的工具，日常信息处理工作已经普遍由计算机来完成。计算机作为日常信息处理工具的作用开始发挥出来，投资开始见效。

6. 成熟阶段

在日常数据已经进入计算机的条件下，人们进一步对这些数据加工整理，充分利用，从而使决策水平提高，优化管理，避免失误，真正发挥对各级决策的支持作用。这时，计算机的作用才充分发挥出来。

4.2.2 战略集合转移法

战略集合转移法(Strategy Set Transformation,SST)是 William King 于 1978 年提出的,他把整个战略目标看成“信息集合”,由使命、目标、战略和其他战略变量组成,MIS 的战略规划过程是把组织的战略目标转变为 MIS 战略目标的过程。

该方法的第一步是识别组织的战略集,首先考察一下该组织是否有成文的长期战略计划,如果没有,就要去构造这种战略集合。可以采用以下步骤:

(1) 描绘出组织各类人员结构,如企业股东、供应商、顾客、管理者、政府代理人、地区社团及竞争者等;

(2) 识别每类人员的目标;

(3) 对于每类人员识别其使命及战略。

第二步是将组织的战略集转化为 MIS 的战略集。MIS 战略集应包括系统目标、约束及战略计划。在此基础上信息系统分析员可提出 MIS 执行计划。

4.2.3 关键成功要素法

所谓的关键要素,就是关系到企业的生存与组织成功的重要因素,它们也是企业最需要得到的决策信息、是值得管理者重点关注的活动区域。关键要素是企业 IT 支持最先要解决的问题,也是投资最先予以保证、质量要求最高的环节。

关键成功因素分析法(Critical Success Factors,CSF)包括 4 个步骤:

(1) 了解企业及信息系统的战略目标。

(2) 识别影响战略目标的所有成功要素。可以借助因果关系树等方法来辅助分析。

(3) 确定关键要素。这需要对所有成功因素进行评价,判断它们对组织目标的影响力,找出影响力大的因素,可以采用层次分析法、特尔斐法、模糊综合评判法等来辅助分析。

(4) 识别性能指标和标准。给出每个关键要素的性能指标和测量标准。

4.2.4 企业系统规划法

企业系统规划法(Business System Planning,BSP)是 IBM 在 20 世纪 70 年代提出的,旨在帮助企业制定信息系统的规划,以满足企业近期和长期的信息需求,它较早运用面向过程的管理思想,是现阶段影响最广的方法。该方法的基本思路是:要求所建立的信息系统支持企业目标;表达所有管理层次的要求;向企业提供一致性信息;对组织机构的变革具有适应性实质。即把企业目标转化为信息系统战略的全过程。

BSP 方法实现的主要步骤有定义企业目标、定义企业过程、定义数据类、定义信息系统总体结构等。

(1) 定义企业目标,要在企业各级管理部门中取得一致的看法,使企业的发展方向明确,使信息系统支持这些目标。

(2) 定义企业过程,这是 BSP 方法的核心。所谓企业过程就是企业资源管理所需要的、逻辑上相关的一组决策和活动。企业过程演绎了企业目标的完成过程,又独立于具体的组织机构变化,是建立企业信息系统的基础。

(3) 定义数据类，即认识这些过程所产生、控制和使用的数据，具体了解各种数据的内容、范围、可行性等，认识数据的共享要求和数据政策，以及数据使用中的问题，使信息系统规划能够满足数据资源管理的要求。

(4) 定义信息系统总体结构，即对数据资源和信息流程进行合理组织的方案，具体包括识别出系统和各个子系统，以及它们所支持的企业过程，从而将企业目标转化成信息系统的目标。

4.3 系统可行性研究概述

可行性分析是系统开发过程的第一个阶段，在这个阶段首先要进行问题的定义，明确工作任务，对工作内容进行初步调查，综合考察企业和环境状况、信息处理状况和问题、建立新系统的资源的状况以及企业领导和管理人员对建立新系统的支持程度等情况。对系统的执行性规划进行审定和可行性分析，初步评价解决问题的几种设想和方案，对是否有必要建立一个新的管理信息系统提出建议。

4.3.1 问题定义

问题定义主要目的是要明确工作任务，在这个阶段，首先由需求方的高层管理者提出需要解决的问题，然后由系统分析员提出解决这个问题的目标、规模完成时间、成本等约束条件的书面报告，最后与用户进行交流，得到用户的认可。

通过对用户进行详细调查研究，仔细阅读和分析有关的资料，确定所开发的信息系统名称、该信息系统与其他系统或软件之间的相互关系，明确系统的目标、规模、基本要求，并对现有系统进行分析，明确要开发新系统的必要性。

在本阶段通常由用户提出项目的性质、工程目标和规模的初步要求，经系统分析员对实际用户深入调查后对其进行补充完善，再通过会议评审的方式沟通双方对此项目的技术术语、性质、功能、性能、限制和条件等。这里的“性质”是指项目涉及的对象是实时的还是非实时的，是单用户还是共享的等；“功能”是指项目完成什么任务，如财务管理、人事管理等；“性能”是指处理数据量的多少、系统响应时间、查询速度、数据精度、可靠性等；“限制和条件”是指开发费用、开发周期、可使用的人力和物资资源等。

问题定义阶段的最终结果是问题定义报告，在报告中首先要给出拟建立的系统的名称，然后简明扼要地指出需要解决的问题和要达到的目标。问题定义报告目前没有统一的标准格式，基本的内容包括：

- 系统的名称；
- 系统的使用单位或部门；
- 系统开发单位；
- 系统的功能、性能；
- 系统的性质；
- 系统的限制和条件；
- 系统的开发时间和交付时间；

- 系统需要投入的经费；
- 问题定义报告的时间。

4.3.2 可行性研究任务

可行性分析是在明确了问题定义并对问题进行了初步调研的基础之上，提出规划方案，并对方案从经济方面、技术方面、系统运行方面进行分析和评价，推荐优秀的方案并说明理由。

1. 经济可行性

它主要是指进行系统的投资/效益分析。新系统的投资包括硬件、系统软件、辅助设备费、机房建设和环境设施、系统开发费、人员培训费、运行费(包括硬件、软件维护，计算机系统人员的工资，日常消耗物资的费用)等。系统的效益主要从改善决策、提高企业竞争力、加强计划和控制、快速处理信息、改善顾客服务、减少库存、提高生产效率等方面取得。将初步算出的新系统可能获得的年经济收益，与系统投资相比较，从而估算出投资效益系数和投资回收期。根据估算的直接经济效益和各种间接效益，评价新系统经济上的可行性。

2. 技术可行性

经过经济分析，在确定企业准备投资多少来达到系统的目标之后，再进行技术上的可行性分析。评价总体方案所提出的技术条件如计算机硬件、系统软件的配置、网络系统性能和数据库系统等，能否满足新系统目标的要求，并对达到新系统目标的技术难点和解决方法的可行性进行分析。此外，还应分析开发和维护系统的技术力量，不仅考虑技术人员的数量，更应考虑他们的经验和水平。

3. 社会可行性

系统的建立要考虑社会的、人为的因素影响；要考虑改革不适合新系统运行的管理体制和方法的可行性，实施各种有利于新系统运行建议的可行性、人员的适应性以及法律上的可行性(如保密、复制、转让的限制)等。此外，对新系统运行后将对各方面产生的影响也应加以分析。例如：用计算机处理大批信息，提高劳动生产率，一般情况下，会造成企业人员过剩，会涉及过剩人员的工作安排问题。

4.3.3 可行性研究步骤

为了保证可行性研究的结果全面、准确、有效，并尽可能减少所需成本，可行性的研究可以按照下列步骤执行。

1. 调查系统的规模和目标

分析员对有关人员进行调查访问，仔细阅读和分析有关的材料，对项目的规模和目标进行定义和确认，清晰地描述项目的一切限制和约束，确保正在解决的问题是要解决的问题。

调查主要围绕以下几个方面进行。

1）问题定义的复查

调研人员应该仔细阅读有关材料，访问用户或使用部门的关键性分院，进一步了解系统项目的性质、规模、目标，将正确地定义的内容加以确认，找出问题定义中存在的偏差以及含糊不清的叙述加以修正，对系统的规模和目标的约束条件和制约做出肯定而清晰的描述。总之，目的是确认有效的定义，修正和完善不确定的定义。

2）企业和环境概况

主要包括企业发展历史、发展目标和经营战略、规模、产品结构和水平、技术水平、经济实力、人员数量及结构、设备情况、组织机构、地理分布、客户特点及分布、国家对企业发展的有关政策、同行业发展情况、竞争对手情况、产品市场动态等。

3）信息处理状况

主要是指调查企业固定信息与流动信息量、信息处理的过程与能力、人员状况、技术条件(包括计算机应用情况)、工作效率等基本情况。在此基础上进一步了解现行系统存在哪些问题、哪些方面不能满足用户的需求、哪些是关键问题、用户的真实要求及为什么要采用新的计算机管理系统来代替现行系统、用户期望新系统应满足哪些要求等。

4）开展系统开发的资源情况

为建立新的计算机管理信息系统，企业可以或者准备投入的资金、物力、人力以及其来源的情况。

5）领导的意见

主要调查企业领导和各职能部门负责人对系统目标及范围的看法，对系统开发工作的态度。

2. 研究正在运行的系统

现有系统是信息的重要来源。研究其基本功能，存在问题，运行费用，以及对新系统功能、运行费用要求等。正在运行的系统可能是一个人工操作的，也可能是旧的计算机系统，需要开发一个新的计算机系统来代替。收集、研究和分析现有系统的文档资料，实地考察现有系统，访问有关人员，然后描绘现有系统的高层系统流程图，与有关人员一起审查该系统流程图是否正确。系统流程图反映了现有系统的基本功能和处理流程。

3. 建立新系统的高层逻辑模型

根据对现有系统的分析研究，逐渐明确新系统的功能、处理流程以及所受的约束，然后使用建立逻辑模型的工具——数据流图和数据字典(有关概念在第5章会详细介绍)来描述数据在系统中的流动和处理情况。

注意，现在还不是系统需求分析阶段，不是完整、详细的描述，只是概括地描述高层的数据处理和流动。

4. 提出和评价各种方案

建立了新系统的高层逻辑模型之后，要从技术角度出发，提出实现高层逻辑模型的不同方案，即提出若干较高层次的物理解法。

根据技术可行性、经济可行性和社会可行性对各种方案进行评估,去掉行不通的解法,就得到了可行的解法。

5. 推荐可行的方案

根据可行性研究的结果,决定项目是否值得开发。若值得开发,说明可行的解决方案及理由;项目从经济上看是否合算。要求分析员对推荐的可行方案进行成本-效益分析(成本-效益分析法参考有关软件工程的资料)。

6. 草拟开发计划

分析员应为所推荐的方案草拟一份开发计划,该开发计划包括项目开发的工程进度表、所需的开发人员、资源、估算成本等内容。

7. 编写可行性研究报告,提交审查

依据可行性研究过程的结果形成可行性研究报告。将可行性研究报告提请用户和使用部门仔细审查,从而决定该项目是否进行开发,是否接受可行的实现方案。

可行性研究报告最后必须提出一个明确的结论,可能是:项目开发可立即开始;项目开始的前提是具备某些条件或对某些目标进行修改;或在技术、经济操作或社会某些方面不可行,立即终止项目所有工作。

4.4 系统初步调查

信息系统初步调查的目的就是确定系统总体目标,通过初步调查,收集相关信息用于进行可行性分析,系统初步调查的基本内容包括以下几种。

1. 系统的基本情况

系统初步调查的系统基本情况包括:系统外部约束、系统规模、历史、管理目标、主要业务以及组织目前面临的主要问题等。

2. 系统信息处理情况

系统信息处理情况的调查主要包括:现有信息系统的组织机构、基本工作方式、工作效率、可靠性、人员以及技术情况等。

3. 系统资源情况

系统资源情况主要包括:技术力量、能够投入的人力和财力情况等。

4. 态度

态度是指组织中各类人员对开发信息系统的态度,主要包括:支持和关心的程度、对信息系统的认识程度和看法等。

4.5 物理模型描述工具

在进行系统的可行性研究时我们需要了解和分析现有系统，以便能够根据现有系统的运行状况以及用户对现有系统提出的新的要求进行对比。那么分析现有系统的运行状况的主要目的就是理解现有系统中数据在各个物理元素之间的流动情况，全面了解现有系统的工作流程或业务流程，这主要是通过建立系统的物理模型来实现。

系统流程图(system flowchart)就是描绘系统物理模型的传统工具。它的基本思想是用图形符号以黑盒子形式描绘系统里面的每个部件(程序、文件、数据库、表格、人工过程等)，表达信息在各部件之间流动的情况。

系统流程图表达的是系统各部件的流动情况，而不是表示对信息进行加工处理的控制过程。尽管系统流程图的某些符号和程序流程图的符号形式相同，但是它却是物理数据流图而不是程序流程图。系统流程图的主要作用是：

- 制作系统流程图的过程是系统分析员全面了解系统业务处理概况的过程，它是系统分析员做进一步分析的依据；
- 系统流程图是系统分析员、管理员、业务操作员相互交流的工具；
- 系统分析员可直接在系统流程图上画出可以有计算机处理的部分；
- 可利用系统流程图来分析业务流程的合理性。

描述系统流程图的基本符号及其含义如表 4-1 所示。

表 4-1 系统流程图的基本符号及其含义

符　号	名　称	说　明
	处理	能改变数据值或数据位置的加工或部件，如程序、处理机、人工加工等处理
	输入/输出	表示输入或输出(或既输入又输出)，是一个广义的不指具体设备的符号
	磁盘	磁盘输入/输出，也表示存储在磁盘上的文件或数据库
	文档	通常表示打印输出，也可以表示用终端输入数据
	连接	指出转到另一部分或从图的另一部分转来，通常在同一页上
	显示	CRT 终端或类似的显示部件，可用于输入或输出，或既输入又输出
	换页连接	指出转到另一页图上或由另一页图转来
	人工操作	人工完成的处理
	手工输入	人工输入数据的脱机处理，如填写表格
	连接线	用来连接其他符号，指明信息流动方向
	判断	根据条件处理流程分布

【例 4-1】　用系统流程图表示的人工销售教材的一个物理模型如图 4-1 所示。这是一个纯人工操作的系统，信息流始于学生，又终于学生。

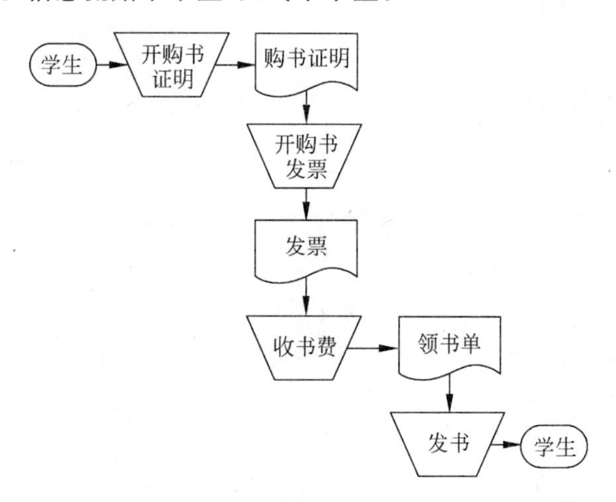

图 4-1　人工销售教材的物理模型

模块结构图主要从功能的角度描述了系统的结构，但在实际工作中许多业务和功能都是通过数据存储文件联系起来的，而这个情况在模块结构图中未能反映出来，系统流程图可以反映各个处理功能与数据存储之间的关系。系统流程图以新系统的数据流图和模块结构图为基础，首先找出数据之间的关系，即由什么输入数据，产生什么中间输出数据(可建立一个临时中间文件)，最后又得到什么输出信息。然后，把各个处理功能与数据关系结合起来，形成整个系统的信息系统流程图。

【例 4-2】　工资管理子系统的系统流程图如图 4-2 所示。该子系统由主文件更新模块、形成扣款文件模块和计算打印模块三部分组成。

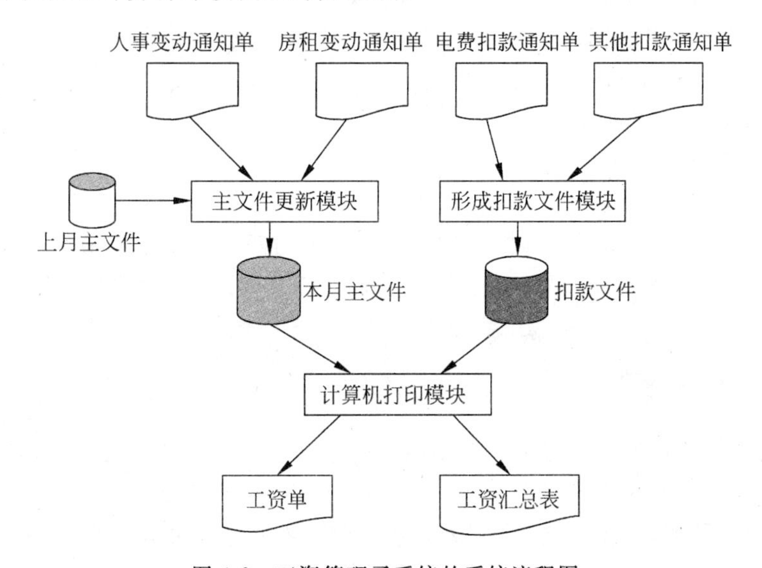

图 4-2　工资管理子系统的系统流程图

4.6 可行性分析

4.6.1 经济可行性研究

对待开发系统的经济可行性的论证(其中主要是成本-效益分析)是可行性研究的重要内容。评价系统经济效益的标准方法是进行成本-效益分析,成本-效益分析是通过比较系统的全部成本和效益来评估系统价值的一种方法。

成本-效益分析法的基本原理是:针对某项支出目标,提出若干实现该目标的方案,运用一定的技术方法,计算出每种方案的成本和收益,通过比较方法,并依据一定的原则,选择出最优的决策方案。

成本-效益分析包含以下两个步骤。

(1) 标识和估计所有执行该项目和运行所交付应用的成本和效益。这包括系统的开发成本、运行成本和预计从新系统的实施中获得的效益。在被提议的系统用于取代现有系统的情况下,这些估计应该反映因新系统而产生的成本和效益的变化。例如,新的销售订单处理系统不需要按总的销售价值来衡量为组织带来的效益,只需要按因新系统的使用所带来的新增部分来衡量。

(2) 按公共的单位表示这些成本和效益。我们需要从钱的角度来表示每项预计的成本和效益,以及净效益,即以上两者之差。

多数直接成本便于用钱来量化,主要可分为以下几类。

- 开发成本:包括参与开发项目的员工的工资。
- 安装成本:包括使该系统投入使用需要的成本。这主要由任何新的硬件的成本所组成,但也包括文件转换、招聘和员工培训的成本。
- 运行成本:由系统安装好后运行该系统的成本组成。

给出下列的一些效益:

- 可计算的、有价值的效益;
- 可计算的、没有价值的效益;
- 可识别的、不易判定价值的效益。

【例 4-3】 已知一个基于计算机的系统软件升级的开发成本估算值为 5000 元,预计新系统投入运行后每年可以带来 2500 元的收入,假定新软件的生存周期(不包括开发时间)为 5 年,当年的年利率为 12%,试对该系统的开发进行成本-效益分析。

1. 货币的时间价值

货币的时间价值指同样数量的货币随时间的不同具有不同的价值。一般货币在不同时间的价值可用年利率来折算。

设:i 表示年利率,现在存入 P 元,n 年后的价值为 F 元,则有:

$$F = P(1+i)n \tag{4-1}$$

如果 n 年后能收入 F 元,这些钱折算成现在的价值称为折现值,折现公式为:

$$P = F/(1+i)^n \tag{4-2}$$

对本题的将来的收入折现,计算结果如表 4-2 所示。

表 4-2 将来的收入折算成现在值

n(年)	第 n 年的收入	$(1+i)^n$	折现值	累计折现值
1	2500	1.12	2232.14	2232.14
2	2500	1.2544	1992.98	4225.12
3	2500	1.404928	1779.45	6004.57
4	2500	1.57351936	1588.80	7593.37
5	2500	1.762341683	1418.57	9011.94

2. 纯收入

纯收入是指在整个生存周期系统的累计收入的折现值 P_T 与总成本折现值 S_T 之差,以 T 表示,则有:

$$T = P_T - S_T = 9011.94 - 5000 = 4011.94(\text{元}) \qquad (4\text{-}3)$$

如果纯收入小于或等于 0,则这项工程单从经济观点来看是不值得投资的。

3. 投资回收期

投资回收期是指系统投入运行后累计的经济效益的折现值正好等于投资所需的时间。本例中的投资回收期为:

$$2 + (5000 - 4225.12)/1779.45 = 2 + 0.44 = 2.44(\text{年})$$

投资回收期越短,就能越快地获得利润,工程越值得投资。

4. 投资回收率

把资金投入到项目中与把资金存入银行比较,其中投入到系统项目中可获得的年利率就称为系统项目的投资回收率。设 S 为现在的投资额,F_i 是第 i 年一年的收益($i=1,2,\cdots,n$),n 是系统的寿命,j 是投资回收率,则 j 满足方程:

$$S = F_1(1+j)^{-1} + F_2(1+j)^{-2} + \cdots + F_n(1+j)^{-n} \qquad (4\text{-}4)$$

解这个方程就可以得到投资回收率 j。本题的投资回收率为 41.04%,而如果直接把资金存入银行的投资回收率就是年利率 12%。

如果仅考虑经济效益,只有系统项目的投资回收率大于年利率时,才考虑开发问题。还要考虑社会效益。

4.6.2 技术可行性研究

技术可行性是可行性研究的关键内容。由于系统分析和定义过程与系统技术可行性评估过程同时进行,此时系统的功能、性能和目标的不确定性会给技术可行性论证带来许多困难。其主要包括:

- 风险分析。其任务是在给定的约束条件下,论证能否实现系统所需的功能和性能。
- 资源分析。其任务是论证是否具备系统开发所需各类人员的数量和质量、软硬件资源和工作环境等。

- 技术分析。其任务是论证现有的科学技术水平和开发能力是否支持开发的全过程并达到系统功能和性能的目标。

为了进行有效的技术可行性研究，系统分析员应采集系统功能、性能、各种约束条件、所需的各种资源等方面的信息，进而分析系统开发可能承担的技术风险；分析实现系统功能和性能所需的各种设备、人员、技术、方法、工具和过程；从而从技术角度分析开发系统的可行性。如果可能，应充分研究与新系统类似的原有系统。

数学建模、原型建造和模拟是基于计算机系统技术可行性研究的有效工具。建造的基于计算机系统的模型必须具备以下特点：

- 模型应能反映要评估系统的构成的动态特性，容易理解和操作，能够尽量提供系统真实的结果并有利于评审。
- 模型应包括与系统有关的全部相关元素，能够再现系统运行的结果。
- 模型应突出表现与系统相关的重要因素，忽略无关或次要因素。
- 模型设计应尽量简单、易于实现、易于修改。

如果系统十分复杂，则需将模型分解为若干个具有层次结构的小模型。可以借助模型对系统中某个重要的独立要素进行专门的评估。如有必要，可以对其中的关键要素建造原型并进行模拟，以便准确分析其技术可行性。

技术可行性研究应明确给出技术风险分析、资源分析和技术分析的结论，以便使管理人员据此做出是否进行系统项目开发的决策。如果技术风险很大，或者资源不足，或者当前的技术、方法与工具不能实现系统预期的功能和性能，管理人员就应及时做出撤销系统项目的决定。

4.6.3 可行性分析报告

可行性研究报告用来说明系统开发的实现技术、经济和社会条件方面的可行性，可行性研究报告的主要内容如下。

1 引言

1.1 编写目的

阐明编写可行性研究报告的目的，提出读者对象。

1.2 背景

背景应包括：

- 所建议开发软件的名称；
- 项目的任务提出者、开发者、用户及实现软件的单位；
- 项目与其他软件或其他系统的关系。

1.3 定义

列出文档中用到的专门术语的定义和缩写词的原文。

1.4 参考资料

列出有关资料的作者、标题、编号、发表日期、出版单位或资料来源，例如：

- 本项目的经核准的计划任务书或合同、上级机关的批文；
- 属于本项目的其他已发表的文件；
- 本文件中各处引用的文件、资料，包括所需用到的软件开发标准。

2 可行性研究的前提

说明对所建议的开发项目进行可行性研究的前提，如要求、目标、假定、限制等。

2.1 要求

说明对所建议开发的软件的基本要求，如：

- 功能；
- 性能；
- 输出：如报告、文件或数据，对每项输出要说明其特征，如用途、产生频度、接口以及分发对象；
- 输入：说明系统的输入，包括数据的来源、类型、数量、数据的组织以及提供的频度；
- 处理流程和数据流程：用图表的方式表示出最基本的数据流程和处理流程，并加以叙述；
- 在安全与保密方面的要求；
- 同本系统相连接的其他系统；
- 完成期限。

2.2 目标

说明所建议系统的主要开发目标，如：

- 人力与设备费用的减少；
- 处理速度的提高；
- 控制精度或生产能力的提高；
- 管理信息服务的改进；
- 自动决策系统的改进；
- 人员利用率的改进。

2.3 条件、假定和限制

说明对这项开发中给出的条件、假定和所受到的限制，如：

- 所建议系统的运行寿命的最小值；
- 进行系统方案选择比较的时间；
- 经费、投资方面的来源和限制；
- 法律和政策方面的限制；
- 硬件、软件、运行环境和开发环境方面的条件和限制；
- 可利用的信息和资源；
- 系统投入使用的最晚时间。

2.4 进行可行性研究的方法

说明这项可行性研究将是如何进行的，所建议的系统将是如何评价的。摘要说明所使用的基本方法和策略，如调查、加权、确定模型、建立基准点或仿真等。

2.5 评价尺度

说明对系统进行评价时所使用的主要尺度，如费用的多少、各项功能的优先次序、开发时间的长短及使用中的难易程度。

3　对现有系统的分析

这里的现有系统是指当前实际使用的系统，这个系统可能是计算机系统，也可能是一个机械系统甚至是一个人工系统。分析现有系统的目的是为了进一步阐明建议中的开发新系统或修改现有系统的必要性。

3.1　处理流程和数据流程

说明现有系统的基本的处理流程和数据流程。此流程可用图表即流程图的形式表示，并加以叙述。

3.2　工作负荷

列出现有系统所承担的工作及工作量。

3.3　费用开支

列出由于运行现有系统所引起的费用开支，如人力、设备、空间、支持性服务、材料等项开支以及开支总额。

3.4　人员

列出为了现有系统的运行和维护所需要的人员的专业技术类别和数量。

3.5　设备

列出现有系统所使用的各种设备。

3.6　局限性

列出现有系统的主要的局限性，例如处理时间赶不上需要，响应不及时，数据存储能力不足，处理功能不够等。并且要说明，为什么对现有系统的改进性维护已经不能解决问题。

4　所建议的系统

本章将用来说明所建议系统的目标和要求将如何被满足。

4.1　对所建议系统的说明

概括地说明所建议系统，并说明在第 2 章中列出的那些要求将如何得到满足，说明所使用的基本方法及理论根据。

4.2　处理流程和数据流程

给出所建议系统的处理流程和数据流程。

4.3　改进之处

按 2.2 条中列出的目标，逐项说明所建议系统相对于现有系统具有的改进。

4.4 影响

说明在建立所建议系统时，预期将带来的影响，包括以下几点影响。

4.4.1　对设备的影响

说明新提出的设备要求及对现有系统中尚可使用的设备须作出的修改。

4.4.2　对软件的影响

说明为了使现有的应用软件和支持软件能够同所建议系统相适应。而需要对这些软件所进行的修改和补充。

4.4.3　对用户单位机构的影响

说明为了建立和运行所建议系统，对用户单位机构、人员的数量和技术水平等方面的全部要求。

4.4.4　对系统运行过程的影响

说明所建议系统对运行过程的影响，如：

- 用户的操作规程；
- 运行中心的操作规程；
- 运行中心与用户之间的关系；
- 源数据的处理；
- 数据进入系统的过程；
- 对数据保存的要求，对数据存储、恢复的处理；
- 输出报告的处理过程、存储媒体和调度方法；
- 系统失效的后果及恢复的处理办法。

4.4.5　对开发的影响

说明对开发的影响，如：

- 为了支持所建议系统的开发，用户需进行的工作；
- 为了建立一个数据库所要求的数据资源；
- 为了开发和测验所建议系统而需要的计算机资源；
- 所涉及的保密与安全问题。

4.4.6　对地点和设施的影响

说明对建筑物改造的要求及对环境设施的要求。

4.4.7　对经费开支的影响

扼要说明为了所建议系统的开发，设计和维持运行而需要的各项经费开支。

4.5　局限性

说明所建议系统尚存在的局限性以及这些问题未能消除的原因。

4.6　技术条件方面的可行性

本节应说明技术条件方面的可行性，如：

- 在当前的限制条件下，该系统的功能目标能否达到；
- 利用现有的技术，该系统的功能能否实现；
- 对开发人员的数量和质量的要求并说明这些要求能否满足；
- 在规定的期限内，本系统的开发能否完成。

5　可选择的其他系统方案

扼要说明曾考虑过的每一种可选择的系统方案，包括需开发的和可从国内外直接购买的，如果没有供选择的系统方案可考虑，则说明这一点。

5.1　可选择的系统方案 1

参照第 4 章的提纲，说明可选择的系统方案 1，并说明它未被选中的理由。

5.2　可选择的系统方案 2

按类似 5.1 条的方式说明第 2 个乃至第 n 个可选择的系统方案。

……

6　投资及效益分析

6.1　支出

对于所选择的方案，说明所需的费用。如果已有一个现有系统，则包括该系统继续运行期间所需的费用。

6.1.1 基本建设投资

包括采购、开发和安装下列各项所需的费用,如:

- 房屋和设施;
- ADP 设备;
- 数据通信设备;
- 环境保护设备;
- 安全与保密设备;
- ADP 操作系统的和应用的软件;
- 数据库管理软件。

6.1.2 其他一次性支出

包括下列各项所需的费用,如:

- 研究(需求的研究和设计的研究);
- 开发计划与测量基准的研究;
- 数据库的建立;
- ADP 软件的转换;
- 检查费用和技术管理性费用;
- 培训费、差旅费以及开发安装人员所需要的一次性支出;
- 人员的退休及调动费用等。

6.1.3 非一次性支出

列出在该系统生命期内按月、按季或按年支出的用于运行和维护的费用,包括:

- 设备的租金和维护费用;
- 软件的租金和维护费用;
- 数据通信方面的租金和维护费用;
- 人员的工资、奖金;
- 房屋、空间的使用开支;
- 公用设施方面的开支;
- 保密安全方面的开支;
- 其他经常性的支出等。

6.2 收益

对于所选择的方案,说明能够带来的收益,这里所说的收益,表现为开支费用的减少或避免、差错的减少、灵活性的增加、动作速度的提高和管理计划方面的改进等,包括以下几个方面。

6.2.1 一次性收益

说明能够用人民币数目表示的一次性收益,可按数据处理、用户、管理和支持等项分类叙述,如:

- 开支的缩减包括改进了的系统的运行所引起的开支缩减,如资源要求的减少,运行效率的改进,数据进入、存储和恢复技术的改进,系统性能的可监控,软件的转换和优化,数据压缩技术的采用,处理的集中化/分布化等;

- 价值的增升包括由于一个应用系统的使用价值的增升所引起的收益，如资源利用的改进，管理和运行效率的改进以及出错率的减少等；
- 其他如从多余设备出售回收的收入等。

6.2.2　非一次性收益

说明在整个系统生命期内由于运行所建议系统而导致的按月的、按年的能用人民币数目表示的收益，包括开支的减少和避免。

6.2.3　不可定量的收益

逐项列出无法直接用人民币表示的收益，如服务的改进，由操作失误引起的风险的减少，信息掌握情况的改进，组织机构给外界形象的改善等。有些不可捉摸的收益只能大概估计或进行极值估计(按最好和最差情况估计)。

6.3　收益/投资比

求出整个系统生命期的收益/投资比值。

6.4　投资回收周期

求出收益的累计数开始超过支出的累计数的时间。

6.5　敏感性分析

所谓敏感性分析是指一些关键性因素如系统生命期长度、系统的工作负荷量、工作负荷的类型与这些不同类型之间的合理搭配、处理速度要求、设备和软件的配置等变化时，对开支和收益的影响最灵敏的范围的估计。在敏感性分析的基础上做出的选择当然会比单一选择的结果要好一些。

7　社会因素方面的可行性

本章用来说明对社会因素方面的可行性分析的结果，包括以下几点。

7.1　法律方面的可行性

法律方面的可行性问题很多，如合同责任、侵犯专利权、侵犯版权等方面的陷阱，软件人员通常是不熟悉的，有可能陷入，务必要注意研究。

7.2　使用方面的可行性

例如从用户单位的行政管理、工作制度等方面来看，是否能够使用该软件系统；从用户单位的工作人员的素质来看，是否能满足使用该软件系统的要求等，都是要考虑的。

8　结论

在进行可行性研究报告的编制时，必须有一个研究的结论。结论可以是：

- 可以立即开始进行；
- 需要推迟到某些条件(如资金、人力、设备等)落实之后才能开始进行；
- 需要对开发目标进行某些修改之后才能开始进行；
- 不能进行或不必进行(如因技术不成熟、经济上不合算等)。

4.7　思考与练习

1. 系统规划的任务和目的是什么？
2. 简述系统规划的主要内容。

3. 系统规划的原则是什么？
4. 什么是战略结合转移法？什么是关键成功要素法？
5. 问题定义的主要目的是什么？
6. 问题定义的基本内容是什么？
7. 可行性研究的任务是什么？
8. 简述成本-效益分析法的基本原理。
9. 技术可行性主要包括哪些？

第5章 系统分析

系统分析又称为系统的逻辑设计，是管理信息系统设计和实现的基础，这个阶段主要解决的问题是“能做什么”，这一阶段的成果直接决定系统的成败。因此，进行管理信息系统的开发首先必须做好系统分析工作。

本章介绍系统分析所涉及的相关知识，包括系统分析的基本知识、系统调查的内容和方法、系统分析的工具及其使用、系统分析建模方法和系统需求报告等。通过本章的学习，实现以下目标：

- 掌握系统分析的目的和任务；
- 了解系统分析的原则和方法；
- 了解系统需求内容、系统调查的原则与注意事项；
- 掌握基本的系统调查方法；
- 掌握系统分析工具的基本使用；
- 了解系统分析报告的内容。

5.1 系统分析概述

在整个的管理信息系统开发过程中，系统分析工作是一项细致、周密、复杂、占用时间长、技术和人员知识的要求高的一项工作，学习系统分析技术之前，首先要掌握的是系统分析的目的、分析的基本任务、分析的原则、分析的基本方法及步骤等基本概念和基本知识。

5.1.1 系统分析的目的和任务

1. 系统分析的目的

系统分析是系统开发的第一阶段，什么是系统分析呢？系统分析是指理解并详细说明信息系统应该做什么的过程。我们知道，信息系统存在的目的是为了解决问题，因此分析的第一步是了解问题，然后在了解问题的基础上设计方案解决问题。因此，系统分析的目的是明确系统开发的目标和用户的信息需求，从信息处理的功能需求上，提出系统的方案，即提出新系统的逻辑模型，以此作为下一阶段进行物理方案设计、解决“怎么做”的问题提供依据。

2. 系统分析的任务

系统分析的基本任务是系统分析员与用户一起，充分了解用户的要求，并将双方的理解用系统说明书表达出来。系统说明书审核通过之后，将是系统设计和将来验收的依据，它是系统分析阶段的最终成果。具体而言，系统分析的主要任务有以下几个方面。

1）确定系统需求

掌握系统需求是系统分析的核心工作，也是系统开发与设计的起点，只有知道了准确的系统需求，才能够正确地完成后期的工作，系统需求应该包括以下内容。

- 系统的运行环境要求。系统运行时的环境包括硬件环境和软件环境，硬件环境如外存的种类、数据的输入/输出方式、数据通信接口等，软件环境如操作系统平台要求、数据库管理系统需求等。
- 系统的功能需求。通过分析，确定系统必须具备的所有功能，系统功能的限制条件和约束等。
- 系统的性能需求。系统的性能需求主要包括存储容量、安全性、期望的响应时间、可靠性等。
- 系统的接口要求。接口要求主要描述系统与环境的通信格式、与其他系统的交互信息格式等，例如人机接口要求、硬件接口要求等。

2）建立系统的逻辑模型

模型是需求说明的重要描述工具，通过模型清楚地记录和描述用户对系统需求的表达，方便与用户之间的交流，通过模型能够有效地解决“做什么”的问题。常用的逻辑模型描述工具有数据流图、实体-联系图、状态转换图、数据词典和主要功能的处理算法描述（具体方法参见算法设计课程）等。

3）编写系统分析报告

系统的分析报告说明书是对逻辑模型的文字说明，是系统分析阶段的重要成果，它既是用户与开发人员之间达成书面协议的依据，也是管理信息系统生命周期中的重要文档。

从信息系统的目标和基本任务来看，需求分析是信息系统分析阶段的最重要的环节之一。实事求是、全面调查是系统分析与设计的基础，它的真实、准确性是关系成败的决定性因素，同时，需求分析工作量很大，所涉及的业务和人、数据、信息都非常多，所以如何科学地组织和适当开展需求分析是十分重要的。

5.1.2 系统分析基本方法和原则

系统分析的基本方法有结构化方法和面向对象方法，在这两种方法中结构化方法比较容易理解和掌握，其特点是强调功能的抽象化和模块化，采用模块化技术将系统分解为若干子模块，并采用自顶向下，逐步求精的手段，从而可以有效地将复杂的系统分成易于控制和处理的分层次的子系统。

尽管系统分析有许多方法，但是总的来看，它们应符合以下一般原则。

1. 能够表达和理解问题的信息域

信息域反映的是用户业务系统中数据的流向和对数据进行加工的处理过程，因此信息域是解决“做什么?”的关键因素。根据信息域描述的信息流、信息内容和信息结构，可以较全面地（完整地）了解系统的功能。

2. 建立描述系统信息、功能和行为的模型

建立模型的过程是“由粗到精”的综合分析的过程。通过对模型的不断深化认识，来达到对实际问题的深刻认识。

3. 能够对所建模型按一定形式进行分解

分解是为了降低问题的复杂性，增加问题的可解性和可描述性。分解可以在同一个层次上进行(横向分解)，也可以在多层次上进行(纵向分解)。

4. 分清系统的逻辑视图和物理视图

系统需求的逻辑视图描述的是系统要达到的功能和要处理的信息之间的关系，这与实现细节无关，而物理视图描述的是处理功能和信息结构的实际表现形式，这与实现细节是有关的。系统分析只研究软件系统“做什么?”，而不考虑“怎样做?”。

5.2 系统调查

系统分析就是在可行性报告完成并通过审定后进行的系统详细调查和逻辑设计工作，其第一步就是确定需求，而需求的获取主要是通过系统调查得来的。

5.2.1 系统需求内容

进行系统调查之前，首先要明白需求内容，根据需求内容进行调查。

1. 用户需求分类

1) 功能性需求

功能性需求定义了系统做什么(描述系统必须支持的功能和过程)。

2) 非功能性需求(技术需求)

非功能性需求定义了系统工作时的特性(描述操作环境和性能目标)。

2. 需求内容

两类需求包括以下内容。

1) 功能

功能需求包括：

- 系统做什么?
- 系统何时做什么?
- 系统何时及如何修改或升级?

2) 性能

性能需求主要是系统开发的技术性指标，例如：

- 存储容量限制；

- 执行速度、相应时间；
- 吞吐量。

3）环境

环境需求包括以下内容。

- 硬件设备：机型、外设、接口、地点、分布、温度、湿度、磁场干扰等。
- 软件：操作系统、网络、数据库。

4）界面

界面需求主要包括：

- 有来自其他系统的输入吗？
- 有到其他系统的输出吗？
- 对数据格式有规定吗？
- 对数据存储介质有规定吗？

5）用户或人的因素

用户或人的因素包括：

- 用户类型？
- 各种用户熟练程度？
- 需受何种训练？
- 用户理解、使用系统的难度？
- 用户错误操作系统的可能性？

6）文档

文档需求包括：

- 需哪些文档？
- 文档针对哪些读者？

7）数据

数据需求主要包括：

- 输入、输出数据的格式？
- 接收、发送数据的频率？
- 数据的准确性和精度？
- 数据流量？
- 数据需保持的时间？

8）资源

资源需求主要有：

- 软件运行时所需的数据、软件、内存空间等资源。
- 软件开发、维护所需的人力，支撑软件，开发设备等。

9）安全保密

安全保密需求主要包括：

- 需对访问系统或系统信息加以控制吗？
- 如何隔离用户之间的数据？
- 用户程序如何与其他程序和操作系统隔离？

- 系统备份要求?

10) 软件成本消耗与开发进度

软件成本消耗与开发进度主要是指:

- 开发有规定的时间表吗?
- 软硬件投资有无限制?

11) 质量保证

质量保证需求主要包括:

- 系统的可靠性要求?
- 系统必须监测和隔离错误吗?
- 规定系统平均出错时间?
- 出错后,重启系统允许的时间?
- 系统变化如何反映到设计中?
- 维护是否包括对系统的改进?
- 系统的可移植性?

5.2.2 系统调查原则

1. 调查的原则

系统调查的原则是指在系统调查过程中应该始终坚持的方法、做法或指导思想。

1) 自顶向下全面展开

系统调查工作应该严格按照自顶向下的系统化观点全面展开。首先从组织管理工作的最顶层开始,然后再调查第二层、第三层的管理工作,直至摸清组织的全部管理工作。这样做的目的是使调查者既不会被组织内部庞大的管理机构搞得不知所措,无从下手,又不会因调查工作量太大而顾此失彼。

2) 先熟悉业务再分析其改进的可能性

组织内部的每一个部门和每一项管理工作都是根据组织的具体情况和管理需要而设置的。一般来说,某个岗位的存在和业务范围、要求必然有其存在的道理,因此,应该首先搞清这些管理工作的内容、环境条件和工作的详细过程,然后再通过系统分析讨论其在新的信息系统支持下,有无优化、改进的可能性。

3) 工程化的工作方式

工程化的方法就是将每一步工作事先都计划好,对多个人的工作方法和调查所用的表格、图例都进行规范化处理,以使群体之间都能相互沟通,协调工作。

4) 全面调查与重点调查相结合

开发整个组织的 MIS,应该坚持全面调查和重点调查相结合的方法。尤其是某时期内需要开发企业的某一个局部的信息系统,更应该在调查全面业务的同时,侧重该局部业务相关的分支。

5) 主动与用户沟通、保持积极友好的人际关系

系统调查是一项涉及组织内部管理工作的各个方面,涉及不同类型人的工作,故应该主动与用户在业务上沟通,同时创造和保持一种积极、主动、友善的工作环境和人际关系是调

查工作顺利开展的基础。

2. 调查注意事项

进行调查时应注意以下事项。

1) 安民告示

开发人员要和用户共同制订调查进度的计划，以便事先安排时间、地点和内容，并通知有关人员做好准备。

2) 调查态度

为了取得理想的调查效果，开发人员应该始终具备虚心、耐心、细心、恒心等良好的性格修养和调查态度，并掌握一定的提问技巧。

3) 调查顺序

先自上而下做初步调查，在了解总体和全局的基础上，再由下到上地进行详细调查。

4) 研究分析绘制图表

对现行系统的调查过程就是原始素材的汇集过程。开发人员必须将这些原始资料进行整理、研究和分析，并绘制成相应的图表来描述现行系统，以便在较短时间里对现行系统有全面和详细的了解，绘制的图表要真实地反映现行系统的基本情况，清晰而明确地反映出现行系统的业务流程等。

5.2.3 系统调查方法

对现行系统的调查研究是一项烦琐而艰巨的工作，为了使调查工作能顺利进行并获得预期成效，需要掌握有关的方法、要领和一定的技巧。在管理信息系统开发中所采用的调查方法通常有以下几种。

1. 收集资料

就是将各部门科室和车间日常业务中所用的计划、原始凭据、单据和报表等的格式或样本统统收集起来，以便对它们进行分类研究。

2. 开调查会

这是一种集中征询意见的方法，适合于对系统的定性调查。

3. 个别访问

开调查会有助于大家的见解互相补充，以便形成较为完整的印象。但是由于时间限制等其他因素，不能完全反映出每个与会者的意见，因此，往往在会后根据具体需要再进行个别访问。

4. 书面调查

根据系统特点设计调查表，用调查表向有关单位和个人征求意见和收集数据，该方法适用于比较复杂的系统。

5. 参加业务实践

如果条件允许,亲自参加业务实践是了解现行系统的最好方法。通过实践,同时还加深了开发人员和用户的思想交流和友谊,这将有利于下一步的系统开发工作。

6. 发电子邮件

如果企业已经具有网络设施,可通过 Internet 和局域网发电子邮件进行调查,这可大大节省时间、人力、物力和金钱。

7. 电话和电视会议

如果有条件还可以利用打电话和召开电视会议进行调查,但只能作为补充手段,因为许多资料需要亲自收集和整理。

【例 5-1】 某出版社系统调查表如表 5-1 所示。

表 5-1 某出版社系统调查表

编号	提出问题
1	您在哪个部门工作?
2	出版社的业务流程是什么?
3	您每日都处理哪些文件、数据、报表?
4	工作中手工处理特别麻烦的事情是什么?
5	工作中手工处理什么问题解决不了? 影响效率的问题有哪些?
6	您认为提高工作效率,节省工作时间,减轻工作强度可采取哪些办法?
7	您的部门需要成本核算和统计的内容有哪些?
8	您的部门采用计算机管理工作情况如何?
9	如何改进业务流程使之更合理?
10	哪些问题是目前传统手工方法根本无法解决的?
11	出版社的计算机管理信息系统需要解决什么问题?

5.3 系统分析工具

结构化分析(Structured Analysis,SA)方法是一种面向数据流的系统分析方法,这种方法通常与设计阶段的结构化设计方法衔接起来使用。

为完成系统分析中的各项工作,可以采用如下适当的工具。

- 业务流程图、数据流程图,这是对系统进行概要描述的工具。它反映了系统的全貌,是系统分析的核心内容。
- 数据字典,是对上述流程图中的数据部分进行详细描述的工具。它起着对数据流程图的注释作用。
- 实体-联系图,运用它可以揭示数据的内在联系,为设计阶段的数据库设计提供有力的根据。
- 功能描述工具——结构式语言、判断树、判断表,是对数据流程图中的功能部分进行详细描述的工具,它也起着对数据流程图的注释作用。

5.3.1 数据流图

数据流图(Data Flow Diagram,DFD)从数据传递和加工角度,以图形方式来表达系统的逻辑功能、数据在系统内部的逻辑流向和逻辑变换过程,是结构化系统分析方法的主要表达工具及用于表示软件系统模型的一种图示方法。

1. 数据流图基本元素

数据流程图的基本元素符号和含义如表 5-2 所示。

表 5-2 数据流图基本符号

符号	名称	说　明
⟶	数据流	数据流是数据在系统内传播的路径,因此由一组成分固定的数据组成。如订票单由旅客姓名、年龄、单位、身份证号、日期、目的地等数据项组成。由于数据流是流动中的数据,所以必须有流向,除了与数据存储之间的数据流不用命名外,数据流应该用名词或名词短语命名
▭ 或 立方体	数据源(终点)	代表系统之外的实体,可以是人、物或其他软件系统
圆角矩形 或 ○	加工(处理)	加工是对数据进行处理的单元,它接收一定的数据输入,对其进行处理,并产生输出
开口矩形 或 双横线	数据存储	表示信息的静态存储,可以代表文件、文件的一部分、数据库的元素等
*	"与"关系	表示数据流之间是"与"关系。例如:A→(T)→B, * C
+	"或"关系	表示"或"关系。例如:A→(T)→B, + C
⊕	选择	表示只能从中选一个。例如:A→(T)→B, ⊕ C

【例 5-2】 绘制订货数据流图。

在数据流的上方写上数据流的名称,如图 5-1 所示。

【例 5-3】 绘制带有数据存储的订货数据流图。

结果如图 5-2 所示。

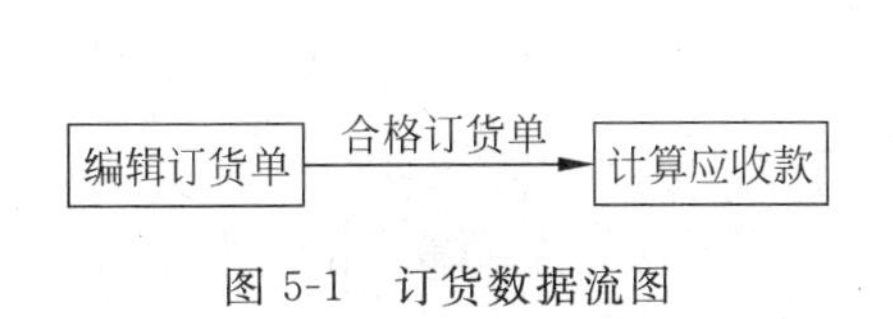

图 5-1 订货数据流图

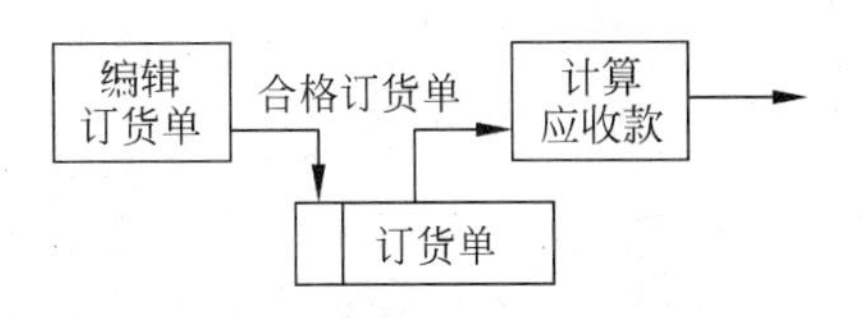

图 5-2 带有数据存储的订货数据流图

数据流图的处理功能表达对数据处理的逻辑功能，也就是把流向它的数据进行一定的变换处理，产生新的数据，注意，在数据流程图中，处理逻辑必须有输入/输出的数据流，可有若干个输入/输出的数据流，但不能只有输入或输出的数据流。

【例 5-4】 绘制职工考勤的数据流图，主要完成考勤和计算工资两项功能。

结果如图 5-3 所示。

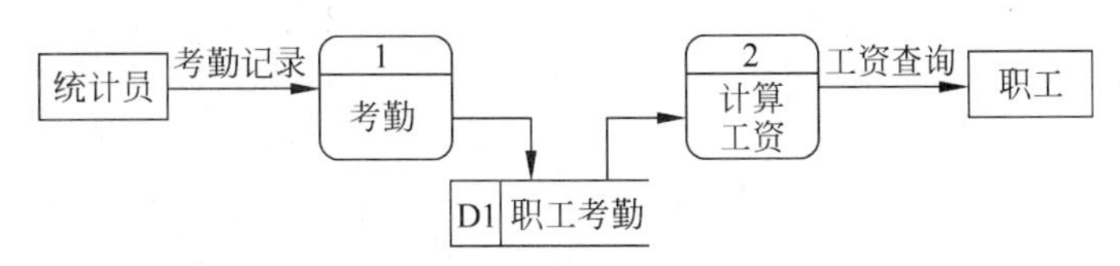

图 5-3 职工考勤的数据流图

2. 分层数据流图

根据层级数据流图分为顶层数据流图、中层数据流图和底层数据流图。除顶层数据流图外，其他数据流图从零开始编号。

顶层数据流图只含有一个加工表示整个系统，输出数据流和输入数据流为系统的输入数据和输出数据，表明系统的范围，以及与外部环境的数据交换关系。

中层数据流图是对父层数据流图中某个加工进行细化，而它的某个加工也可以再次细化，形成子图，中间层次的多少，一般视系统的复杂程度而定。

底层数据流图是指其加工不能再分解的数据流图，其加工称为“原子加工”。

【例 5-5】 学生成绩管理系统的分层数据流图，这里只分为两层，其顶层图如图 5-4(a)所示，0 层图如图 5-4(b)所示。

【例 5-6】 某企业销售管理系统的功能为：

(1) 接收顾客的订单，检验订单，若库存有货，进行供货处理，即修改库存，给仓库开备货单，并且将订单留底；若库存量不足，将缺货订单登入缺货记录。

(2) 根据缺货记录进行缺货统计，将缺货通知单发给采购部门，以便采购。

(3) 根据采购部门发来的进货通知单处理进货，即修改库存，并从缺货记录中取出缺货订单进行供货处理。

(4) 根据留底的订单进行销售统计，打印统计表给经理。

根据上述的功能描述，画出如图 5-5 所示的数据流程图。

3. 绘图原则

在绘制数据流图时，必须注意以下原则。

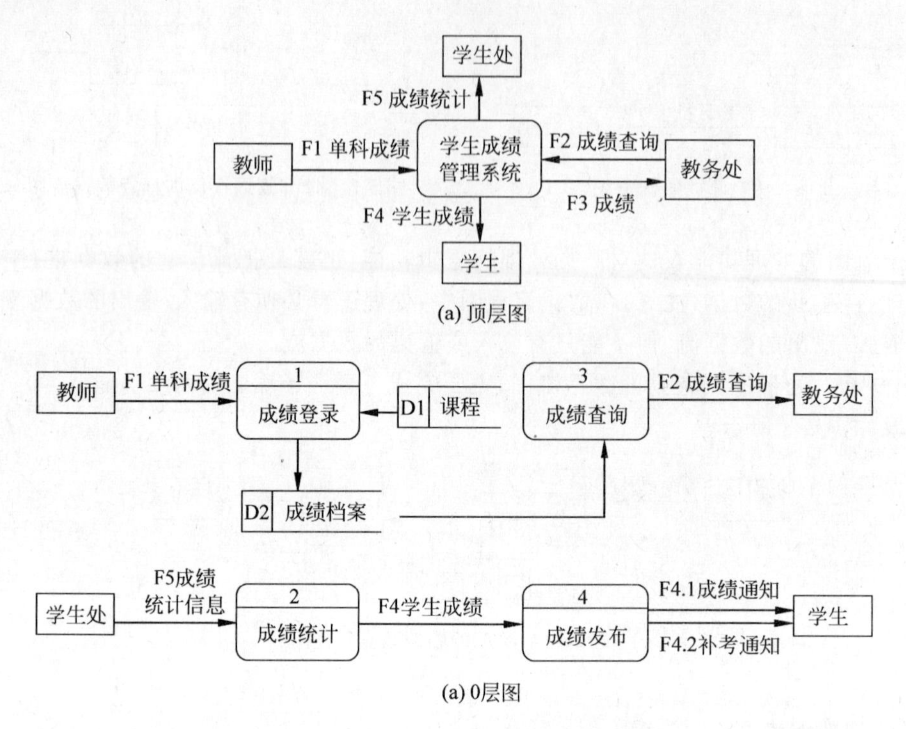

图 5-4 学生成绩管理系统分层数据流图

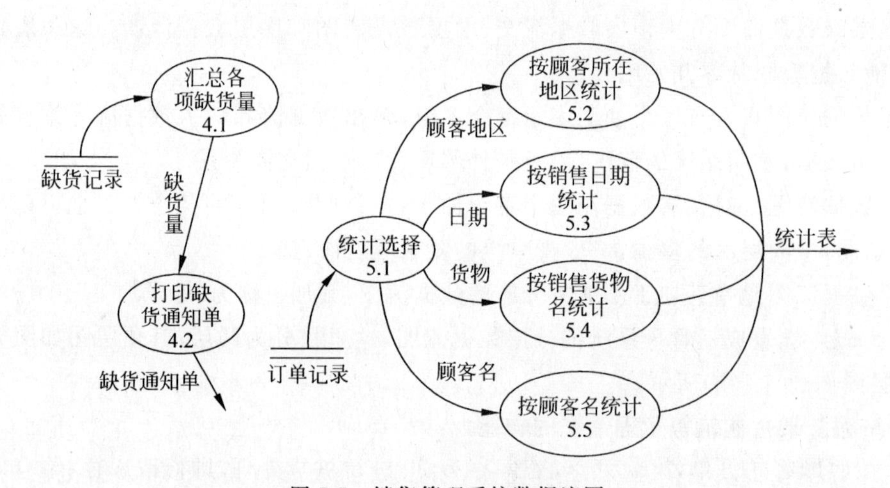

图 5-5 销售管理系统数据流图

(1) 一个加工的输出数据流不应与输入数据流同名，即使它们的组成成分相同。

(2) 保持数据守恒。也就是说，一个加工所有输出数据流中的数据必须能从该加工的输入数据流中直接获得，或者说是通过该加工能产生的数据。

(3) 每个加工必须既有输入数据流，又有输出数据流。

(4) 所有的数据流必须以一个外部实体开始，并以一个外部实体结束。

(5) 外部实体之间不应该存在数据流。

4. 绘图步骤

根据“由里向外”的原则，绘图的步骤如下。

1）确定系统的输入/输出

由于系统究竟包括哪些功能可能一时难于弄清楚，可使范围尽量大一些，把可能有的内容全部都包括进去。此时，应该向用户了解“系统从外界接收什么数据”、“系统向外界送出什么数据”等信息，然后，根据用户的答复画出数据流图的外围。

2）由外向里画系统的顶层数据流图

首先，将系统的输入数据和输出数据用一连串的加工连接起来。在数据流的值发生变化的地方就是一个加工。接着，给各个加工命名。然后，给加工之间的数据命名。最后，给文件命名。

3）自顶向下逐层分解，绘出分层数据流图

对于大型的系统，为了控制复杂性，便于理解，需要采用自顶向下逐层分解的方法进行，即用分层的方法将一个数据流图分解成几个数据流图来分别表示。

绘制数据流图时应注意以下事项。

（1）命名。不论数据流、数据存储还是加工，合适的命名使人们易于理解其含义。

（2）画数据流而不是控制流。数据流反映系统“做什么”，不反映“如何做”，因此箭头上的数据流名称只能是名词或名词短语，整个图中不反映加工的执行顺序。

（3）一般不画物质流。数据流反映能用计算机处理的数据，并不是实物，因此对目标系统的数据流图一般不要画物质流。

（4）每个加工至少有一个输入数据流和一个输出数据流，反映出此加工数据的来源与加工的结果。

（5）编号。如果一张数据流图中的某个加工分解成另一张数据流图时，则上层图为父图，直接下层图为子图。子图及其所有的加工都应编号。

（6）父图与子图的平衡。子图的输入/输出数据流同父图相应加工的输入/输出数据流必须一致，此即父图与子图的平衡。

（7）局部数据存储。当某层数据流图中的数据存储不是父图中相应加工的外部接口，而只是本图中某些加工之间的数据接口，则称这些数据存储为局部数据存储。

（8）提高数据流图的易懂性。注意合理分解，要把一个加工分解成几个功能相对独立的子加工，这样可以减少加工之间输入、输出数据流的数目，增加数据流图的可理解性。

5. 数据流图分类

不论 DFD 如何庞大和复杂，一般可分为变换型和事务型。

1）变换型数据流图

变换型的 DFD 是由输入、变换和输出组成，其数据处理的工作过程一般分为三步：取得数据、变换数据和给出数据，这三步体现了变换型 DFD 的基本思想。变换是系统的主加工，变换输入端的数据流为系统的逻辑输入，输出端为逻辑输出。

2）事务型数据流图

若某个加工将它的输入流分离成许多发散的数据流，形成许多加工路径，并根据输入的值选择其中一条路径来执行，这种特征的 DFD 称为事务型数据流图，这个加工称为事务处理中心。

5.3.2 数据字典

1. 数据字典定义符号

数据流图描述了系统的组成及各个部分之间的关系，但是它没有说明系统中相应组成部分的含义，只有给数据流图当中出现的每个组成部分都给出一个相应的定义，才能够完整地描述一个系统，数据字典就能够完成此项功能。那么什么是数据字典呢？

数据字典（Data Dictionary，DD）就是数据的信息的集合，即对数据流图中包含的所有元素（element）的定义的集合。数据字典的作用是为设计人员提供关于数据的描述信息。

在定义数据字典时常用的符号如表 5-3 所示。

表 5-3 数据字典定义常用符号

符号	含义	描述
＝	等价	定义为
＋	和	连接两个分量
[ ]	或	从中选出一个分量
{ }	重复	重复花括号中的分量，可用上下标表示上下限
( )	可选	圆括号中的分量可有可无

通常使用上限和下限进一步注释表示重复的花括号，例如：${}^{1}_{5}\{A\}$表示 A 最少重复 1 次，最多重复 5 次。

【例 5-7】 定义数据的符号举例。

```
标识符 = 字母字符 + 字母数字串
字母数字串 = 0 { 字母或数字 } 7
字母或数字 = [ 字母字符|数字字符 ]
```

2. 定义数据字典

数据字典通常包括数据项、数据结构、数据流、数据存储、处理过程和外部实体六个部分。

1）数据项

数据项是最基本的数据元素，是有意义的最小数据单元，在数据字典中，定义数据项特性包括：

- 数据项的名称、编号、别名和简述；
- 数据项的长度；
- 数据项的取值范围。

【例 5-8】 数据元素“材料编号”的描述如表 5-4 所示。

表 5-4 数据元素

数据项编号	BH01-01
数据项名称	材料编号
别名	物料编码
简述	某材料举例： 数据项定义：
类型及宽度	字符型，4 位
取值范围	0001～9999

2）数据结构

数据项是不能分解的数据，而数据结构是可以进一步分解的数据包。数据结构由两个或两个以上相互关联的数据元素或者其他数据结构组成的。一个数据结构可以由若干个数据元素组成，也可以由若干个数据结构组成，还可以由若干个数据元素和数据结构组成。

【5-9】 表 5-5 所示订货单就是由三个数据结构组成的数据结构，表中用 DS 表示数据结构，用 I 表示数据项。这个数据结构的定义如表 5-6 所示。

表 5-5 “订货单”数据结构组成

DS05-01：用户订货单		
DS05-02：订货单标识	DS05-03：用户情况	DS05-04：配件情况
I1：订货单编号	I3：用户代码	I10：配件代码
I2：日期	I4：用户名称	I11：配件名称
	I5：用户地址	I12：配件规格
	I6：用户姓名	I13：订货数量
	I7：电话	
	I8：开户银行	
	I9：账号	

表 5-6 “订货单”数据结构定义

数据结构编号	DS05-01
数据结构名称	用户订货单
简述	用户所填用户情况及订货要求等信息
数据结构组成	DS05-02＋DS05-03＋DS05-04

3）数据流

数据流由一个或一组固定的数据项组成。定义数据流时，不仅说明数据流的名称、组成等，还应指明它的来源、去向和数据流量等。

【例 5-10】 “领料单”的数据流的定义如表 5-7 所示。

表 5-7 “领料单”数据流定义

数据流编号	F05-08
数据结构名称	领料单
简述	车间开出的领料单
数据流来源	车间
数据流去向	发料处理模块
数据流组成	材料编号＋材料名称＋领用数量＋日期＋领用单位
数据流量	5 份/时
高峰流量	15 份/时

4）数据存储

数据存储在数据字典中只描述数据的逻辑存储结构，而不涉及它的物理组织。

【例 5-11】 “库存账”数据存储的定义如表 5-8 所示。

表 5-8 “库存账”数据存储定义

数据存储编号	F05-08
数据存储名称	库存账
简述	存放配件的库存量和单价
数据存储组成	配件编号＋配件名称＋单价＋库存量＋备注
关键字	配件编号
相关联的处理	P02，P03

5）处理过程

处理过程的定义仅对数据流程图中最底层逻辑加以说明。

【例 5-12】 “计算电费”数据处理的定义如表 5-9 所示。

表 5-9 “计算电费”数据处理定义

处理逻辑编号	P02-03
处理逻辑名称	计算电费
简述	计算应交纳的电费
输入的数据流	数据流电费价格，来源于数据存储文件价格表；数据流电量和用户类别，来源于处理逻辑“读电表数字处理”和数据存储“用户文件”
处理	根据数据流“用电量”和“用户信息”，检索用户文件，确定该用户类别；再根据已确定的该用户类别，检索数据存储文件价格表，以确定该用户的收费标准，得到单价；用单价和用电量相乘得出该用户应交纳的电费
输出的数据流	数据流“电费”：一是输出给用户，二是写入数据存储用户电费账目文件
处理频率	对每个用户每月处理一次

6）外部实体

外部实体的定义包括：外部实体编号、名称、简述及有关数据流的输入和输出。

【例 5-13】 外部实体"用户"的定义如表 5-10 所示。

表 5-10 外部实体"用户"定义

外部实体编号	S03-01
外部实体名称	用户
简述	购置本单位配件的用户
输入的数据流	D03-06，D03-08
输出的数据流	D03-01

由上可以看出，数据字典具有以下作用。

- 数据字典最重要的用途是作为分析阶段的工具。在数据字典中建立一组严密一致的定义，有助于分析员与用户通信、交流，消除误解。
- 数据字典中的控制信息是很有价值的，可以看出改变一个数据对系统的影响。
- 数据字典是开发数据库很有价值的第一步。

目前实现数据字典有三种途径：全人工过程，全自动化过程，混合过程。无论是何种方式，都应具有以下特点。

- 通过名字能够方便地查阅数据。
- 没有冗余。
- 尽量不重复在规格说明的其他组成部分中已经出现的信息。
- 容易更新和修改。
- 能单独处理描述每个数据元素的信息。
- 定义的书写方法简单、方便、严密。

5.3.3 功能描述工具

数据字典为设计人员提供关于数据的描述信息。但是在描述数据信息的处理过程时存在的问题是：处理（加工）环节中比较复杂、条件判断情况难于叙述清楚。解决这一问题的方式是用一组标准的方法表达处理逻辑对数据流的转换路径和策略，这组标准工具有：

- 结构式语言（structured language）；
- 判断树（decision tree）；
- 判断表（decision table）。

1. 结构式语言

结构式语言是介于自然语言和形式语言之间的一种半形式语言，是在自然语言基础上加了一些限定，使用有限的词汇和有限的语句来描述加工逻辑。结构式程序设计只允三种基本结构。结构式语言也只允许三种基本语句，即简单的祈使语句、判断语句、循环语句。与程序设计语言的差别在于结构式语言没有严格的语法规定。与自然语言的不同在于它只有极其有限的词汇和语句。结构式语言使用三类词汇：

- 祈使语句中的动词；

• 数据字典中定义的名词；
• 某些逻辑表达式中的保留字。

1) 祈使语句

祈使语句指出要做什么事情，包括一个动词和一个宾语。动词指出要执行的功能，宾语表示动作的对象，例如：计算工资、发补考通知。

使用祈使语句，应注意以下几点：

• 力求精炼，不应太长；
• 不使用形容词和副词；
• 动词要能明确表达执行的动作，不用“做”、“处理”这类意义太泛的动词，意义相同的动词，只确定使用其中之一；
• 名词必须在数据字典中有定义。

【例 3-14】 用结构式语言描述到书店购书的全过程如下。

(1) 选择书籍；

(2) 携书到服务台；

(3) 开票；

(4) 交款；

(5) 盖章；

(6) 离开书店。

2) 判断语句

判断语句类似结构化程序设计中的判断结构，其一般形式是：

```
如果 条件
  则 动作 A
否则(条件不成立)
    动作 B
```

判断语句中的“如果”、“否则”要成对出现，以避免多重判断嵌套时产生二义性外，书写时每层要对齐，以便阅读。

【例 5-15】 某公司给购货在 10 万元以上的顾客以不同的折扣率。如果顾客最近 5 个月无欠款，则折扣率为 10%；虽然有欠款但与公司已经有 10 年以上的贸易关系，则折扣率为 8%，否则折扣率为 3%。公司的折扣政策用判断语句表达如下。

```
如果 购货额在 10 万元以上
  则 如果 最近 5 个月无欠款
        则 折扣率为 10%
     否则 如果 与公司交易 10 年以上
              则 折扣率为 8%
            否则 折扣率为 3%
  否则 无折扣
```

3) 循环语句

循环语句表达在某种条件下，重复执行相同的动作，直到这个条件不成立为止。

【例 3-16】 下面给出一个学生成绩判优方案。

```
Do Case
   Case 成绩≥90 分
          成绩评定为优秀
     Case 90>成绩≥80
          成绩评定为良好
     Case 80>成绩≥70
          成绩评定为中等
     Case 70>成绩≥60
          成绩评定为及格
   Otherwise
       不及格
EndCase
```

2. 判断表

在有些情况下，数据流图中的某些加工的一组动作依赖于多个逻辑条件的取值。用自然语言或结构化语言都不易清楚地描述出来。而用判定表就能够清楚地表示复杂的条件组合与应做的动作之间的对应关系。判定表由以下 4 个部分组成。

- 条件桩：在左上部分列出一组条件的对象；
- 条件条目：在右上部分列出各种可能的条件组合；
- 操作桩：在左下部分列出所有的操作；
- 操作条目：在右下部分列出对应的条件组合下所选的操作。

用判定表来描述决策问题，通常经过以下几个步骤：

(1) 分析决策问题涉及的几个条件；

(2) 分析每个条件取值的集合；

(3) 列出条件的各种可能组合；

(4) 分析决策问题涉及的几个可能的行动；

(5) 做出有条件组合的判定表；

(6) 决定各种条件组合的行动；

(7) 按合并规则化简判定表。

【例 3-17】 决定学生升留级的判定表如表 5-11 所示。

表 5-11 学生升留级的判定表

考试总分	>600	>600	>600	>600	≤600	≤600	≤600	≤600
单科满分	有	有	无	无	有	有	无	无
单科不及格	有	无	有	无	有	无	有	无
发升级通知书	√	√	√	√				
发单科免修通知书					√	√		
发留级通知书					√	√	√	√
发单科重修通知书	√		√					

3. 判断树

判定树是判定表的变形，一般情况下它比判定表更直观，且易于理解和使用。

【例 3-18】 决定学生升留级的判定树如图 5-6 所示。

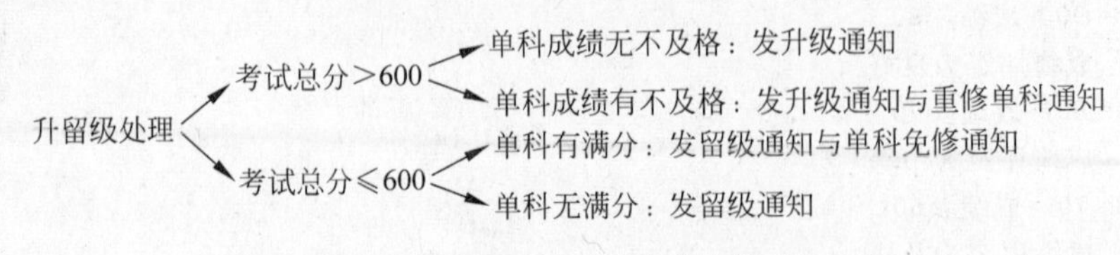

图 5-6 决定学生升留级的判定树

这三种描述加工逻辑的工具各有优缺点，对于顺序执行和循环执行的动作，用结构语言描述；对于存在多个条件复杂组合的判断问题，用判定表和判定树。判定树较判定表直观易读，判定表进行逻辑验证较严格，能把所有的可能性全部都考虑到。可将两种工具结合起来，先用判定表做底稿，在此基础上产生判定树。

5.3.4 其他工具

除了以上工具外，还有其他一些辅助工具进行系统分析。

1. 层次框图

层次方框图用树状结构的一系列多层次的矩形框描绘数据的层次结构。树状结构的顶层是一个单独的矩形框，它代表完整的数据结构，下面的各层矩形框代表这个数据的子集，最底层的各个框代表组成这个数据的实际数据元素(不能再分割的元素)。

【例 5-19】 某计算机公司全部产品的数据结构可以用图 5-7 所示的层次方框图表示。

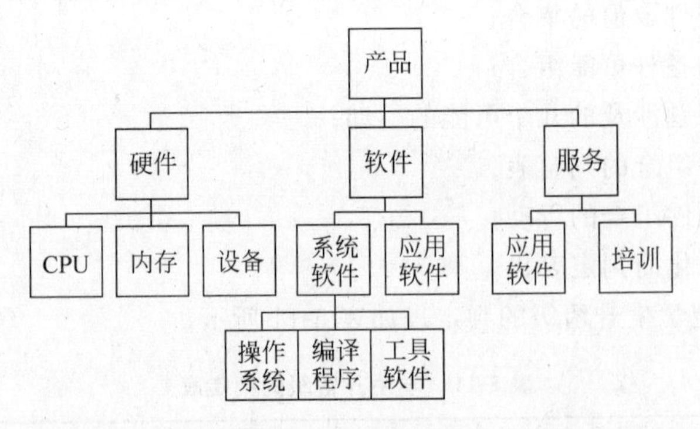

图 5-7 计算机公司全部产品层次框图

2. Warnier 图

法国计算机科学家 Warnier 提出了表示信息层次结构的另外一种图形工具。它是由嵌套的花括号、伪代码以及少量的说明和符号组成的层次树，表明信息的逻辑组织。它可以指出一类信息或一个信息元素是重复出现的，也可以表示特定信息在某一类信息中是有条件地出现的。因为重复和条件约束是说明软件处理过程的基础，所以很容易把 Warnier 图转变成软件设计的工具。

【例 5-20】 某种软件产品的 Warnier 如图 5-8 所示。

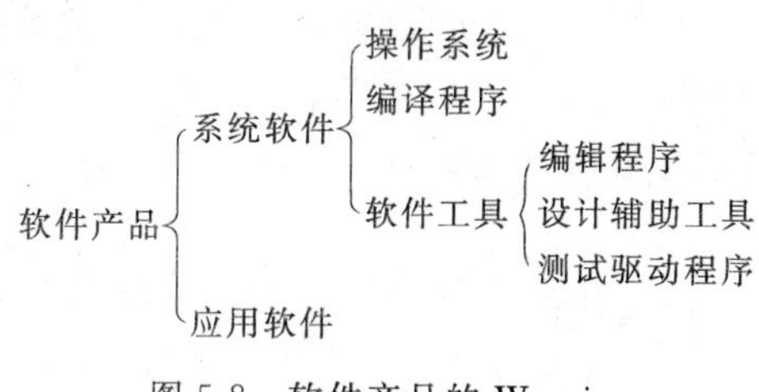

图 5-8 软件产品的 Warnier

3. IPO 图

IPO(Input Process Output)图是输入、处理、输出图的简称，它是美国 IBM 公司发展完善起来的一种图形工具，能够方便地描绘输入数据、对数据的处理和输出数据之间的关系。

IPO 图使用的基本符号既少又简单，因此很容易学会使用这种图形工具。它的基本形式是在左边的框中列出有关的输入数据，在中间的框内列出主要的处理，在右边的框内列出产生的输出数据。处理框中列出处理的次序暗示了执行的顺序，但是用这些基本符号还不足以精确描述执行处理的详细情况。在 IPO 图中还用类似向量符号的粗大箭头清楚地指出数据通信的情况。图 5-9 是一个主文件更新的例子，通过这个例子不难了解 IPO 图的用法。

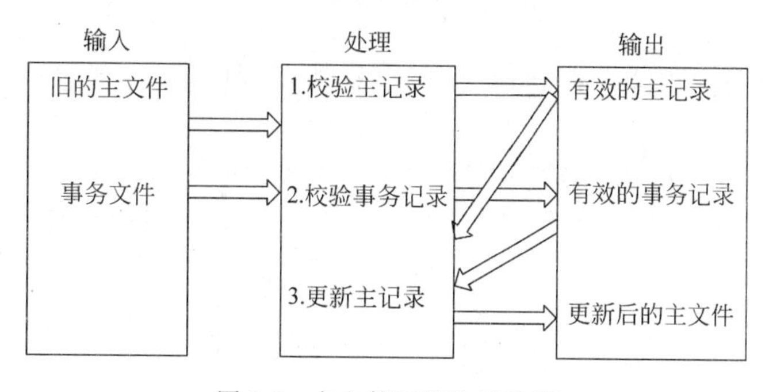

图 5-9 主文件更新的 IPO 图

5.4 系统分析建模

5.4.1 系统分析过程

1. 模型概念

模型是所研究的系统、过程、事物或概念的一种表达形式，模型是一种抽象，从某个视点、在某种抽象层次上详细说明被建模的系统，有时使用术语“抽象”来表示模型，因为我们可以从现实世界中抽象出对我们特别有用的东西。

模型一般分为具体模型和抽象模型两大类。具体模型有直观模型、物理模型等，抽象模型有思维模型、符号模型、数学模型等。这里需要用到的是概念模型、逻辑模型和物理模型三个概念。

(1) 概念模型是设计者对现实世界的认识结果的体现,是对软件系统的整体概括描述。

(2) 逻辑模型着重用逻辑的过程或主要的业务来描述对象系统;逻辑模型描述系统要“做什么”,或者说具有哪些功能。

(3) 物理模型描述的是对象系统“如何做”、“如何实现”系统的物理过程。

构造模型的过程是一个抽象、分析的过程,构造模型的过程如图 5-10 所示。

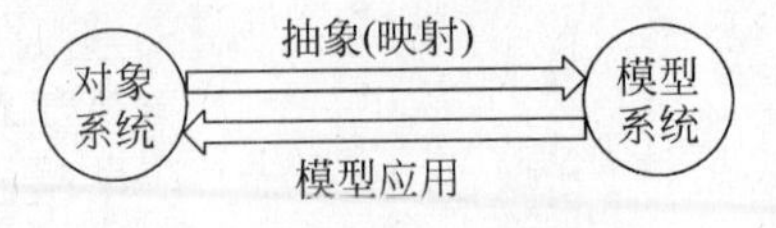

图 5-10 构造模型的过程

2. 系统分析过程

在系统分析阶段,系统分析的过程如下。

(1) 通过对现实环境的调查,获得当前系统的物理模型。

【例 5-21】 一个学生购买教材的实际物理模型如图 5-11 所示。

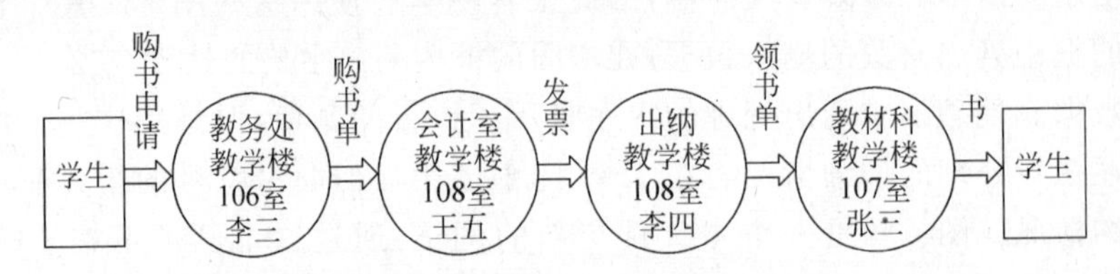

图 5-11 学生购买教材的实际处理流程物理模型

(2) 去掉具体模型中的非本质因素,抽取现实系统的实质,抽象出当前系统的逻辑模型。

(3) 分析当前系统与目标系统的差别,建立目标系统的逻辑模型。

【例 5-22】 一个学生购买教材的计算机教材管理系统的逻辑模型如图 5-12 所示。

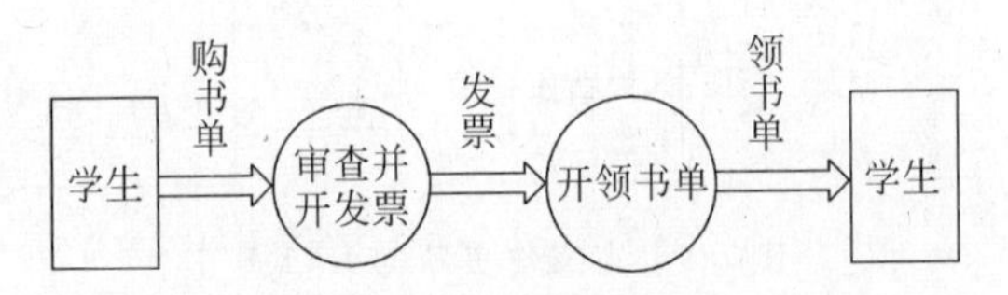

图 5-12 计算机教材管理系统的逻辑模型

(4) 对目标系统的逻辑模型进行改进与优化。

(5) 需求分析的验证。

由上可知系统的分析过程如图 5-13 所示。

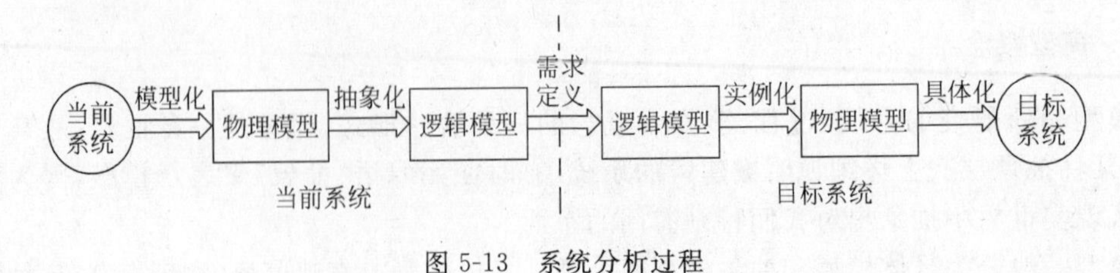

图 5-13 系统分析过程

其中系统的逻辑模型与物理模型的功能如表 5-12 所示。

表 5-12 逻辑模型和物理模型的功能

	逻辑模型 (本质模型、概念模型)	物理模型 (实施模型、技术模型)
现行系统	描述重要的业务功能,无论系统是如何实施的	描述现行系统是如何在物理上实现的
目标系统	描述新系统的主要业务功能和用户新的需求,无论系统应如何实施	描述新系统是如何实施的(包括技术)

5.4.2 结构化分析建模

1. 分析建模的目标

结构化的分析方法是基于数据流技术的分析方法。分析模型的主要目标是:

- 描述用户需要;
- 建立创建软件设计的基础;
- 定义系统完成后可被确认的一组需求。

2. 分析模型的构成

在结构化分析方法中分析模型主要由以下几部分构成。

- 数据字典:模型核心(中心库)。
- E-R 图(ERD):提供了表示实体类型、属性和联系的方法,用来描述现实世界的概念模型。
- 数据流图:DFD 中每个功能的描述包含在加工规约(小说明)中。
  - 指明数据在系统中移动时如何被变换;
  - 描述对数据流进行变换的功能。
- 状态变迁图(STD):指明作为外部事件的结果,系统将如何动作。

各部分的构成及其关系如图 5-14 所示。

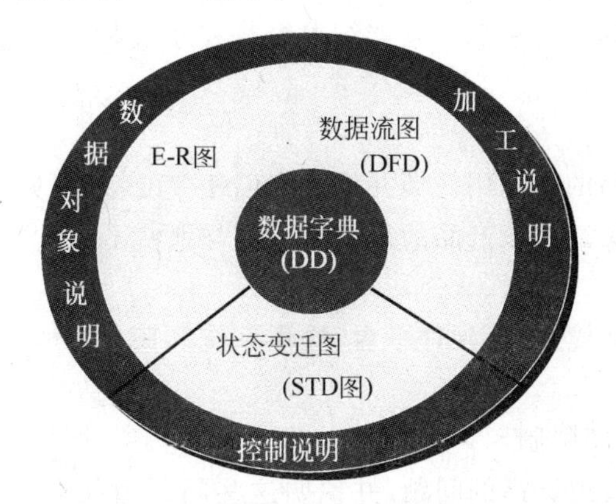

图 5-14 结构化分析模型的组成结构

5.5 系统分析报告内容

系统分析的最终结果是编写系统分析报告说明书,系统分析报告的主要内容如下。

1 引言

1.1 目的

对产品进行定义,如果这个软件需求规格说明只与整个系统的一部分有关系,那么就只定义文档中说明的部分或子系统。换言之,就是进行此项目最终产品的概括性描述。

1.2 文档约定

描述编写文档时所采用的标准或排版约定,包括正文风格、提示区或重要符号。

1.3 预期的读者和阅读建议

列举了软件需求规格说明所针对的不同读者,例如开发人员、项目经理、营销人员、用户、测试人员或文档的编写人员。提出了最适合于每一类型读者阅读文档的建议。同时可以描述文档的组织结构。

1.4 产品的范围

提供了对指定的软件及其目的的简短描述,包括利益和目标。把软件与企业目标或业务策略相联系。

1.5 参考文献

列举了编写软件需求规格说明时所参考的资料或其他资源。这可能包括合同、标准、系统需求规格说明、使用实例文档,或相关产品的软件需求规格说明。在这里应该给出详细的信息,包括标题名称、作者、版本号、日期,以方便读者查阅这些文献。

2 综合描述

2.1 产品的背景

描述了软件需求规格说明中所定义的产品的背景和起源。如果软件需求规格说明定义了大系统的一个组成部分,那么就要说明这部分软件是怎样与整个系统相关联的,并且要定义出两者之间的接口。

2.2 产品的功能

概述了产品所具有的主要功能。其详细内容将在系统特性中描述,所以在此只需要概略地总结。

2.3 用户类和特征

确定可能使用该产品的不同用户类并描述它们相关的特征(见第7章)。有一些需求可能只与特定的用户类相关。将该产品的重要用户类与那些不太重要的用户类区分开。

2.4 运行环境

描述了软件的运行环境,包括硬件平台、操作系统和版本,还有其他的软件组件或与其共存的应用程序。

2.5 设计和实现上的限制

确定影响开发人员自由选择的问题,并说明这些问题为什么成为一种限制。可能的限制包括如下内容:

- 必须使用或者避免使用的特定技术、工具、编程语言和数据库。

- 所要求的开发规范或标准(例如,如果由客户的公司负责软件维护,就必须定义转包者所使用的设计符号表示和编码标准)。
- 企业策略、政府法规或工业标准。
- 硬件限制,例如定时需求或存储器限制。
- 数据转换格式标准。

2.6　假设和依赖

列举出在对软件需求规格说明中影响需求陈述的假设因素(与已知因素相对立)。这可能包括打算要用的商业组件或有关开发或运行环境的问题。用户可能认为产品将符合一个特殊的用户界面设计约定,但是另一个 SRS 读者却可能不这样认为。如果这些假设不正确、不一致或被更改,就会使项目受到影响。

此外,确定项目对外部因素存在的依赖。例如,如果用户打算把其他项目开发的组件集成到系统中,那么用户就要依赖那个项目按时提供正确的操作组件。如果这些依赖已经记录到其他文档(例如项目计划)中了,那么在此就可以参考其他文档。

3　外部接口需求

3.1　用户界面

陈述所需要的用户界面的软件组件。描述每个用户界面的逻辑特征。以下是可能要包括的一些特征:

- 将要采用的图形用户界面(GUI)标准或产品系列的风格;
- 屏幕布局或解决方案的限制;
- 快捷键;
- 错误信息显示标准。

对于用户界面的细节,例如特定对话框的布局,应该写入一个独立的用户界面规格说明中,而不能写入软件需求规格说明中。

3.2　硬件接口

描述系统中软件和硬件每一接口的特征。这种描述可能包括支持的硬件类型、软硬件之间交流的数据和控制信息的性质以及所使用的通信协议。

3.3　软件接口

描述该产品与其他外部组件(由名字和版本识别)的连接,包括数据库、操作系统、工具、库和集成的商业组件,明确并描述在软件组件之间交换数据或消息的目的,描述所需要的服务以及内部组件通信的性质,确定将在组件之间共享的数据。

3.4　通信接口

描述与产品所使用的通信功能相关的需求,包括电子邮件、Web 浏览器、网络通信标准或协议及电子表格等。定义了相关的消息格式。规定通信安全或加密问题、数据传输速率和同步通信机制。

4　系统特性

仅用简短的语句说明特性的名称,例如"4.1 拼写检查和拼写字典管理"。无论用户想说明何种特性,阐述每种特性时都要重述从 4.1.1～4.1.3 这三步系统特性。

4.1　＜需求编号 1＞＜需求名称 1＞

4.1.1　说明和优先级

说明：提出了对该系统特性的简短说明。

优先级：指出该特性的优先级是高、中，还是低。

作者：指出作者。

需求编号：标注编号。

版本：指出版本号。

发布日期：标明发布的具体日期。

4.1.2 激励/响应序列

列出输入激励(用户动作、来自外部设备的信号或其他触发器)和定义这一特性行为的系统响应序列。可以采用如下所示的格式。

用户输入：
　确认
系统响应：
　退出当前系统

4.1.3 功能需求

详列出与该特性相关的详细功能需求。这些是必须提交给用户的软件功能，描述产品如何响应可预知的出错条件或者非法输入或动作。

4.2 <需求编号 2><需求名称 2>

4.2.1 说明和优先级

4.2.2 激励/响应序列

4.2.3 功能需求

5 其他非功能需求

5.1 性能需求

阐述了不同的应用领域对产品性能的需求，并解释它们的原理以帮助开发人员作出合理的设计选择。确定相互合作的用户数或者所支持的操作、响应时间以及与实时系统的时间关系。用户还可以在这里定义容量需求，例如存储器和磁盘空间的需求或者存储在数据库中表的最大行数。尽可能详细地确定性能需求。可能需要针对每个功能需求或特性分别陈述其性能需求，而不是把它们都集中在一起陈述。例如，在运行微软 Window 2000 的 450 MHz PentiumⅡ的计算机上，当系统至少有 50%的空闲资源时，95%的目录数据库查询必须在 2s 内完成。

5.2 安全设施需求

详尽陈述与产品使用过程中可能发生的损失、破坏或危害相关的需求。定义必须采取的安全保护或动作，还有那些预防的潜在的危险动作。明确产品必须遵从的安全标准、策略或规则。一个安全设施需求的范例如下：如果油箱的压力超过了规定的最大压力的 95%，那么必须在 1s 内终止操作。

5.3 安全性需求

详尽陈述与系统安全性、完整性或与私人问题相关的需求，这些问题将会影响到产品的使用和产品所创建或使用的数据的保护。定义用户身份确认或授权需求。明确产品必须满足的安全性或保密性策略。一个软件系统的安全需求的范例如下：每个用户在第一次登录后，必须更改他的最初登录密码。最初的登录密码不能重用。

6　软件质量属性

详尽陈述需要在项目中实现的与客户或开发人员至关重要的其他产品质量特性。这些特性必须是确定的、定量的并在可能时是可验证的。应指明不同属性的相对侧重点，例如易用程度优于易学程度，或者可移植性优于有效性。这些属性中的大部分在项目中是不需要关注的，而且相互之间是矛盾的，需要在本章决定项目需要关注的属性。以下列出了可能的属性。

对用户重要的可能的属性有：

- 有效性；
- 高效性；
- 灵活性；
- 完整性；
- 互操作性；
- 可靠性；
- 健壮性；
- 可用性。

对开发者重要的可能属性：

- 可维护性；
- 可移植性；
- 可重用性；
- 可测试性。

7　业务规则

列举出有关产品的所有操作规则，例如什么人在特定环境下可以进行何种操作。这些本身不是功能需求，但它们可以暗示某些功能需求执行这些规则。一个业务规则的范例如下：只有持有管理员密码的用户才能执行＄100.00或更大额的退款操作。

8　用户文档

列举出将与软件一同发行的用户文档部分，例如，用户手册、在线帮助和教程。明确所有已知的用户文档的交付格式或标准。

9　其他需求

定义在软件需求规格说明的其他部分未出现的需求，例如国际化需求或法律上的需求。用户还可以增加有关操作、管理和维护部分来完善产品安装、配置、启动和关闭、修复和容错，以及登录和监控操作等方面的需求。在模板中加入与项目相关的新部分。如果用户不需要增加其他需求，就省略这一部分。

5.6　思考与练习

1. 简述系统分析的基本任务。
2. 系统分析的基本方法有哪些？
3. 系统需求的内容有哪些？
4. 系统调查的方法有哪些？
5. 系统分析的工具有哪些？

第6章 系统设计

系统分析阶段，主要解决的是新系统“做什么”的问题。而在系统设计阶段，需要回答的中心问题是“怎么做”，即通过给出新系统物理模型的方式，描述如何实现在系统分析中规定的系统功能。

本章介绍了系统设计的相关知识，包括系统设计概要知识、系统的总体设计、系统的详细设计、系统的代码设计、系统的界面设计、系统的输入/输出设计以及系统设计报告书等。通过本章的学习，实现以下目标：

- 掌握系统设计的目标和任务；
- 了解系统设计的原则和设计方法；
- 掌握总体设计思路；
- 掌握处理过程设计方法；
- 了解代码设计、输入/输出设计的要求；
- 了解设计说明书的内容。

6.1 系统设计概述

6.1.1 系统设计的目标

系统设计是新系统的物理设计阶段，根据系统分析阶段所确定的新系统的逻辑模型，综合考虑各种约束，利用一切可用的技术手段和方法，进行各种具体设计，提出一个能在计算机上实现的新系统的实施方案，解决“系统怎样做”的问题。

因此，系统设计阶段的主要目的是，将系统分析阶段所提出的、充分反应用户信息需求的新系统逻辑模型转换成可以实施的、基于计算机与网络技术的物理(技术)模型。逻辑模型主要确定系统“做什么”，而物理模型则主要解决“系统怎样做”的问题。

系统设计的目标是：在保证实现逻辑模型的基础上，尽可能地提高系统的各项指标，即系统的运行效率、可靠性、可修改性、灵活性、通用性和实用性。正确划分人工处理与计算机处理。

不同处理方法的系统，其运行效率有不同的含义。系统的运行效率包括以下三个方面的内容。

- 处理能力：指在单位时间内能够处理的事务个数；

- 处理速度：指处理单个事务的平均时间；
- 响应时间：指从发出处理要求到给出回答所用的时间。

系统的可靠性是指系统运行过程中，抵抗异常情况(人为的和机器的故障)的干扰、保证系统正常工作的能力，包括以下两类。

- 软件可靠性：随着软件工具水平而提高；
- 硬件可靠性：冗余设计。

系统的可靠性具体包括：检、纠错的能力，对错误的容忍能力，排除错误的能力等。衡量系统可靠性的重要指标有平均故障间隔时间、平均维护时间等。

- 平均故障间隔时间(MTBF)：指系统前后两次发生故障的平均时间，这反映了系统安全运行的时间；
- 平均维护时间(MTTR)：指发生故障后平均每次所用的修复时间，它反映系统可维护性的好坏。

系统的有效性为：

系统的有效性 ＝ MTBF/(MTBF＋MTTR)

系统的可修改性是指系统容易修改的程度，没有一个定量的标准，而是通过比较得出的结果。系统的可修改性非常重要，因为一个系统从设计到建成运行，总是处于不断地变化之中，这就必然引起修改和维护。

另外，系统设计过程中，始终要明确应用计算机处理和人工处理的界线，系统设计中要避免这样两种倾向：

(1) 一味地追求计算机处理，将许多只能由人完成的工作交给计算机去干，从而造成设计的复杂和不够科学。

(2) 把本该由计算机完成的工作交给人去处理，从而使新系统的功能、性能以及用户的目标得不到体现。

划分计算机处理与人工处理的基本原则是：

(1) 复杂的科学计算，大量重复的数学运算、统计、汇总、报表、数据库检索、分类、文字处理、图形图像基本处理、有关数据的采集、通信等应由计算机完成；

(2) 传统的人工判定，目前没有成熟的技术可以应用，或代价太高，则仍用人工处理；

(3) 决策性问题中，计算机尽可能提供决策依据，由人进行最后决策；

(4) 设计人机接口，考虑时间的匹配，代码的统一、格式的协调等。

系统设计的主要任务是从信息系统的总体目标出发，根据系统分析阶段对系统的逻辑功能的要求，并考虑经济、技术和运行环境等方面的条件，确定系统的总体结构和系统各组成部分的技术方案，合理选择计算机和通信的软、硬件设备，提出系统的实施计划。

6.1.2 系统设计内容

系统设计主要包括以下内容。

1. 系统总体设计

系统的总体设计是告诉用户系统具体要做什么。一旦用户同意了这个总体设计，我们会将这个总体设计转换为更加详细的文档。主要包括：

- 系统的组成部分,即由哪些模块组成;
- 系统的层次及调用关系;
- 模块的处理功能;
- 模块之间的界面,即模块间传递的数据。

2. 系统详细设计

系统的详细设计是让系统建设者了解要解决用户的问题所需要的硬件和系统。主要描述系统的硬件配置、系统代码、人机界面、输入和输出、数据库和网络体系结构等。也就是说,详细设计是系统说明的一个技术层面上的描述。详细设计包括:

- 代码设计;
- 数据库设计;
- 对话(人机界面)设计;
- 输入/输出设计;
- 模块内部的算法设计(处理流程设计)。

3. 写出系统设计报告

系统设计报告是系统设计阶段的成果,它从系统设计的主要方面说明系统设计的指导思想、采用的技术方法和设计结果,是新系统的物理模型,也是系统实施和维护阶段的主要依据。

6.1.3 系统设计原则和方法

系统设计的原则如下。

1. 简单性

在达到预定的目标、具备所需要的功能的前提下,系统应尽量简单,这样可减少处理费用,提高系统效益,便于实现和管理。

2. 灵活性和适应性

以便适应外界的环境变化。可变性是现代化企业的特点之一,是指其对外界环境变化的适应能力。作为企业的管理信息系统也必须具有相当的灵活性,以便适应外界环境的不断变化,而且系统本身也需不断修改和改善。因此,在这里系统的可变性是指允许系统被修改和维护的难易程度。一个可变性好的系统,各个部分独立性强,容易进行变动,从而可提高系统的性能,不断满足对系统目标的变化要求。此外,如果一个信息系统的可变性强可以适应其他类似企业组织的需要,无疑地,这将比重新开发一个新系统成本要低得多。

3. 一致性和完整性

一致性是指系统中信息编码、采集、信息通信要具备一致性设计规范的标准;完整性是指系统作为一个统一的整体而存在,系统功能应尽量完整。

4. 可靠性

提高系统可靠性的途径主要有：

- 选取可靠性较高的主机和外部设备；
- 硬件结构的冗余设计，即在高可靠性的应用场合，应采取双机或双工的结构方案；
- 对故障的检测处理和系统安全方面的措施，如对输入数据进行校检，建立运行记录和监督跟踪，规定用户的文件使用级别，对重要文件的复制等。

5. 经济性

系统的经济性是指系统的收益应大于系统支出的总费用。系统支出费用包括系统开发所需投资的费用与系统运行维护费用之和；系统收益除有货币指标外，还有非货币指标。

系统应该给用户带来相应的经济效益。系统的投资和经营费用应当得到补偿。需要指出的是，这种补偿有时是间接的或不能定量计算的。特别是对于管理信息系统，它的效益当中，有很大一部分效益不能以货币来衡量。

同系统分析方法一样，系统设计的基本方法也有结构化和面向对象两种方法。结构化系统设计(structured system design)方法体现了自顶向下、逐步求精的原则，采用先全局后局部、先总体后细节、先抽象后具体等过程开发系统，从而使系统结构清晰，可读性、可修改性、可维护性等指标优异。下面对结构化设计方法进行详细介绍。

6.2 系统的总体设计

6.2.1 结构化设计简介

在进行设计之前先介绍结构化设计。所谓结构化系统设计就是“用一组标准的准则和工具帮助系统设计人员确定应该由哪些模块，用什么方式连接在一起，才能构成一个最好的系统结构”。

结构化系统设计方法具有以下特点：

- 采用分解的方法，即把系统分解成由相对独立的、功能单一的若干模块组成的结构；
- 采用图形表达工具；
- 有一组基本的设计原则；
- 有一组基本的设计策略；
- 有一组评价标准和优化技术。

结构化系统设计的原则是：

- 系统的观点；
- 模块化结构；
- 阶段性策略；
- 模块的独立性；
- 鼓励用户积极参与设计。

6.2.2 结构化设计图形工具

用结构化设计方法进行系统设计的工具有模块结构图、层次图、HIPO 图等。其中层次图在 5.3.1 节中已经介绍了，这里介绍其他的图形设计工具。

1. 模块结构图

模块结构图又称控制结构图或系统结构图，它是反映模块层次分解关系、调用关系、数据流和控制信息流传递关系的一种重要工具。模块结构图由模块、调用、数据、控制信息 4 种基本符号组成。模块结构图的符号及其含义如表 6-1 所示。

表 6-1 模块结构图基本符号及其含义

符 号	名 称	描 述
模块名	模块	模块可以是一个程序，也可以是一个函数或过程子函数。模块具有 4 个属性：输入与输出、逻辑功能、程序代码、内部数据
→	调用	表示模块之间的调用关系，箭头从调用模块指向被调用模块
○→	数据	用带空心圆的箭头表示传送的数据，并标上数据名，箭头的方向为数据传送的方向
●→	控制信息	用带实心圆的箭头表示控制信息，并标上信息名，箭头的方向为传送的方向

模块之间的基本调用关系有顺序、选择和重复三种，如图 6-1 所示。

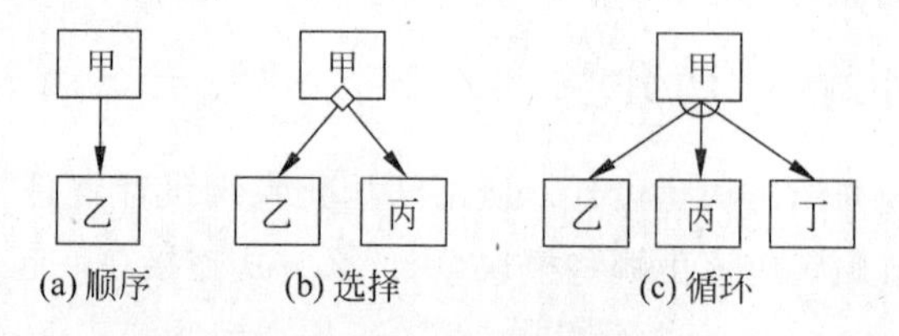

图 6-1 模块间调用关系

【例 6-1】 某财务系统中审核凭证处理过程结构图如图 6-2 所示。

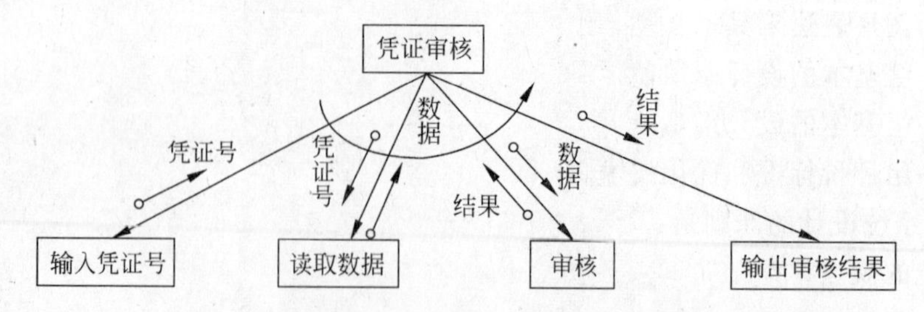

图 6-2 某财务系统中审核凭证处理过程结构图

结构图是准确表达程序结构的图形表示方法，它能清楚地反映出程序中各模块间的层次关系和联系。与数据流图反映数据流的情况不同，结构图反映的是程序中控制流的情况。

结构图着重反映的是模块间的隶属关系，即模块间的调用关系和层次关系。

2. HIPO 图

HIPO(Hierarchy Plus Input/Processing/Output)图是美国 IBM 公司 20 世纪 70 年代发展起来的表示软件系统结构的工具。它既可以描述软件总的模块层次结构——H 图(层次图)，又可以描述每个模块输入/输出数据、处理功能及模块调用的详细情况——IPO 图。HIPO 图是以模块分解的层次性以及模块内部输入、处理、输出三大基本部分为基础建立的。

HIPO 图方法的模块层次功能分解正是以模块的这一特性以及模块分解的层次性为基础，将一个大的功能模块逐层分解，得到系统的模块层次结构，然后再进一步把每个模块分解为输入、处理和输出的具体执行模块。HIPO 图由三个基本图组成，进行模块层次功能分解遵循以下步骤：

(1) 总体 IPO 图：它是数据流程图的初步分层细化结果，根据数据流程图，将最高层处理模块分解为输入、处理、输出三个功能模块。

(2) HIPO 图：根据总体 IPO 图，对顶层模块进行重复逐层分解，得到关于组成顶层模块的所有功能模块的层次结构关系图。

(3) 低层主要模块详细的 IPO 图：由于 HIPO 图仅仅表示了一个系统功能模块的层次分解关系，还没有充分说明各模块间的调用关系和模块间的数据流及信息流的传递关系，因此，对某些输送低层上的重要工作模块，还必须根据数据字典和 HIPO 图，绘制其详细的 IPO 图，用来描述模块的输入、处理和输出细节，以及与其他模块间的调用和被调用关系。

数据流程图是系统逻辑模型的主要组成部分，反映了系统数据的流动方向以及逻辑处理功能，但数据流程图上的模块是逻辑处理模块，不能说明模块的物理构成和实现途径，并且，数据流程图不能明确表示出模块的层次分解关系。所以，在系统设计中，必须将数据流程图上的各个处理模块进一步分解，确定系统模块层次结构关系，从而将系统的逻辑模型转变为物理模型。进行模块层次功能分解的一个重要技术就是 HIPO 图方法。

【例 6-2】 某企业订单处理系统的数据流程图如图 6-3 所示，请根据该数据流图应用 HIPO 图法进行模块层次功能分解。

(1) 根据 DFD 把模块分解为输入、处理、输出三个功能模块，得到总体 IPO 图如图 6-4 所示。

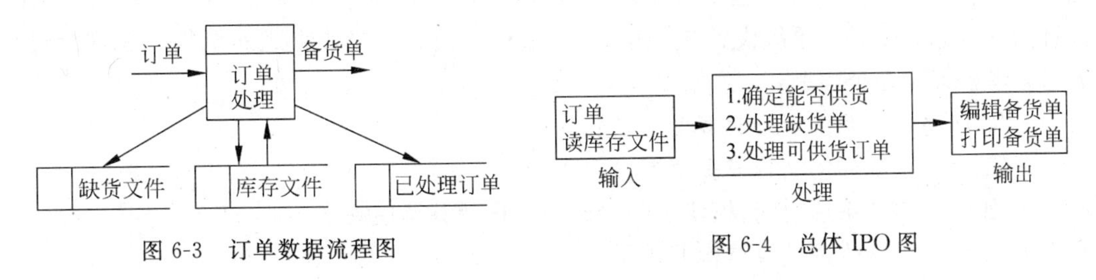

图 6-3 订单数据流程图

图 6-4 总体 IPO 图

(2) 根据总体 IPO 图将各模块逐层进行功能分解，画 HIPO 图。模块的执行顺序是从上到下，由左向右，如图 6-5 所示。

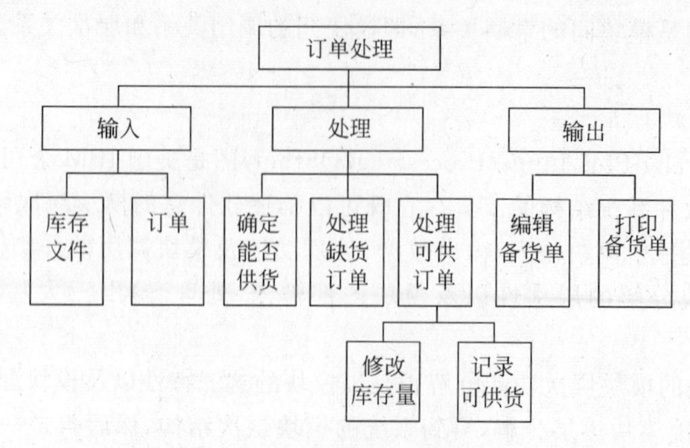

图 6-5 模块逐分解图

(3) 在 HIPO 图基础上，绘制低层主要模块的 IPO 图，作为程序模块结构设计的依据，如图 6-6 所示。

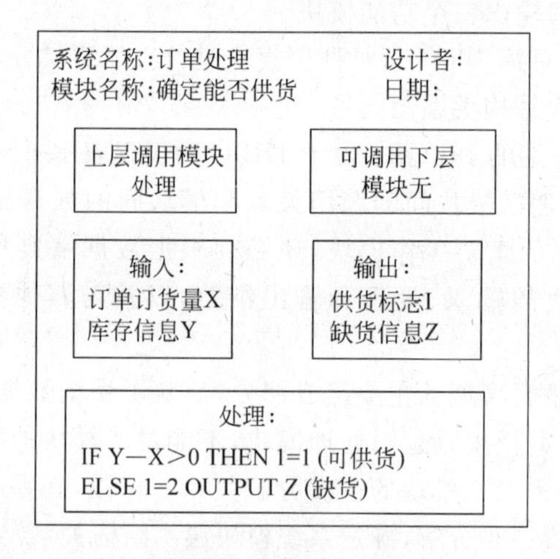

图 6-6 低层 IPO 图

6.2.3 总体设计

总体设计就是系统的结构设计，同系统分析一样，系统的结构设计也是以数据流图为基础的，采用模块化、自顶向下逐步求精的基本思想，以数据流图为基础构造出模块结构图。设计的基本思想就是将系统设计成由相对独立、单一功能的模块组成的结构。在这个过程中必须考虑以下几个问题：

- 如何将一个系统划分成多个子系统；
- 每个子系统如何划分成多个模块；
- 如何确定子系统之间、模块之间传送的数据及其调用关系；
- 如何评价并改进模块结构的质量。

面向数据流设计方法的过程如下：

(1) 精化 DFD。指把 DFD 转换成软件结构图前，设计人员要仔细地研究分析 DFD

并参照数据字典，认真理解其中的有关元素，检查有无遗漏或不合理之处，并进行必要的修改。

（2）确定DFD类型，如果是变换型，确定变换中心和逻辑输入、逻辑输出的界线，映射为变换结构的顶层和第一层；如果是事务型，确定事务中心和加工路径，映射为事务结构的顶层和第一层。

（3）分解上层模块，设计中下层模块结构。

（4）根据优化准则对软件结构求精。

（5）描述模块功能、接口及全局数据结构。

（6）复查，如果有错，转向（2）修改完善，否则进入详细设计。

下面分别介绍不同类型DFD的转换设计方法。

1. 变换型分析的设计

采用变换型DFD导出结构设计的步骤如下。

（1）确定DFD中的变换中心、逻辑输入和逻辑输出。

（2）设计软件结构的顶层和第一层——变换结构。变换中心确定以后，就相当于确定了主模块的位置，这就是软件结构的顶层。其主要功能是完成对所有模块的控制，它的名字应该是系统名称，以体现完成整个系统的功能。主模块确定后，设计软件结构的第一层。第一层一般至少有三种功能的模块：输入、输出和变换模块。

（3）设计中、下层模块。对第一层的输入、输出、变换模块自顶向下逐层分解。

① 输入模块下属模块的设计。

输入模块的功能是向它的调用模块提供数据，所以必须有数据来源。每个输入模块可以设计成两个下属模块：一个接收，一个转换，用类似的方法一直分解下去，直到物理输入端。

② 输出模块下属模块的设计。

输出模块的功能是将它的调用模块产生的数据送出。这样每个输出模块可以设计成两个下属模块：一个转换，一个发送，直到物理输出端。

③ 变换模块下属模块的设计。

④ 设计的优化。

以上步骤设计出的软件结构仅仅是初始结构，还必须根据设计准则对初始结构精细和改进。

2. 事务型分析的设计

对于具有事务型特征的DFD，则采用事务型DFD分析的设计方法。其设计步骤如下。

（1）确定DFD中事务中心和加工路径。

（2）设计软件结构的顶层和第一层——事务结构。

① 接收分支。负责接收数据，它的设计与变换型DFD的输入部分设计方法相同。

② 发送分支。通常包含一个调度模块，它控制管理所有下层的事务处理模块。当事务类型不多时，调度模块可与主模块合并。

（3）事务结构中、下层模块的设计、优化以及变换结构。

6.3 处理过程设计

详细设计是在总体设计基础上进行的第二步设计,在该阶段的主要设计是处理过程设计用来确定每个模块内部的详细执行过程,包括局部数据组织、控制流、每一步的具体加工要求等。一般来说,处理过程模块详细设计的难度已不太大,关键是用一种合适的方式来描述每个模块的执行过程,常用的有流程图、PAD 图、IPO 图和过程设计语言等;除了处理过程设计,还有代码设计、界面设计、数据库设计、输入/输出设计等。因此下面先介绍设计工具,再介绍处理过程设计方法。

6.3.1 设计工具

详细设计是处理过程设计,用来确定每个模块内部的详细执行过程,在此首先介绍处理过程设计的工具,常用的设计工具有流程图、问题分析图、IPO 图和过程设计语言等。

1. 程序流程图

程序框图也叫流程图,是人们将思考的过程和工作的顺序进行分析、整理,并用规定的文字、符号、图形的组合加以直观描述的方法。程序流程图是程序分析中最基本、最重要的分析技术,它是进行流程程序分析过程中最基本的工具。程序流程图的基本符号及其含义如表 6-2 所示。

表 6-2 流程图的基本符号及其含义

符号	名称	描述
	开始与结束标志	是个椭圆形符号。用来表示一个过程的开始或结束。"开始"或"结束"写在符号内
	活动标志	是个矩形符号。用来表示在过程中一个单独的步骤。活动的简要说明写在矩形内
	输入输出标志	是个平行四边形符号。用来表示数据的输入与输出
	判定标志	是个菱形符号。用来表示过程中的一项判定或一个分岔点,判定或分岔的说明写在菱形内,常以问题的形式出现。对该问题的回答决定了判定符号之外引出的路线,每条路线标上相应的回答
	流线标志	用来表示步骤在顺序中的进展。流线的箭头表示一个过程的流程方向
	文件标志	用来表示属于该过程的书面信息。文件的题目或说明写在符号内
	连接标志	是个圆圈符号。用来表示流程图的待续。圈内有一个字母或数字。在相互联系的流程图内,连接符号使用同样的字母或数字,以表示各个过程是如何连接的

绘制程序流程图的规则如下：

(1) 使用标准的图形符号；

(2) 框图一般按从上到下，从左到右的方向画；

(3) 除判断框外，大多数流程图符号只有一个进入点和一个退出点。判断框是具有超过一个退出点的唯一符号；

(4) 判断框分两大类：一类判断框有"是"与"否"两分支的判断，而且有且仅有两个结果；另一类是多分支判断，有几种不同的结果；

(5) 在图形符号内描述的语言要非常简练清楚。

【例 6-3】 已知函数 $y=|x_0|$，写出求 x_0 对应的函数值的一个算法，并画出流程图。

该函数的算法如下所示。

输入 x_0；

计算 $y=|x_0|$；

若 $x_0\geqslant 0$，则 $f(x_0)=x_0$；否则 $f(x_0)=-x_0$。

该函数的流程图如图 6-7 所示。

【例 6-4】 一队士兵来到一条有鳄鱼的深河的左岸，只有一条小船可供使用(且左岸有两个儿童在玩耍)这条船一次只能承载两个儿童或一个士兵，描述这队士兵怎样到右岸？

该队士兵到右岸的过程的流程图如图 6-8 所示。

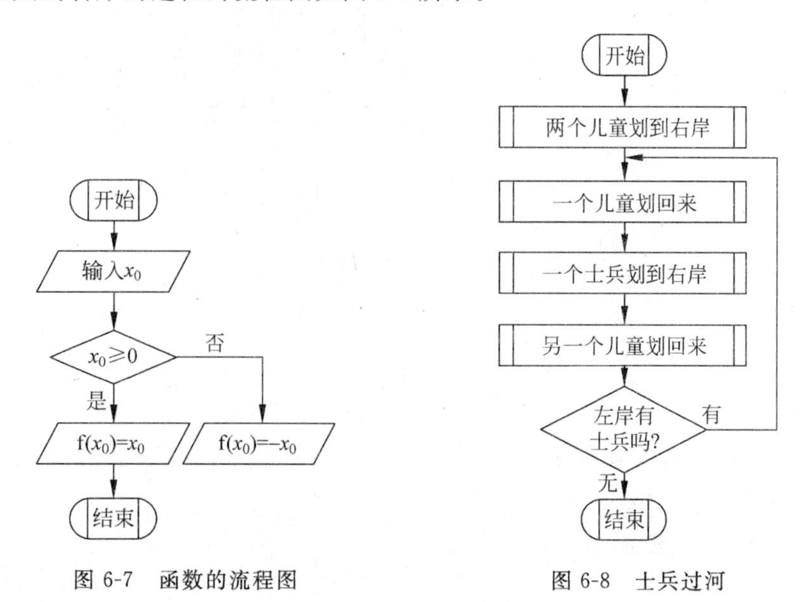

图 6-7 函数的流程图　　图 6-8 士兵过河

流程图常用的形式有两种。

1) 上下流程图

上下流程图是最常见的一种流程图，它仅表示上一步与下一步的顺序关系。如图 6-9 是一家公司采购零件进货的过程。

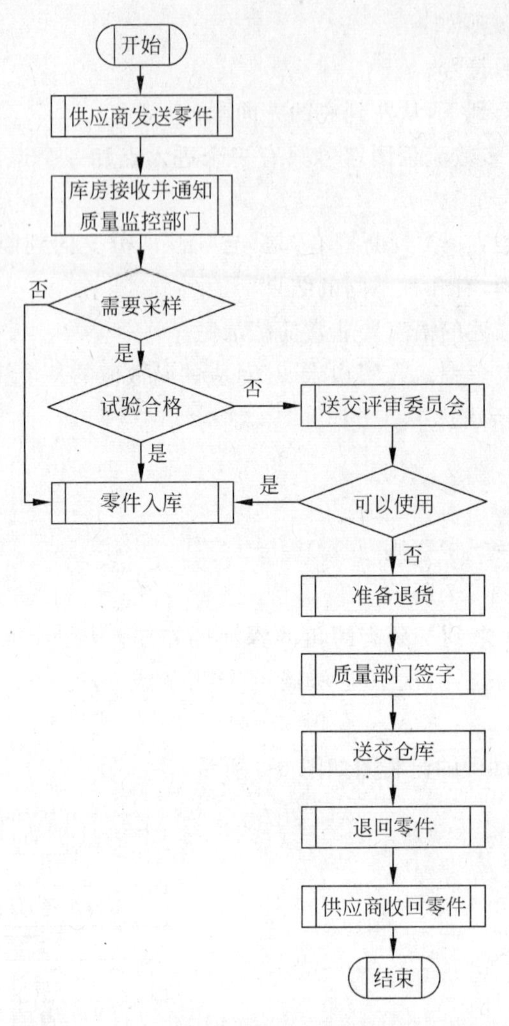

图 6-9 上下流程图

2) 矩阵流程图

矩阵流程图不仅表示上下关系，还可以看出某一过程的责任部门，如图 6-10 所示。

流程图的优点：

- 采用简单规范的符号，画法简单；
- 结构清晰，逻辑性强；
- 便于描述，容易理解。

2. PAD 图

问题分析图(Problem Analysis Diagram，PAD)是 1974 年由日本日立公司发明的，已经得到了一定程度的推广。PAD 使用两维的树状结构描述程序的逻辑，因此它比直接用程序(可以说程序的表现形式是一维的)表示算法更清晰直观；PAD 使用了结构化的、概括的、抽象的记号系统，所以它比用流程图表示算法更清晰、简练、紧凑、层次分明；PAD 是开放的，所以它比封闭式的 NS 图更清晰、分明，也更便于修改。

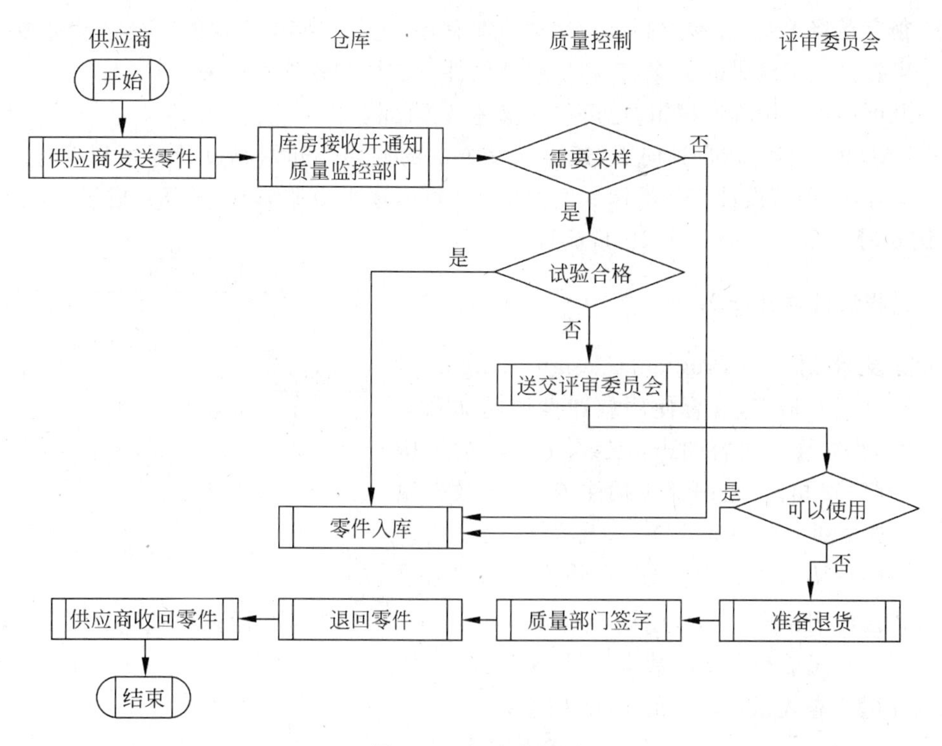

图 6-10 矩阵流程图

PAD 用二维树状结构的图描述程序的控制流程，使用如图 6-11 所示的 5 种基本控制结构。

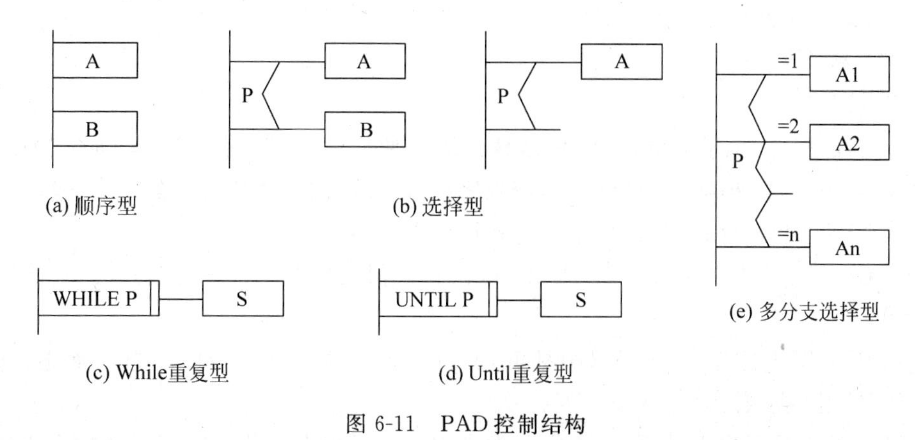

图 6-11 PAD 控制结构

PAD 的优点是：

- 使用表示结构优化控制结构的 PAD 符号所设计出来的程序必然是程序化程序。
- PAD 所描述的程序结构十分清晰。图中最左边的竖线是程序的主线，即第一层控制结构。随着程序层次的增加，PAD 逐渐向右延伸，每增加一个层次，图形向右扩展一条竖线。PAD 中竖线的总条数就是程序的层次数。
- 用 PAD 表现程序逻辑，易读、易懂、易记。PAD 是二维树状结构的图形，程序从图中最左边上端的节点开始执行，自上而下，从左到右顺序执行。

- 很容易将 PAD 转换成高级程序语言源程序，这种转换可由软件工具自动完成，从而可省去人工编码的工作，有利于提高软件可靠性和软件生产率。
- 既可用于表示程序逻辑，也可用于描述数据结构。
- PAD 的符号支持自顶向下、逐步求精方法的使用。开始时设计者可以定义一个抽象程序，随着设计工作的深入而使用 def 符号逐步增加细节，直至完成详细设计。

【例 6-5】 图 6-12 是一个 PAD 流程图。

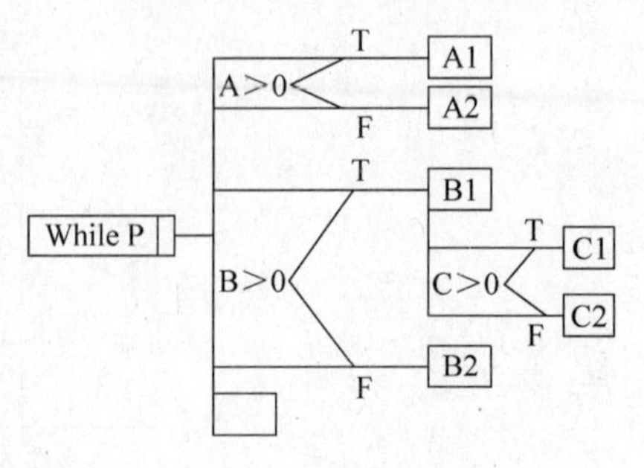

图 6-12 PAD 实例

3. 过程设计语言(PDL)

过程设计语言（Program Design Language，PDL)是一种混杂语言，混合使用叙述性说明文和某种结构化的程序设计语言的语法形式。PDL 的结构和一般的程序很相像，它们都包括注释部分、数据说明部分和过程部分。因此 PDL 又称为伪程序或伪码。一般地，伪码的语法规则分为“外语法”和“内语法”。外语法应当符合一般程序设计语言常用语句的语法规则；而内语法可以用英语中一些简单的句子、短语和通用的数学符号，来描述程序应执行的功能。

【例 6-6】 查找错拼单词的 PDL 描述如下。

```
PROCEDURE spellcheck IS 查找错拼的单词
BEGIN
    把整个文档分离成单词
    在字典中查这些单词
    显示字典中查不到的单词
    造一新字典
END spellcheck
```

PDL 与程序是完全不同的，它仅仅是算法的一种描述语言，它具有“非纯粹”的编程语言的特点。PDL 的特点是：外语法同相应程序语言一致，内语法使用自然语言，这样可以使过程的描述容易编写，容易理解，也很容易转换成源程序。

PDL 具有很强的描述功能，是一种十分灵活和有用的详细设计表达方法，它具有如下优点：

- 用 PDL 写出的程序，既可以很抽象，又可以很具体。因此，符合“自上而下、逐步求精”的设计原则。
- PDL 虽不是程序设计语言，但它非常类似于高级程序设计语言。因此它是详细设计阶段很受欢迎的表达工具。
- PDL 描述同自然语言很接近，易于理解。
- PDL 描述可以注释形式嵌在程序中，成为程序的内部文档。
- PDL 描述与程序结构相似，因此比较容易自动产生各种相关开发程序，提高软件生产率。

PDL 的缺点是：不如图形描述形象直观，很容易使人陷入程序的具体细节中去，因此人们常常将 PDL 描述与具体的图形描述结合起来使用。

6.3.2 处理过程设计方法

处理过程设计的主要任务是详细地设计每个模块的工作过程，进行过程描述，目的是为没有参加过系统分析和设计的程序员提供尽可能详细的资料，即对具体实现系统需求方法的精确描述，使得程序员仅仅利用这些资料就可以编写出符合要求的程序。

过程处理设计的方法很多，这里主要是采用结构化程序设计方法，结构化程序设计方法建立在结构化定理（任何程序逻辑都可用顺序、选择和循环3种基本结构来表示）的基础上，采用自顶向下逐步求精的基本思想。其基本内容可归纳为以下几点：

（1）程序的控制结构采用经典的顺序、选择（分支）和循环（重复）三种基本结构来构成，确保结构简单。

（2）尽量少用无条件转向语句GOTO，以确保程序结构的独立性，用三种基本结构可以构造任何程序。

（3）使用单入口单出口的控制结构，确保程序的静态与动态执行情况一致，保证程序容易理解。

（4）用自顶向下逐步求精的方法。结构化程序设计用存储容量和运行时间增加10%～20%的代价来增强其易维护性。

一种面向数据结构的设计方法，也就是根据信息的数据结构设计处理过程的方法。

处理过程的设计最终要用某种恰当的工具描述出来，具体的描述工具很多，例如上面介绍的流程图、PAD和PDL等，设计人员可以根据情况自由选定，不管是哪种工具，在设计过程中都必须具有描述过程细节的能力，进而在编程序代码阶段容易直接翻译为用程序设计语言书写的源程序。

6.4 代码设计

任何信息都是通过一定的编码方式、以代码的形式输入并存储到计算机中的，一个信息系统如果有比较科学的、严谨的代码系统，将大大提高系统的质量。

1. 代码及其功能

代码（code）是人为确定的代表客观事物（实体）名称、属性或状态的符号或者是这些符号的组合。

在系统开发过程中设计的代码功能如下。

（1）鉴别：鉴别是代码最基本的特性，任何代码都必须具备这种基本特性，在一个信息分类编码标准中，一个代码只能唯一地表示一个分类对象，而一个分类对象只能有一个唯一的代码；

（2）分类：如果对分类对象的属性分类分别赋予不同类别的代码，那么代码可以作为分类对象类别的标识；

（3）排序：按对象所产生的时间、所占的空间或其他方面的顺序关系进行分类并赋予不同代码时，代码又可以作为区别分类对象排序的标识。

2. 代码设计的原则

一个良好的设计既要保证处理问题的需要，又要保证科学管理的需要。在实际分类时必须遵循如下几点原则。

1）唯一性

在现实世界中有很多东西如果不加标识是无法区分的，这时机器处理就十分困难。所以能否将原来不能确定的东西，加以唯一的标识是编制代码的首要任务。

例如，职工编号，为了避免二义性，唯一地标识每一个人，因此编制了职工代码。

2）规范性

唯一性虽是代码设计的首要任务，但如果仅仅为了唯一性来编制代码，那么代码编出来后可能是杂乱无章的，使人无法辨认，而且使用起来也不方便。所以在唯一性的前提下还要强调编码的规范化。

3）系统性

系统所用代码应尽量标准化。在实际工作中，一般企业所用的大部分编码都有国家或行业标准。

4）简单性

代码尽可能简短，以减少各种差错。

5）适用性

代码尽可能反映对象的特点，以便于记忆和填写。

3. 代码的种类

典型的代码种类有以下几种。

1）顺序码

以某种顺序形式编码。例如，各种票据的编号，都是顺序码，但信息系统的设计工作中，纯粹的顺序码是很少被使用的，它总是与其他形式结合使用。

2）数字码

即以纯数字符号形式编码。数字码是在各类管理中最常用的一类编码形式，根据数据在编码中的排列关系，或代表对象的属性不同，可分为区间码和层次码。

- 区间码：将顺序码分成若干区段，每一区段代表部分编码对象。
- 层次码：在代码结构中，为实体的每个属性确定一位或几位编码，并排成一定的层次关系。层次码的优点是易于校对，易于处理，缺点是不便记忆。

3）字符码

即以纯字符形式编码（英文、汉语拼音等）。这类编码常见的有在程序设计中的字段名、变量名编码。纯字符码的优点是可辅助记忆，缺点是不易校对，不易反映分类的结构。

4）混合码

即以数字和字符混合形式编码。混合码是在各类管理中最常用的一类编码形式。这种编码的优点是易于识别，易于表现对象的系列性，缺点是不易校对。例如 GBxxxx 表示国际标准的某类编码，IEEE802 · X 表示某类网络协议标准名称的编码。所有的汽车牌照编号，都是混合码。

6.5 界面设计

界面设计是人与机器之间传递和交换信息的媒介，包括硬件界面和软件界面。界面设计是一个复杂的有不同学科参与的工程，认知心理学、设计学、语言学等在此都扮演着重要的角色。

1. 界面设计原则

用户界面一般都符合下列设计原则。

1）易用性原则

按钮名称应该易懂，用词准确，没有模棱两可的字眼，要与同一界面上的其他按钮易于区分，如能望文知义最好。理想的情况是用户不用查阅帮助就能知道该界面的功能并进行相关的正确操作。

2）规范性原则

通常界面设计都按 Windows 界面的规范来设计，即包含“菜单条、工具栏、工具箱、状态栏、滚动条、右键快捷菜单”的标准格式，可以说，界面遵循规范化的程度越高，则易用性相应地就越好。小型软件一般不提供工具箱。

3）帮助设施原则

系统应该提供详尽而可靠的帮助文档，在用户使用产生迷惑时可以自己寻求解决方法。

4）合理性原则

屏幕对角线相交的位置是用户直视的地方，正上方 1/4 处为易吸引用户注意力的位置，在放置窗体时要注意利用这两个位置。

5）美观与协调性原则

界面应该大小适合美学观点，感觉协调舒适，能在有效的范围内吸引用户的注意力。

6）菜单位置原则

菜单是界面上最重要的元素，菜单位置按照功能来组织。

7）独特性原则

如果一味地遵循业界的界面标准，则会丧失自己的个性。在框架符合以上规范的情况下，设计具有自己独特风格的界面尤为重要。尤其在商业软件流通中有着很好的、潜移默化的广告效用。

8）快捷方式的组合原则

在菜单及按钮中使用快捷键可以让喜欢使用键盘的用户操作得更快一些，在西文 Windows 及其应用软件中快捷键的使用大多是一致的。

9）排错性考虑原则

在界面上通过下列方式来控制出错几率，会大大减少系统因用户人为错误引起的破坏。开发者应当尽量周全地考虑到各种可能性发生的问题，使出错的可能性降至最小。如应用出现保护性错误而退出系统，这种错误最容易使用户对软件失去信心。因为这意味着用户要中断思路，并费时费力地重新登录，而且已进行的操作也会因没有存盘而全部丢失。

10）多窗口的应用与系统资源原则

设计良好的软件不仅要有完备的功能，而且要尽可能地占用最低限度的资源。

2. 界面设计工作流程

用户界面设计在工作流程上分为结构设计、交互设计、视觉设计三个部分。

1）结构设计

结构设计(structure design)也称为概念设计（conceptual design)，是界面设计的骨架。通过对用户研究和任务分析，制定出产品的整体架构。基于纸质的低保真原型（paper prototype)可提供用户测试并进行完善。在结构设计中，目录体系的逻辑分类和语词定义是用户易于理解和操作的重要前提。如西门子手机设置闹钟的词条是“重要记事”，让用户很难找到。

2）交互设计

交互设计(interactive design)的目的是使产品让用户能简单使用。任何产品功能的实现都是通过人和机器的交互来完成的。因此，人的因素应作为设计的核心被体现出来。交互设计的原则如下：

- 有清楚的错误提示。误操作后，系统提供有针对性的提示。
- 让用户控制界面。“下一步”、“完成”，面对不同层次提供多种选择，给不同层次的用户提供多种可能性。
- 允许兼用鼠标和键盘。同一种功能，同时可以用鼠标和键盘。提供多种可能性。
- 允许工作中断。例如用手机写新短信的时候，收到短信或电话，完成后回来仍能够找到刚才正写的新短信。
- 使用用户的语言，而非技术的语言。
- 提供快速反馈。给用户心理上的暗示，避免用户焦急。
- 方便退出。如手机的退出，是按一个键完全退出，还是一层一层的退出。提供两种可能性。
- 导航功能。随时转移功能，很容易从一个功能跳到另外一个功能。
- 让用户知道自己当前的位置，使其做出下一步行动的决定。

3）视觉设计

在结构设计的基础上，参照目标群体的心理模型和任务达成进行视觉设计（visual design)。包括色彩、字体、页面等。视觉设计的目的是使用户达到赏心悦目。视觉设计的原则如下。

- 界面清晰明了。允许用户定制界面。
- 减少短期记忆的负担。让计算机帮助记忆，例：User Name、Password、IE 进入界面地址可以让机器记住。
- 依赖认知而非记忆。如打印图标的记忆、下拉菜单列表中的选择。
- 提供视觉线索。图形符号视觉的刺激；GUI(图形界面设计）：Where，What，Next Step。
- 提供默认(default)、撤销(undo)、恢复(redo)的功能。
- 提供界面的快捷方式。

- 尽量使用真实世界的比喻。如电话、打印机的图标设计，尊重用户以往的使用经验。
- 完善视觉的清晰度。条理清晰；图片、文字的布局和隐喻不要让用户去猜。
- 界面的协调一致。如手机界面按钮排放，左键肯定；右键否定；或按内容摆放。
- 同样功能用同样的图形。
- 色彩与内容。整体软件不超过5个色系，尽量少用红色、绿色。近似的颜色表示近似的意思。

3. 界面测试规范

了解了良好的用户界面设计原则与设计过程，那么测试工作该如何下手？该注意哪些方面呢？

1）一致性

如果用户可以在一个列表的项目上双击后能够弹出对话框，那么应该在任何列表中双击都能弹出对话框。要有统一的字体型号、统一的色调、统一的提示用词、窗口在统一的位置、按钮也在窗口的相同位置。

2）设置标准并遵循它

可以参考一些工业标准，如IBM的界面设计规范或MS的设计规则，它提供了90%用户所需要的规范。

3）设置向导

如果用户使用了一个功能后，不知道如何做下一个，他们就会放弃。如果操作流程和手工工作流程一致，用户就会努力去完成它。最好的引导用户的方式就是在桌面上设置一个流程向导。

4）提示信息必须恰当且规范

提示信息必须容易理解并且口径统一，比如“您输入了错误的数据”、“用户数据不能超过8位”。一致的措词，提示信息还应该出现在一致的位置，如弹出提示窗口、窗口的上方或窗口的下方。对用户的称呼应该统一，比如有时提示“用户输入了错误的数据”，有时提示“您输入了错误的数据”，有时又提示“使用者输入了错误的数据”，这样会使用户无所适从。

5）借鉴好的程序

多了解同类软件的界面，并加以分析与了解，直到能够区别好的用户界面与差的用户界面。但不能够简单的模仿别人的界面，而使得自己的软件没有特色。

6）功能的统一

有一些很常用的功能，如添加、修改、删除、查看，同一个软件中，这些功能应该有相同的处理方法。

7）变灰的功能

有时有些功能不可用，最好不要删除这些按钮项目，而是使它们变灰为不可用状态，这样有助于用户理解整个程序的功能。

8）默认按钮

使用不具有破坏功能的默认按钮，在每个窗口中，为了方便用户，一般都定义了一个默认按钮，当用户按回车键时可以快速执行某功能，但有时用户会不小心按错回车键，这时候执行了默认功能后,不能产生不可还原的操作,比如删除或保存。

按照上面的规范和测试的细则检验被测试的软件。相信软件界面上能显得更加规范和容易被用户所接受。

6.6 输入/输出设计

管理信息系统只有通过输出才能为用户服务,系统是否能为用户提供准确、及时、适用的信息是评价信息系统的优劣标准之一,也就是说输出信息的内容与格式等是用户最关心的部分。同时一个良好的输入信息的内容与格式可以为用户和系统带来良好的工作环境。因此,输入/输出的设计也是系统设计中重要的环节。

6.6.1 输入设计

输入设计模块的任务是将系统外的数据以一定的格式输入到计算机中。输入设计需要考虑以下几方面的问题:输入设备、输入方式和数据校验。

1. 输入设计原则

输入设计包括数据规范和数据准备过程。输入设计的原则如下。

(1) 基本原则是:提高效率和减少错误是两个最根本的原则。

(2) 控制人工输入量。由于数据录入工作一般需要人的参与,数据输入速度与计算机处理比较起来相对缓慢,系统在大多数时间都处于等待状态,效率显著降低,增加系统的运行成本。因此,在输入设计中,应尽量控制人工输入数据总量。在实际输入数据时,只需输入基本数据,其他的数据可以通过计算由系统自动产生。

(3) 减少输入延迟。输入数据的速度往往成为提高信息系统运行效率的瓶颈,为减少延迟,可以采用周转文件、批量输入等方式。

(4) 减少输入错误。输入设计中应采用多种输入校验方法和有效性验证技术,减少输入错误。

(5) 避免额外步骤。应尽量避免不必要的输入步骤。

(6) 简化输入过程。输入设计在为用户提供纠错和输入校验的同时,保证输入过程简单易用。

2. 输入格式设计

输入数据格式的设计应尽量与数据库的结构、报表输出格式一致,这样可以提高编程效率,降低设计难度。输入格式设计应尽量符号用户的使用习惯,且操作简便。

在设计输入格式时,应尽量注意以下几点:

(1) 尽量减少输入工作量,对数据库中已经有的数据应尽量调用,避免重复输入。

(2) 允许按记录逐项输入,也可以按某一属性项输入。

(3) 输入格式关系到数据的存储结构,尽量使得存储空间小。

(4) 设计的格式应便于填写,同时保证转换精度。

3. 输入设备与输入方式的选择

输入的类型和输入的设备非常用，设计人员必须认真分析输入数据的类型，从方便用户使用的角度进行输入设备的选择。常用的输入设备有键盘、鼠标、画笔、扫描仪、触摸屏等。

4. 数据校验

在输入设计中，要设想其可能发生的输入数据错误，对其进行校验。常见的输入错误有：

(1) 数据本身错误。指由于原始数据填写错误或穿孔出错等原因引起的输入数据错误。

(2) 数据多余或不足。这是在数据收集过程中产生的差错。如数据单据、卡片等的遗漏或重复等原因引起的数据错误。

(3) 数据的延误。虽然数据本身正确，例如内容和数据量正确，但是数据的处理时间超过了数据使用时间而导致数据失去应有的价值。因此，数据的收集与运行必须具有一定的缓冲时间并事先确定对数据延迟的处理对策。

常用的检验数据的方法有以下几种，可单独使用，也可组合使用。

(1) 重复校验。这种方法将同一数据先后输入两次，然后由计算机程序自动予以对比校验。

(2) 视觉校验。在输入的同时，由计算机打印或显示输入数据，然后与原始单据进行比较。视觉校验的查错率为75%～85%。

(3) 检验位校验。

(4) 控制总数校验。先由人工算出输入数据总数，然后再由计算机程序累计输入总数，将两者对比校验。

(5) 逻辑校验。根据各种数据的逻辑性来检查有无矛盾。例如，月份超过12即为出错。

6.6.2 输出设计

1. 输出内容

输出设计的主要目的是满足用户和管理者对数据和信息的要求。输出设计要考虑的主要内容如下。

(1) 有关输出信息使用方面的内容，包括信息的使用者、使用目的、报告量、使用周期、有效期、保管方法和复写份数等。

(2) 输出信息的内容，包括输出项目、位数、数据形式(文字、数字)。

(3) 输出格式，如表格、图形或文件。

(4) 输出设备，如打印机、显示器、卡片输出机等。

(5) 输出介质，包括输出到磁盘还是输出到纸张等。

2. 输出设计的方法

在系统设计阶段，设计人员应给出系统输出的说明，这个说明既是将来编程人员在软件开发中进行实际输出设计的依据,也是用户评价系统实用性的依据。输出主要有以下几种。

(1) 表格信息。表格信息以表格的形式提供,一般用来表示详细的信息。

(2) 图形信息。管理信息系统用到的图形信息主要有直方图、饼图、曲线图、地图等。图形信息在表示事物的趋势、多方面的比较等方面有较大的优势,可以充分利用大量历史数据的综合信息,表示方式直观,常为决策用户所喜爱。

(3) 图标。图标也用来表示数据间的比例关系和比较情况。由于图标易于辨认,无须过多解释,在信息系统中的应用也日益广泛。

(4) 文件输出。

3. 输出格式的设计

对输出格式的设计的基本要求是:

- 规格标准化,文字和术语统一。
- 使用方便,美观大方,符合使用者的习惯。
- 便于计算机实现。
- 能适当考虑系统发展的需要。

为了提高系统的规范化程度和编程效率,在输出设计上应尽量保持输出内容和格式的统一性,可以提高系统的规范化程度和编程效率。对于同一内容的输出,在显示器、打印机、文本文件和数据库文件上都应具有一致的形式。

6.7 设计说明书

系统设计阶段的最终结果是系统设计说明书,根据前面的介绍,设计分为总体设计和详细设计两个子阶段,在此分别介绍总体设计说明书和详细设计说明书。

6.7.1 总体设计说明书

总体设计说明书的编写提示如下。

1 引言

1.1 编写目的

说明编写这份概要设计说明书的目的,指出预期的读者。

1.2 背景

说明:

a. 待开发软件系统的名称;

b. 列出此项目的任务提出者、开发者、用户以及将运行该软件的计算站(中心)。

1.3 定义

列出本文件中用到的专门术语的定义和外文首字母组词的原词组。

1.4 参考资料

列出有关的参考文件。

a. 本项目经核准的计划任务书或合同、上级机关的批文;

b. 属于本项目的其他已发表文件；

c. 本文件中各处引用的文件、资料，包括所要用到的软件开发标准。列出这些文件的标题、文件编号、发表日期和出版单位，说明能够得到这些文件资料的来源。

2 总体设计

2.1 需求规定

说明对本系统主要的输入输出项目、处理的功能性能要求。

2.2 运行环境

简要地说明对本系统的运行环境（包括硬件环境和支持环境）的规定。

2.3 基本设计概念和处理流程

说明本系统的基本设计概念和处理流程，尽量使用图表的形式。

2.4 结构

用一览表及框图的形式说明本系统的系统元素（各层模块、子程序、公用程序等）的划分，扼要说明每个系统元素的标识符和功能，分层次地给出各元素之间的控制与被控制关系。

2.5 功能需求与程序的关系

本条用一张如表 6-3 所示的矩阵图说明各项功能需求的实现同各块程序的分配关系。

表 6-3 功能需求与程序的关系

	程序 1	程序 2	…	程序 m
功能需求 1	√			
功能需求 2		√		
…				
功能需求 n		√		√

2.6 人工处理过程

说明在本软件系统的工作过程中不得不包含的人工处理过程（如果有）。

2.7 尚未解决的问题

说明在概要设计过程中尚未解决而设计者认为在系统完成之前必须解决的各个问题。

3 接口设计

3.1 用户接口

说明将向用户提供的命令和它们的语法结构，以及软件的回答信息。

3.2 外部接口

说明本系统同外界的所有接口的安排，包括软件与硬件之间的接口、本系统与各支持软件之间的接口关系。

3.3 内部接口

说明本系统之内的各个系统元素之间的接口的安排。

4 运行设计

4.1 运行模块组合

说明对系统施加不同的外界运行控制时所引起的各种不同的运行模块组合，说明每种运行所历经的内部模块和支持软件。

4.2 运行控制

说明每一种外界的运行控制的方式方法和操作步骤。

4.3 运行时间

说明每种运行模块组合将占用各种资源的时间。

5 系统数据结构设计

5.1 逻辑结构设计要点

给出本系统内所使用的每个数据结构的名称、标识符，它们之中每个数据项、记录、文卷和系的标识、定义、长度及它们之间的层次的或表格的相互关系。

5.2 物理结构设计要点

给出本系统内所使用的每个数据结构中的每个数据项的存储要求、访问方法、存取单位、存取的物理关系（索引、设备、存储区域）、设计考虑和保密条件。

5.3 数据结构与程序的关系

说明各个数据结构与访问这些数据结构的程序如表 6-4 所示。

表 6-4 数据结构与程序的关系

	程序 1	程序 2	…	程序 m
数据结构 1	√			
数据结构 2		√		
…				
数据结构 n	√	√		√

6 系统出错处理设计

6.1 出错信息

用一览表的方式说明每种可能的出错或故障情况出现时，系统输出信息的形式、含意及处理方法。

6.2 补救措施

说明故障出现后可能采取的变通措施。

a. 后备技术：说明准备采用的后备技术，当原始系统数据万一丢失时启用的副本的建立和启动的技术，例如周期性地把磁盘信息记录到磁带上去就是对于磁盘媒体的一种后备技术；

b. 降效技术：说明准备采用的降效技术，使用另一个效率稍低的系统或方法来求得所需结果的某些部分，例如一个自动系统的降效技术可以是手工操作和数据的人工记录；

c. 恢复及再启动技术：说明将使用的恢复再启动技术，使软件从故障点恢复执行或使软件从头开始重新运行的方法。

6.3 系统维护设计

说明为了系统维护的方便而在程序内部设计中做出的安排，包括在程序中专门安排用于系统的检查与维护的检测点和专用模块。

6.7.2 详细设计说明书

详细设计说明书又称为程序设计说明书，其编写提示如下。

1　引言

1.1　编写目的

说明编写这份详细设计说明书的目的，指出预期的读者。

1.2　背景

说明：

a. 待开发软件系统的名称；

b. 本项目的任务提出者、开发者、用户和运行该程序系统的计算中心。

1.3　定义

列出本文件中用到专门术语的定义和外文首字母组词的原词组。

1.4　参考资料

列出有关的参考资料，如：

a. 本项目经核准的计划任务书或合同、上级机关的批文；

b. 属于本项目的其他已发表的文件；

c. 本文件中各处引用到的文件、资料，包括所要用到的软件开发标准。列出这些文件的标题、文件编号、发表日期和出版单位，说明能够取得这些文件的来源。

2　程序系统的结构

用一系列图表列出本程序系统内的每个程序（包括每个模块和子程序）的名称、标识符和它们之间的层次结构关系。

3　程序1（标识符）设计说明

从本章开始，逐个地给出各个层次中每个程序的设计考虑。以下给出的提纲是针对一般情况的。对于一个具体的模块，尤其是层次比较低的模块或子程序，其很多条目的内容往往与它所隶属的上一层模块的对应条目的内容相同，在这种情况下，只要简单地说明这一点即可。

3.1　程序描述

给出对该程序的简要描述，主要说明安排设计本程序的目的意义，并且还要说明本程序的特点（如是常驻内存还是非常驻？是否子程序？是可重复的还是不可重复的？有无覆盖要求？是顺序处理还是并发处理等）。

3.2　功能

说明该程序应具有的功能，可采用IPO图（即输入-处理-输出图）的形式。

3.3　性能

说明对该程序的全部性能要求，包括对精度、灵活性和时间特性的要求。

3.4　输入项

给出对每一个输入项的特性，包括名称、标识、数据的类型和格式、数据值的有效范围、输入的方式、数量和频度，输入媒体、输入数据的来源和安全保密条件等。

3.5　输出项

给出对每一个输出项的特性，包括名称、标识、数据的类型和格式，数据值的有效范围，输出的形式、数量和频度，输出媒体、对输出图形及符号的说明、安全保密条件等。

3.6　算法

详细说明本程序所选用的算法，具体的计算公式和计算步骤。

3.7 流程逻辑

用图表(例如流程图、判定表等)辅以必要的说明来表示本程序的逻辑流程。

3.8 接口

用图的形式说明本程序所隶属的上一层模块及隶属于本程序的下一层模块、子程序,说明参数赋值和调用方式,说明与本程序直接关联的数据结构(数据库、数据文卷)。

3.9 存储分配

根据需要,说明本程序的存储分配。

3.10 注释设计

说明准备在本程序中安排的注释,如:

a. 加在模块首部的注释;

b. 加在各分支点处的注释;

c. 对各变量的功能、范围、默认条件等所加的注释;

d. 对使用的逻辑所加的注释等。

3.11 限制条件

说明本程序运行中所受到的限制条件。

3.12 测试计划

说明对本程序进行单体测试的计划,包括对测试的技术要求、输入数据、预期结果、进度安排、人员职责、设备条件驱动程序及桩模块等的规定。

3.13 尚未解决的问题

说明在本程序的设计中尚未解决而设计者认为在软件完成之前应解决的问题。

4 程序 2(标识符)设计说明

用类似 3 的方式,说明第 2 个程序乃至第 n 个程序的设计考虑。

6.8 思考与练习

1. 系统设计的目标是什么?
2. 系统设计的主要内容有哪些?
3. 系统设计的原则是什么?
4. DFD 的含义是什么?
5. 流程图常用形式有哪些?
6. 处理过程设计有哪些基本内容?
7. 代码设计的原则是什么?
8. 界面设计的原则是什么?

第7章 系统实施

系统实施是开发信息系统的最后一个阶段，将系统设计的结果在计算机上实现，主要的任务是：实现系统设计阶段提出的物理模型，按照实施方案完成一个可以实际运行的信息系统，交付用户使用。

本章介绍系统实施的相关知识，包括系统实施的任务与准备工作、程序设计相关知识、系统测试相关知识、实施阶段的文档基本内容等。通过本章的学习，实现以下目标：

- 了解系统实施的前提条件、实施的准备工作和任务；
- 了解常用的程序设计语言；
- 掌握系统测试的内容和测试过程以及测试方法；
- 了解实施阶段的文档的基本内容。

7.1 系统实施概述

系统实施是指将系统设计阶段的结果在计算机上实现，将原来纸面上的、类似于设计图式的新系统方案转换成可执行的应用软件。系统实施是以系统分析和设计工作为基础的，必须按照系统设计的文档进行。在管理信息系统的整个生命周期中，相对来讲，系统分析与设计比系统实施要重要得多。只有在系统分析和设计工作完成以后，才能开始系统实施工作，切忌在系统开发工作中提前开展这部分的工作。

7.1.1 实施的前提条件和准备工作

系统实施是在系统设计阶段的基础之上，将系统设计的成果转换成能够运行的实际的应用系统。因此系统的实施需要一定的前置条件和准备工作。

1. 实施的前提条件

系统实施是系统开发的继系统规划、系统分析和系统设计之后的第三个阶段，为了能够同前期工作衔接，系统在实施之前必须具备以下前提条件。

1）具有完整的系统分析和设计文档

系统实施是以系统分析和设计文档资料为依据，系统开发者只有通过系统开发文档，对系统目标、系统总体结构、系统代码设计、输入/输出设计、数据库设计、处理过程设计以及系统运行环境等有了明确理解和认识之后，才能开始系统实施工作。

2）了解系统整体情况

系统开发人员不仅要了解本人所承担的部分，还要了解系统总体结构、彼此接口、数据交换等相互联系部分的内容，以保证在系统实施工作中局部分散实施与系统整体的协调一致性。

2. 实施的准备工作

在系统实施之前，项目实施负责人必须对系统进行深入地了解，并根据相应的要求组织好以下准备工作。

1）制定实施计划

项目的负责人必须按照系统设计的要求制定相应的系统实施计划，主要包括：网络建设计划，相应的程序设计软硬件安装与购置计划、系统的测试与转换等方面的计划等。

2）组织好系统的实施队伍

系统实施阶段涉及的人员比较多，主要包括大量的程序设计人员和系统测试人员，因此需要适当调整和健全整个项目的组织机构，加强人员队伍的分工与协作的调整，做到每个人员分工明确、职责分明，而且为了共同的目标能够协同一致，出现问题能够及时纠正。

3）硬软件与配套设置的准备

在系统总体规划和系统分析阶段，对系统设备的总体需求已经非常清楚，因此，在系统的实施阶段，应该做好相关工作场所、机房、网络等系统实施、软硬件的安装和调试等准备工作，为系统的顺利实施做好一切准备工作。

7.1.2 实施的任务

系统实施即将系统设计阶段的结果在计算机上实现，并应用到实际管理工作之中的过程。即将纸面上的、类似于设计图式的新的管理信息系统方案（物理模型）转成可以实际运行的管理信息系统系统软件，并应用到实际管理工作之中。系统实施的任务包括以下内容。

1. 系统环境的建立

它主要是指按照系统设计方案的要求进行计算机房的建设、硬件设备、软件及附属设备的购置、安装及调试工作。这是系统实施的前提。

2. 建立数据库系统

按照系统设计阶段的数据库设计方案，在系统方案中规定的数据库管理系统中创建数据库及其数据表，这是管理信息系统运行的前提条件，因为所有的信息都来自于数据库，同时系统的编程与测试也需要用到数据库中的数据，因此数据库系统的建立是系统实施的基础。

3. 程序设计

它主要是指程序设计人员按照系统设计要求和程序设计说明书的规定，选用某种语言去实现各模块程序的编制工作。

4. 系统测试

在系统编程的过程中，需要面对错综复杂的问题，因此应该力求在每个实施的子阶段结束之前通过严格的技术审查，尽可能早地发现和纠正错误，测试的目的就是在系统投入使用之前尽可能多地发现系统的错误，这也是保证系统质量的关键步骤，是对系统实施的最后一步把关。

5. 系统评价

根据测试对系统的各方面性能进行评价，并与系统的前期规划、分析与设计阶段中所提出的性能要求进行对比。

7.2 程序设计

7.2.1 程序设计概述

1. 程序设计的任务和作用

程序设计又称编码，是系统实施中非常重要的一步，程序设计工作是依据系统设计说明书中模块处理过程的描述，选择合适的计算机语言，编制出正确、清晰、容易维护、容易理解、工作效率高的程序。

程序设计的任务是为新系统编写程序，即将系统设计中关于模块的详细实现说明——模块设计说明书转换成某种计算机程序设计语言的程序。

系统设计是程序设计工作的先导和前提条件，而程序编码是在此之前各阶段的工作结晶，不仅体现了编程人员的工作成果，而且体现了开发周期各阶段开发人员的劳动。在程序设计过程中，程序设计人员应仔细阅读系统设计文档，充分理解系统模块的内部过程和外部接口。同时还需要熟悉程序设计语言、软件开发环境和开发工具，以保证系统功能的正确实现。

2. 程序设计的质量指标

对程序设计基本的质量要求，当然应该是程序的正确性，即一方面正确运用程序设计语言环境，以避免语法错误，另一方面，程序所描述的过程和算法要满足系统设计的功能要求，以避免语义错误。通过程序设计阶段设计好的源程序的主要质量指标如下。

1）可靠性

系统运行的可靠性是衡量系统质量的首要指标。可靠性包括两方面：

- 一方面是程序或系统的安全可靠性；
- 另一方面是程序或系统运行的可靠性。

2）实用性

实用性是指系统界面是否友好，操作是否简单方便，响应速度是否比较快速。从用户的角度来看系统是否方便实用。

3) 可维护性

可维护性是指方便对程序的修改和补充。为此,系统程序的各个组成部分是相互独立的,没有牵一发而动全身的连锁反应。可维护性是和规范性、可读性等指标密切相关的。

4) 可读性

可读性是指设计的程序结构和命令语句清晰,使其他人容易看懂。可读性是今后维护和修改程序的基础,对于大型的系统软件开发尤为重要,没有可读性的程序就无法修改与维护,也就没有生命力。为了增强程序的可读性、可适当增加注释性语句等。

5) 规范性

在设计过程中程序的命名、书写格式、变量的定义和解释语句的使用等都参照统一的标准,有统一的规范。

6) 效率

效率是指所编制的程序能否有效地利用计算机资源。随着硬件价格大幅度下降以及其性能的不断完善和提高,程序效率已不像以前那样举足轻重了,但是程序设计人员工作效率的地位日益重要。这不仅能降低软件开发成本,而且可明显降低程序的出错率,进而减轻维护人员的工作负担。为了提高程序设计效率,应充分利用各种软件开发工具。

注意:程序效率、可维护性、可读性三者之间的关系如下。

- 在过去的小程序设计中,主要强调程序的正确和效率;
- 对于大型程序,人们则倾向于首先强调程序的可维护性、可靠性和可读性,然后才是效率。

7.2.2 程序设计方法

常用的程序设计方法有:结构化程序设计、快速原型法和面向对象的程序设计等。

1. 结构化程序设计方法

结构化程序设计的主要思想是采用自顶向下逐步求精的设计方法、三种基本的程序结构组成程序的框架结构和单入口单出口的子程序控制技术。

2. 速成原型式的程序开发方法

速成原型式的程序开发方法的具体实施方法是:

(1) 首先将系统中具有类似功能的、带有普遍性的功能模块集中选出,如菜单模块、报表模块、查询模块、统计分析和图形模块等。

(2) 然后寻找有无相应和可用的软件工具,若有则直接使用这些工具生成原型模块。如果没有,则考虑开发一个能够适合各种功能模块的通用模块作为原型模块。

(3) 最后,在这些原型模块的基础上,根据各个模块自身实际的具体要求进行修改。

3. 面向对象程序设计方法

面向对象的程序设计方法一般应与 OOD 所设计的内容相对应。它实际上是一个简单、直接的映射过程,即将 OOD 中所定义的范式直接用面向对象的程序设计语言,如 C++、VB、Delphi、Java 等来取代。

7.2.3 程序设计语言

1. 程序设计语言及其分类

程序设计语言(programming language)是用于书写计算机程序的语言。程序设计语言有3个方面的因素,即语法、语义和语用。

- 语法表示程序的结构或形式,亦即表示构成语言的各个记号之间的组合规律,但不涉及这些记号的特定含义,也不涉及使用者。
- 语义表示程序的含义,亦即表示按照各种方法所表示的各个记号的特定含义,但不涉及使用者。
- 语用表示程序与使用者的关系。

程序设计语言经历了较长的发展过程,也有许多不同的分类方法,下面将介绍几种常用的分类。

1) 按发展过程分类

程序设计语言按照其发展过程分为以下几类。

- 机器语言:机器语言是以二进制代码的形式组成的机器指令集合,不同的机器有不同的机器语言,存储安排也由语言本身控制。这种语言编制的程序运行效率极高,但程序很不直观,编写很简单的功能就需要大量代码,重用性差,而且编写效率较低,很容易出错。
- 汇编语言:汇编语言比机器语言直观,它将机器指令进行了符号化,并增加了一些功能,如宏、符号地址等,存储空间的安排由机器完成,编程工作相对机器语言有了极大的简化,使用起来方便了很多,错误也相对减少。但不同的指令集的机器仍有不同的汇编语言,程序重用性也很低。
- 高级语言:高级语言是与机器不相关的一类程序设计语言,读写起来更接近人类的自然语言,因此,用高级语言开发的程序可读性较好,便于维护。同时,由于高级语言并不直接和硬件相关,其编制出来的程序的移植性和重用性也要好得多。常见的高级语言有Pascal、C和BASIC等,现代应用程序设计多数都是使用高级语言。Java就是高级语言的一种。
- 第四代语言:一种还未成熟的语言。它具有一定的智能性,更接近于日常语言,它对语言的概括更为抽象,从而使语言也更为简洁。

这几类程序设计语言的关系如图7-1所示。

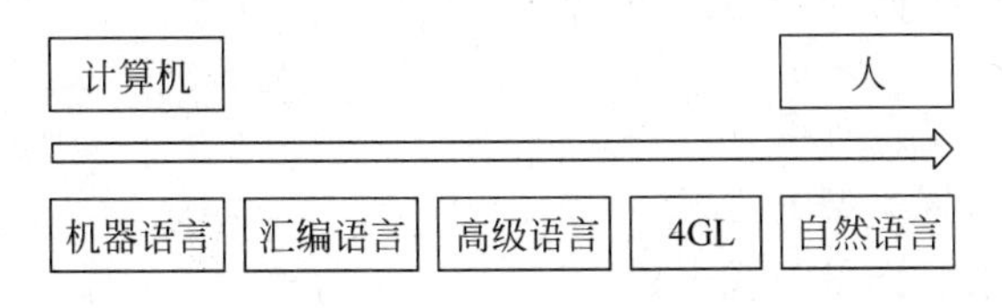

图7-1 程序设计语言发展过程

2) 按执行方式分类

程序设计语言按照其执行方式分为以下两大类。

- 编译执行的语言：编译执行是在编写完程序之后，通过特定的工具软件将源代码经过目标代码转换成机器代码，即可执行程序，然后直接交操作系统执行，也就是说程序是作为一个整体来运行的。这类程序语言的优点是执行速度比较快，另外，编译链接之后可以独立在操作系统上运行，不需要其他应用程序的支持；缺点是不利于调试，每次修改后都要执行编译链接等步骤，才能看到其执行结果。
- 解释执行的语言：解释执行是程序读入一句执行一句，而不需要整体编译链接，这样的语言与操作系统的相关性相对较小，但运行效率低，而且需要一定的软件环境来做源代码的解释器。当然，有些解释执行的程序并不是使用源代码来执行的，而是需要预先编译成一种解释器能够识别的格式，再解释执行。

3）按思维模式分类

程序设计语言按照思维模式分类以下两大类。

- 面向过程的程序设计语言：所谓面向过程就是以要解决的问题为思考的出发点和核心，并使用计算机逻辑描述需要解决的问题和解决的方法。针对这两个核心目标，面向过程的程序设计语言注重高质量的数据结构和算法，研究采用什么样的数据结构来描述问题，以及采用什么样的算法来高效的解决问题。在20世纪70年代和80年代，大多数流行的高级语言都是面向过程的程序设计语言，如BASIC、FORTRAN、PASCAL和C等。
- 面向对象的程序设计语言：面向对象(object oriented)不仅仅是一种程序设计语言的概念，应该说是一种全新的思维方式。面向对象的基本思想就是以一种更接近人类一般思维的方式去看待世界，把世界上的任何个体都看成是一个对象，每个对象都有自己的特点，并以自己的方式做事，不同对象之间存在着通信和交互，以此构成世界的运转。用计算机专业的术语来说，对象的特点就是它们的属性，而能做的事就是它们的方法。常见的面向对象的程序设计语言包括C++和Java等。面向对象方法大大提高了程序的重用性，而且从相当程度上降低了程序的复杂度，使得计算机程序设计能够对付越来越复杂的应用需求。其中最为突出的是Java语言，以其严谨、可靠和跨平台性成为现代程序设计，尤其是网络应用程序的主流语言。

2. 程序设计语言的选择

信息系统的开发是面向具体应用的，是以一定的软件环境和工具为基础的，因此一般在程序设计语言上都选择高级语言。只有在极特殊的条件下，才部分地使用低级语言，在程序设计语言的选择上，主要应考虑以下几方面问题：

(1) 应用的领域；
(2) 过程与算法的复杂程度；
(3) 数据结构与数据类型的考虑；
(4) 编码及维护的工作量与成本；
(5) 兼容性和可移植性；
(6) 有多少可用的支撑环境；
(7) 开发人员、用户的知识水平和熟练程度；
(8) 程序设计语言的特性；

(9) 系统规模；

(10) 系统的效率要求。

以上是在选择程序设计语言时要考虑的主要问题，可以看出并没有哪种语言绝对的好或不好。每种语言都各有侧重和特点，关键是要根据实际需要和可能，选择最适用的语言，以满足系统的要求。下面只介绍结构化程序设计的方法和过程，不介绍具体的程序设计语言，需要时读者可以参考有关高级程序语言书籍。

7.2.4 结构化程序设计

1. 结构化程序设计概念的提出

结构化程序设计的基本思想于20世纪70年代形成，其主要思想是采用自顶向下逐步求精的设计方法、三种基本的程序结构组成程序的框架结构和单入口单出口的子程序控制技术。

2. 程序设计的基本控制结构

按照结构化程序设计的原则，所有的程序都可以由下列基本控制结构及其组合来实现。

(1) 顺序结构。顺序结构表示含有多个连续的处理步骤，按程序书写的先后顺序执行。处理过程从A到B顺序执行，如图7-2所示。

(2) 选择结构或条件结构。由某个逻辑表达式的取值决定选择两个处理加工中的一个。当逻辑表达式P取值为真时执行A，为假时执行B，如图7-3所示。

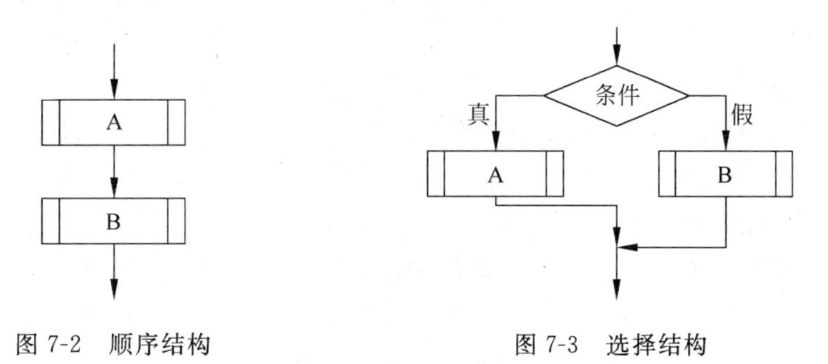

图7-2 顺序结构　　图7-3 选择结构

(3) 循环结构或重复结构。它有两种类型。一种称为当型循环结构。在控制条件成立时，重复执行特定的处理，从入口处首先测试逻辑表达式P，若P为真，则执行S，然后再回到测试条件处；若P为假，则从出口离开此结构。处理S的重复执行次数由条件P控制，只要条件为真就执行一次，因此处理S中必须包括修改逻辑表达式中的控制变量，否则将无限循环。另一种称为"直到"型循环结构。这种循环结构与"当"无本质区别，只是测试条件在处理S之后执行。因此"直到"型循环结构不管条件P为何值，至少要执行一次处理S。

循环结构如图7-4所示。

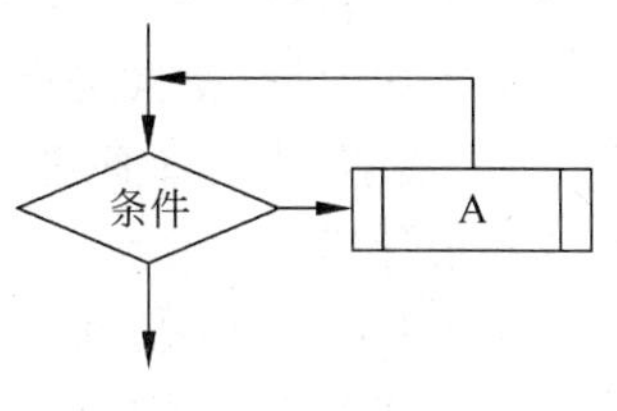

图7-4 循环结构

(4) 多种情况选择结构或多分支结构(CASE结构)。它是条件结构的扩充，当被测试的变量有多种可能的取值，而根据不同的值需要选择不同的处理时，可采用这种结构。

以上控制结构都有一个重要特征,即只有一个入口和一个出口。这种单入口单出口的基本结构单元,容易做到在一种结构中嵌套其他结构,从而实现任何复杂的处理过程和算法。

3. 程序的模块化设计方法

下面介绍两种程序的模块化设计方法。

1) 自顶向下的模块化设计方法

进入程序设计阶段,系统设计人员将对应的 HIPO 图或控制结构图中各个模块的说明书分别交给若干个程序员,由程序员进行各个模块的程序设计工作。对应系统结构图中的每个模块,都有一份模块说明书,内容包括模块名称、程序名称、输入数据、输出数据、转换过程等,这是程序员进行程序设计的主要文档和依据。

按照自顶向下的模块化设计原则,第一步先把这个程序高度抽象,看做一个最简单的控制结构,它实际上是一个庞大而复杂的功能模块。第二步分析这个功能模块的完成可以由几部分组成,或可以划分为几个步骤,因此这个模块可以进一步分解成若干个较低一层的模块,每个模块都表示了一个较上层功能较小的功能。然后,对分解出来的每一个下层模块,反复运用上述第二步,逐层分解直到最低一层的每个模块都非常简单,功能很小,能够容易地用程序语句实现为止,这样分解出的模块图可用层次模块图表示。

由于分解出来的每一个模块都属于基本控制结构的集合,那么这个模块化的程序就是一个结构化程序。

2) 逐步细化方法

自顶向下模块化设计,把一个程序分解为若干个层次模块,但它只表达了程序中各功能之间的关系,却不能表达每个模块的内部逻辑。采用逐步细化的方法,能把每一个模块功能进一步分解,分解成程序的内部逻辑。对每一个模块的细化应包括功能细化、数据细化和逻辑细化等三个方面。功能细化应对本模块的功能进行分析,力图分解为若干个更为简单的子功能;数据细化应列出本模块涉及的数据项名及其数据类型。逻辑细化确定所构成的子模块之间的结构关系,用基本控制结构来描述这些关系,从而形成各个模块的内部处理逻辑,一般用程序流程图或其他工具来表示。这样对每个模块都进行上述三个方面的细化,就可以将整个程序的逻辑过程描述清楚,为程序编码做好准备。

4. 程序设计的步骤

程序设计的步骤如下。

1) 分析问题

对于接受的任务要进行认真的分析,研究所给定的条件,分析最后应达到的目标,找出解决问题的规律,选择解题的方法,完成实际问题。

2) 设计算法

即设计出解题的方法和具体步骤。

3) 编写程序

根据得到的算法,用一种高级语言编写出源程序,并通过测试。

4）对源程序进行编辑、编译和连接

5）运行程序，分析结果

运行可执行程序，得到运行结果。能得到运行结果并不意味着程序正确，要对结果进行分析，看它是否合理。不合理要对程序进行调试，即通过上机发现和排除程序中的故障的过程。

6）编写程序文档

许多程序是提供给别人使用的，如同正式的产品应当提供产品说明书一样，正式提供给用户使用的程序时，必须向用户提供程序说明书。内容应包括：程序名称、程序功能、运行环境、程序的装入和启动、需要输入的数据，以及使用注意事项等。

5. 程序设计的风格

良好的程序设计风格包括以下几个方面。

1）标识符的命名

标识符命名应注意以下几点：

- 命名规则在整个程序中前后一致，不要中途变化，给阅读理解带来困难。
- 命名时一定要避开程序设计语言的保留字，否则程序在运行中会产生莫明其妙的错误。
- 尽量避免使用意义容易混淆的标识名。

2）程序中的注释

进行程序注释时应注意以下几点：

- 注释一定要在程序编制中书写，不要在程序完成之后进行补写。
- 解释性程序不是简单直译程序语句，而是要说明程序段的动机和原因，提供的是从程序本身难以得到的信息，说明“做什么”。
- 一定要保持注释与程序的一致性，程序修改后，注释也要及时做相应修改。

3）程序的布局格式

一个程序可以充分利用空格、空行和缩进等改善程序的布局，以获得较好的视觉效果。

7.3　系统测试

7.3.1　系统测试的概述

1. 系统测试概念

系统测试（system testing）是将已经确认的软件、计算机硬件、外设、网络等其他元素结合在一起，进行信息系统的各种组装测试和确认测试，系统测试是针对整个产品系统进行的测试，目的是验证系统是否满足了需求规格的定义，找出与需求规格不符或与之矛盾的地方，从而提出更加完善的方案。

2. 系统测试的重要性

系统测试是保证管理信息系统质量的一个重要环节。尽管在系统开发的各个阶段都采用了严格的技术审查,但依然难免存在差错,如果没有在投入使用前的系统测试中被发现,问题迟早会在系统运行过程中出现,那么到时候纠正错误将会付出更大的代价。下面通过一个例子来说明系统测试的重要性。

【例 7-1】 1963 年美国用于控制火箭飞行的 FORTRAN 程序中,把一个循环语句“DO 5 I=1,3”误写成“Do 5 I=1.3”。在系统测试中这一错误又没有被发现,导致飞往火星的火箭爆炸,造成 1000 万美元的损失。

有统计表明,开发较大型的系统,系统测试的工作量大约占整个软件开发工作量的 40%~50%。开发费用的近 1/2。对于高可靠性的、复杂系统的测试工作量还可能是其他工作量总和的若干倍。

3. 系统测试的目的

系统测试的目的是验证最终软件系统是否满足用户规定的需求。到目前为止,人们还无法证明一个大型复杂程序的正确性,只能依靠一定的测试手段来说明该程序在某些条件下没有发生错误。所以在测试时应想方设法使程序的各个部分都投入运行,力图找出所有错误。系统测试是为了发现程序和系统中的错误。好的测试方案有可能发现从未发现的错误,能够发现从未发现过的错误的测试才是成功的测试,否则就没有必要进行测试了。

4. 系统测试原则

系统测试应该注意以下原则:

- 避免测试自己所编写的程序;
- 制定周密的测试计划;
- 完善测试用例(应该保留已经使用过的测试用例与相应的测试结果);
- 关注错误较多之处。

5. 测试用例

在制定测试计划以及测试过程中需要用到测试案例,那么什么是测试用例呢?测试用例(Test Case)目前没有经典的定义。比较通常的说法就是:测试用例是为某个特殊目标而编制的一组测试输入、执行条件以及预期结果的条件或变量,以便测试某个程序路径或核实是否满足某个特定需求。测试用例的内容主要包括测试目标、测试环境、输入数据、测试步骤、预期结果、测试脚本等,并形成文档。

测试用例是将软件测试的行为活动做一个科学化的组织归纳,目的是能够将软件测试的行为转化成可管理的模式;同时测试用例也是将测试具体量化的方法之一,不同类别的软件,测试用例是不同的。不同于诸如系统、工具、控制、游戏软件,管理软件的用户需求更加不统一。

7.3.2　系统测试内容与过程

1. 系统测试内容

系统测试的主要内容如下。

1）功能测试

功能测试就是测试软件系统的功能是否正确，其测试的依据就是需求文档，如《产品需求规格说明书》等。由于正确性是软件最重要的质量因素，所以功能测试必不可少。

2）健壮性测试

健壮性测试就是测试软件系统在异常情况下能否正常运行的能力。健壮性有两层含义：一是系统的容错能力，二是系统的恢复能力。

3）性能测试

性能测试就是测试软件系统处理事务的速度，目的有两个：一是为了检验性能是否符合需求，二是为了得到某些性能数据供人们参考。

4）用户界面测试

用户界面测试的重点是测试软件系统的易用性和视觉效果等。

5）安全性测试

安全性测试就是测试软件系统防止非法入侵的能力。"安全"是相对而言的，一般地，如果黑客为非法入侵花费的代价（考虑时间、费用、危险等因素）高于得到的好处，那么这样的系统可以认为是安全的。

6）安装与反安装测试。

2. 系统测试过程

整个系统的测试工作过程一般是按照模块测试、子系统测试、系统测试和验收测试等4个方面进行。

1）模块测试

模块测试是以系统的程序模块为对象进行测试，验证模块及其接口与设计说明书是否一致。模块测试的主要目的是保证每个模块作为一个单元能够正确运行，因此模块测试又可以称为单元测试。

模块测试比较容易发现错误，发现的错误主要是编码和详细设计方面的错误，它是系统测试的基础。

2）子系统测试

完成每个模块的测试以后，需要按照系统设计所完成的模块结构图把它们连接成子系统，即进行子系统测试。

子系统测试主要是解决模块与模块之间的相互调用、相互通信问题，测试的重点是接口方面的问题。

子系统测试通常采用自顶向下测试和自底向上两种测试方法。

3）系统测试

系统测试就是将经过子系统测试的模块群装配成一个完整的系统进行测试，以检查系统是否达到了系统分析的要求,系统测试的依据是系统分析报告,系统的测试不仅是对软件的测试,而且是对系统的软件与硬件一同进行测试。

系统测试主要解决各个子系统之间的数据通信、数据共享问题,测试系统是否满足用户的需要。

系统测试的主要依据是系统分析报告,全面考核系统是否达到了系统的既定目标,通过系统测试可以发现系统分析遗留的未解决的问题。

4) 验收测试

在整个系统测试完成之后要进行用户的验收测试。验收测试是把系统作为单一的实体对象进行测试,是利用用户实际运行环境数据进行测试。其测试的内容同系统测试的内容基本一致,测试中主要是使用原有系统(可能是手工系统,也可能是前一版本系统)的历史数据,将运行结果与原有系统运行结果进行比较,主要考察系统的可靠性和运行效率。

测试过程中每一步之间的关系如图 7-5 所示。

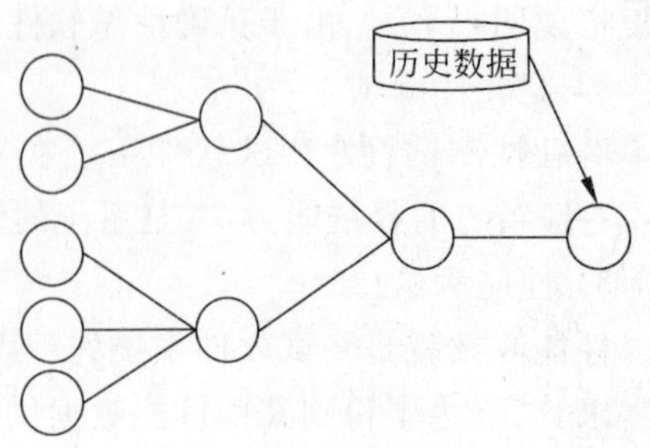

图 7-5 测试步骤关系

3. 测试步骤

在测试过程中,对于每个阶段的测试一般都是按照下列步骤进行测试。

1) 制定系统测试计划

系统测试小组各成员共同协商测试计划。测试组长按照指定的模板起草《系统测试计划》。该计划主要包括:

- 测试范围(内容);
- 测试方法;
- 测试环境与辅助工具;
- 测试完成准则;
- 人员与任务表。

项目经理审批《系统测试计划》。该计划被批准后,转向步骤 2)。

2) 设计系统测试用例

系统测试小组各成员依据《系统测试计划》和指定的模板,设计(撰写)《系统测试用例》。

测试组长邀请开发人员和同行专家,对《系统测试用例》进行技术评审。该测试用例通过技术评审后,转向步骤 3)。

3) 执行系统测试

系统测试小组各成员依据《系统测试计划》和《系统测试用例》执行系统测试。并将测试结果记录在《系统测试报告》中,用"缺陷管理工具"来管理所发现的缺陷,并及时通报给开发人员。

4) 缺陷管理与改错

该步骤主要包括以下内容:

- 从步骤 1)至步骤 3),任何人发现软件系统中的缺陷时都必须使用指定的"缺陷管理工具”。该工具将记录所有缺陷的状态信息，并可以自动产生《缺陷管理报告》。

- 开发人员及时消除已经发现的缺陷。
- 开发人员消除缺陷之后应当马上进行回归测试，以确保不会引入新的缺陷。

7.3.3　系统测试方法

目前，检验软件的有三种手段：正确性证明、静态检查和动态检查。

1. 正确性证明

正确性证明就是利用数学方法证明程序的正确性，该技术还处于初级阶段。

2. 静态检查

静态检查就是通过人工评审软件系统的文档或程序，发现其中的错误。手续简单，是一种行之有效的检验手段。有以下两种方式。

- 代码审查：通过阅读程序发现软件错误和缺陷。
- 静态分析：主要对程序进行控制流分析、数据流分析、接口分析和表达式分析。

3. 动态检查

动态检查即测试，就是有控制地运行程序，从多种角度观察程序运行时的行为，发现其中的错误(测试就是为了发现错误而执行程序)。值得注意的是测试只能证明程序有错误，而不可能证明程序没有错误。

测试分为白盒测试和黑盒测试两种方法。

1) 白盒测试

测试人员将被测程序看做一个透明的白盒子，并完全了解程序的结构和过程，然后按照程序的内部结构和处理逻辑来设计测试数据，对程序所有逻辑路径进行测试，检查它与设计是否相符。由于被测程序的结构对测试者是透明的，因此白盒测试又称为结构测试。白盒测试的测试原理如图 7-6 所示。

白盒测试的测试方法很多，常用的测试方法有以下两种。

- 逻辑覆盖：主要是测试覆盖率，是以程序内在逻辑结构为基础的测试。其中比较常用的逻辑覆盖测试方法有：语句覆盖、判定覆盖、条件覆盖、判定-条件覆盖、条件组合覆盖、路径覆盖。
- 基本路径测试：在程序控制流图的基础上，通过分析控制构造的环路复杂性，导出基本可执行路径集合，从而设计测试用例的方法。设计出的测试用例要保证在测试中程序的每一个可执行语句至少执行一次。

(1) 逻辑覆盖包括以下几种。

① 语句覆盖：语句覆盖就是设计若干个测试用例，运行被测程序，使得每一个可执行语句至少执行一次。这种覆盖又称为点覆盖，它使得程序中每个可执行语句都得到执行，但它是最弱的逻辑覆盖准则，效果有限，必须与其他方法交互使用。

【例 7-2】 假定函数 DoWork(int x,int y,int z)的流程图如图 7-7 所示。

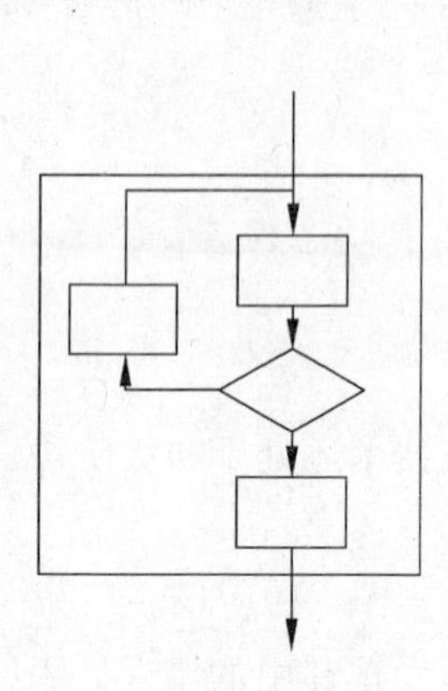

图 7-6 白盒测试原理

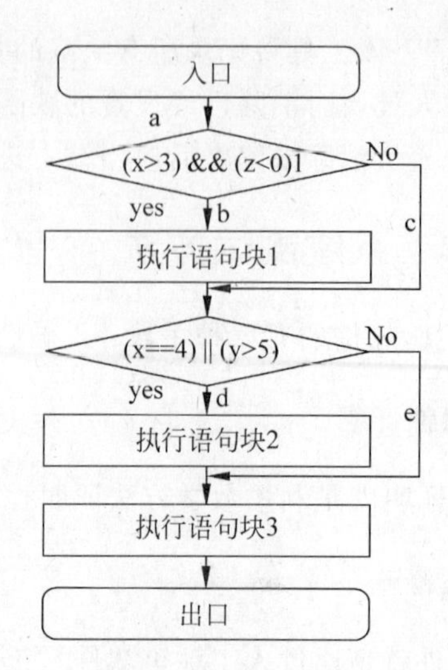

图 7-7 函数 DoWork(int x,int y,int z)的流程图

语句覆盖测试用例如表 7-1 所示。

表 7-1 语句覆盖测试用例

测试用例输入	覆盖路径
{ x=4、y=5、z=5}	a-b-d

这个测试用例把三个执行语句块中的语句都覆盖了。

② 路径覆盖：路径覆盖就是设计足够的测试用例，覆盖程序中所有可能的路径。这是最强的覆盖准则。但在路径数目很大时，真正做到完全覆盖是很困难的，必须把覆盖路径数目压缩到一定限度。

【例 7-3】 设计例 7-2 中函数 DoWork(int x,int y,int z)的路径覆盖测试用例。

路径覆盖测试用例如表 7-2 所示。

表 7-2 路径覆盖测试用例

测试用例	通过路径	覆盖条件
x=4、y=6、z=5	abd	T1、T2、T3、T4
x=4、y=5、z=15	acd	T1、-T2、T3、-T4
x=2、y=5、z=15	ace	-T1、-T2、-T3、-T4
x=5、y=5、z=5	abe	T1、T2、-T3、T4

③ 判定覆盖：判定覆盖就是设计若干个测试用例，运行被测程序，使得程序中每个判断的取真分支和取假分支至少执行一次。判定覆盖又称为分支覆盖。

判定覆盖只比语句覆盖稍强一些，但实际效果表明，只是判定覆盖，还不能保证一定能查出在判断的条件中存在的错误。因此，还需要更强的逻辑覆盖准则去检验判断内部条件。

【例 7-4】 设计例 7-2 中函数 DoWork(int x,int y,int z)的判定覆盖测试用例。

判定覆盖测试用例如表 7-3 所示。

表 7-3 判定覆盖测试用例

测试用例输入	覆盖路径
{ x=4、y=5、z=5}	a—b—d
{ x=2、y=5、z=5}	a—c—e

④ 条件覆盖：条件覆盖就是设计若干个测试用例，运行被测程序，使得程序中每个判断的每个条件的可能取值至少执行一次。

条件覆盖深入到判定中的每个条件，但可能不能满足判定覆盖的要求。

【例 7-5】 设计例 7-2 中函数 DoWork(int x,int y,int z)的条件覆盖测试用例。

对例子中的所有条件取值加以标记。例如下面的示例。

对于第一个判断：

条件 x>3 取真值为 T1，取假值为—T1

条件 z<10 取真值为 T2，取假值为—T2

对于第二个判断：

条件 x=4 取真值为 T3，取假值为—T3

条件 y>5 取真值为 T4，取假值为—T4

条件覆盖测试用例如表 7-4 所示。

表 7-4 条件覆盖测试用例

测试用例	x=4、y=6、z=5	x=2、y=5、z=5	x=4、y=5、z=15
通过路径	abd	ace	acd
条件取值	T1、T2、T3、T4	—T1、T2、—T3、—T4	T1、—T2、T3、—T4
覆盖分支	bd	ce	cd

⑤ 判定-条件覆盖：判定-条件覆盖就是设计足够的测试用例，使得判断中每个条件的所有可能取值至少执行一次，同时每个判断本身的所有可能判断结果至少执行一次。换言之，即是要求各个判断的所有可能的条件取值组合至少执行一次。

判定-条件覆盖有缺陷。从表面上来看，它测试了所有条件的取值。但是事实并非如此。往往某些条件掩盖了另一些条件。会遗漏某些条件取值错误的情况。为彻底地检查所有条件的取值，需要将判定语句中给出的复合条件表达式进行分解，形成由多个基本判定嵌套的流程图。这样就可以有效地检查所有的条件是否正确了。

【例 7-6】 设计例 7-2 中函数 DoWork(int x,int y,int z)的判定-条件覆盖测试用例。

判定-条件覆盖测试用例如表 7-5 所示。

表 7-5 判定-条件覆盖测试用例

测试用例	通过路径	条件取值	覆盖分支
x=4、y=6、z=5	abd	T1、T2、T3、T4	bd
x=2、y=5、z=11	ace	—T1、—T2、—T3、—T4	ce

⑥ 多重条件覆盖：多重条件覆盖就是设计足够的测试用例，运行被测程序，使得每个判断的所有可能的条件取值组合至少执行一次。

这是一种相当强的覆盖准则,可以有效地检查各种可能的条件取值的组合是否正确。它不但可覆盖所有条件的可能取值的组合,还可覆盖所有判断的可取分支,但可能有的路径会遗漏掉。测试还不完全。

【例 7-7】 设计例 7-2 中函数 DoWork(int x,int y,int z)的多重条件覆盖测试用例。

现在对例 7-2 中的各个判断的条件取值组合加以标记如下。

1. x>3,z<10　　记做 T1 T2,第一个判断的取真分支
2. x>3,z≥10　　记做 T1 －T2,第一个判断的取假分支
3. x≤3,z<10　　记做－T1 T2,第一个判断的取假分支
4. x≤3,z≥10　　记做－T1 －T2,第一个判断的取假分支
5. x=4,y>5　　记做 T3 T4,第二个判断的取真分支
6. x=4,y≤5　　记做 T3 －T4,第二个判断的取真分支
7. x!=4,y>5　　记做－T3 T4,第二个判断的取真分支
8. x!=4,y≤5　　记做－T3 －T4,第二个判断的取假分支

多重条件覆盖测试用例如表 7-6 所示。

表 7-6　多重条件覆盖测试用例

测试用例	通过路径	条件取值	覆盖组合号
x=4、y=6、z=5	abd	T1、T2、T3、T4	T12、T34
x=4、y=5、z=15	acd	T1、－T2、T3、－T4	－T12、T34
x=2、y=6、z=5	acd	－T1、T2、－T3、T4	－T12、T34
x=2、y=5、z=15	ace	－T1、－T2、－T3、－T4	－T12、－T34

逻辑覆盖测试方法小结如表 7-7 所示。

表 7-7　逻辑覆盖测试方法小结

<table>
<tr><th>语句覆盖</th><th>选择足够的测试用例,使得每个语句至少执行一次</th><th>最弱的覆盖</th></tr>
<tr><td>判定覆盖</td><td>选择足够的测试用例,使得所有可能的结果至少出现一次</td><td rowspan="3">由上至下逐渐增强</td></tr>
<tr><td>条件覆盖</td><td>选择足够的测试用例,使得判定中的每个条件的所有可能结果至少出现一次,但是判定表达式中的某些可能结果并未出现</td></tr>
<tr><td>判定-条件覆盖</td><td>选择足够的测试用例,使得判定中的每个条件的所有可能结果至少出现一次,并且每个判定本身的所有可能结果至少出现一次</td></tr>
<tr><td>条件组合覆盖</td><td>选择足够的测试用例,使得判断中每个条件的所有可能结果的组合至少出现一次</td><td>最强的覆盖</td></tr>
<tr><td>路径覆盖</td><td>选择足够的测试用例,每个可能执行到的路径至少经过一次</td><td>较强的覆盖,但是不能代替条件覆盖和条件组合覆盖</td></tr>
</table>

(2) 基本路径测试的步骤。

在实践中,一个不太复杂的程序,其路径可能都是一个庞大的数字,要在测试中覆盖所有的路径是不现实的。所以,只得把覆盖的路径数压缩到一定限度内。

基本路径测试的步骤如下。

① 绘制程序控制流图。

② 通过分析环路复杂性，计算圈复杂度，导出程序基本路径集合中的独立路径条数，这是确定程序中每个可执行语句至少执行一次所必须的测试用例数目的上界。

③ 导出测试用例：根据环路复杂性和程序结构设计用例数据输入和预期结果。

④ 准备测试用例：确保基本路径集中的每一条路径的执行。

下面按照 4 个步骤进行详细介绍。

① 画出控制流图

为了更加突出控制流的结构，可对程序流程图进行简化，简化后的图称为控制流图。在控制流图中只有两种图形符号：

- 节点，用带标号的圆圈表示，代表一个或多个语句、一个处理方框序列和一个菱形判断框(假如不包含复合条件)都可以映射为一个节点。
- 控制流线，用带箭头的弧或线表示，称为边或两节点连接。它代表程序的控制流，类似于流程图中的箭头线，控制流线通常标有名字。

常见语句和结构的控制流图如图 7-8 所示。

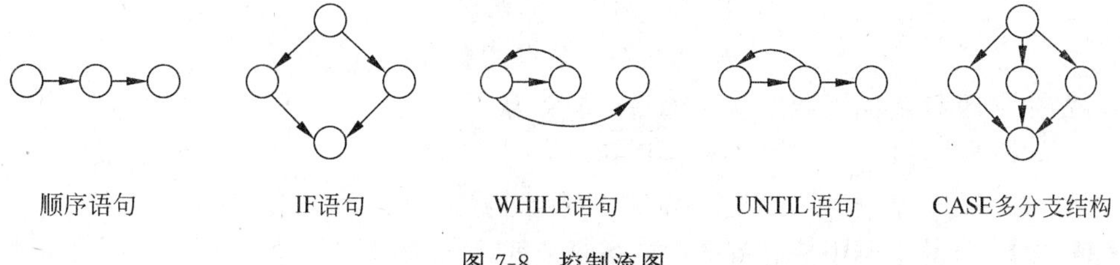

图 7-8 控制流图

【例 7-8】 如下所示的 C 程序，其流程图如图 7-9 所示。其控制流图如图 7-10 所示。

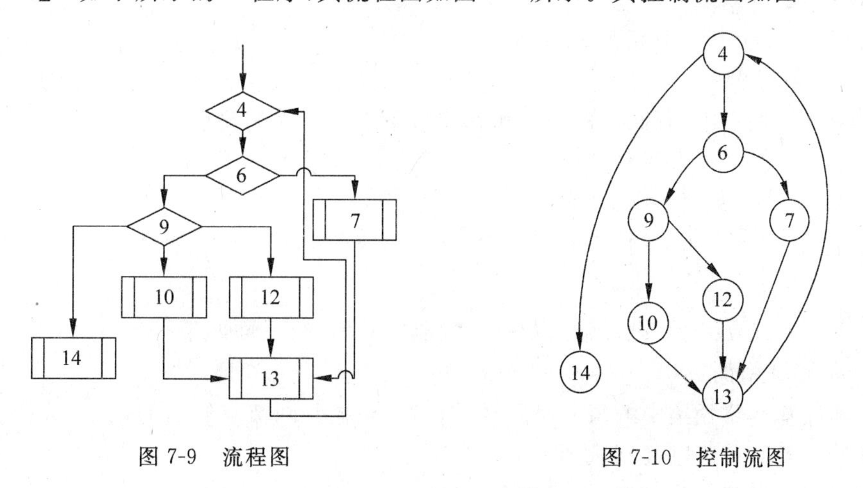

图 7-9 流程图　　图 7-10 控制流图

C 程序函数：

```
void Sort(int iRecordNum,int iType)
1 {
2   int x = 0;
3   int y = 0;
4   while (iRecordNum -- > 0)
```

```
5  {
6    if(iType == 0)
7      x = y + 2;
8    else
9         if(iType == 1)
10        x = y + 10;
11   else
12           x = y + 20;
13   }
14 }
```

② 计算圈复杂度

圈复杂度是一种为程序逻辑复杂性提供定量测度的软件度量，将该度量用于计算程序的基本的独立路径数目，为确保所有语句至少执行一次的测试数量的上界。

有以下三种方法计算圈复杂度(嵌套型分支结构)。

- 流图中区域的数量对应于圈复杂度；
- 给定流图 G 的圈复杂度——V(G)，定义为：

$$V(G) = E - N + 2,$$

E 是流图中边的数量，

N 是流图中节点的数量；

- 给定流图 G 的圈复杂度——V(G)，定义为：

$$V(G) = P + 1$$

P 是流图 G 中判定节点的数量。

【例 7-9】 计算上例中控制流图中的圈复杂度，计算如下：

- 流图中有四个区域；
- V(G)=10 条边−8 节点+2=4；
- V(G)=3 个判定节点+1=4。

③ 导出测试用例

【例 7-10】 根据上面的计算方法，可得出以下四个独立的路径。

路径 1：4—6—7—13—4—14

路径 2：4—6—9—12—13—4—14

路径 3：4—6—9—10—13—4—14

路径 4：4—14

根据上面的独立路径，设计输入数据，使程序分别执行上面四条路径。

④ 准备测试用例

为了确保基本路径集中的每一条路径的执行，根据判断节点给出的条件，选择适当的数据以保证某一条路径可以被测试到。

【例 7-11】 满足上面例 7-10 中基本路径集的测试用例如下。

路径 1：4—6—7—13—4—14

输入数据：iRecordNum=1，iType=0

预期结果：x=2

路径 2：4—6—9—12—13—4—14

输入数据：iRecordNum=1，iType=2

预期结果：x=20

路径3：4—6—9—10—13—4—14

输入数据：iRecordNum=1,iType=1

预期结果：x=10

路径4：4—14

输入数据：iRecordNum=0,或者取

iRecordNum<0的某一个值

预期结果：x=0

2）黑盒测试

测试人员把被测程序看成一个黑盒子，在完全不考虑程序的内部结构和处理过程的情况下，测试程序的外部特性，即测试系统的功能与接口是否达到了预定的目标。由于黑盒测试着重于检查程序的功能，所以黑盒测试也称为功能测试。黑盒测试的测试原理如图7-11所示。

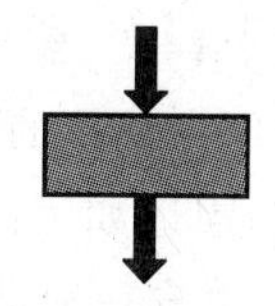

图7-11　黑盒测试原理

黑盒测试的方法也比较多，常用的黑盒测试方法主要有等价类划分、边界值分析、错误推测法等。

- 等价类划分：程序中所输入的数据按照程序功能说明可以分成若干个等价类，按输入条件可以将每一个等价类分成有效输入等价类与无效输入等价类两种。

【例7-12】　编制黑盒测试等价类划分的测试用例。功能是一个加法器：A+B=C要求A,B必须都是1～100的整数。

有效等价类：≥1,≤100；

无效等价类：<1、>100

测试用例为：

A=1	B=40	C=43
A=10	B=−1	C=Error
A=30	B=0	C=Error
A=101	B=120	C= Error
A=101	B=50	C= Error
A=3.1	B=50.2	C= Error

- 边界值分析：由于许多软件在处理边界值时容易发生错误，用大于、等于、小于边界值的数据作为测试用例更容易发现程序中的错误。

【例7-13】　编制黑盒测试边界值方法的测试用例。功能是一个加法器：A+B=C要求A,B必须都是1～100的整数。对于边界值经常取值范围为$n-1,n,n+1$（n为边界值）。

测试用例为：

A=0	B=10	C= Error
A=1	B=10	C=11
A=2	B=10	C=12
A=10	B=0	C= Error
A=10	B=1	C= 11

A=10　　B=2　　C= 12
A=99　　B=10　　C= 109
A=100　　B=10　　C= 110
A=101　　B=10　　C= Error
A=10　　B=99　　C= 109
A=10　　B=100　　C= 110
A=10　　B=101　　C= Error

• 错误推测法：错误推测法的基本思想是列举主程序中可能有的错误和容易发生错误的特殊情况，并且根据它们选择测试用例。

【例 7-14】 编制黑盒测试的测试用例案例，以一个 B/S 结构的登录功能点为被测对象，假设用户使用的浏览器为 IE6.0 SP4。

功能描述如下：

(1) 用户在地址栏输入相应地址，要求显示登录界面；

(2) 输入用户名和密码，登录，系统自动校验，并给出相应提示信息；

(3) 如果用户名或者密码任一信息未输入，登录后系统给出相应提示信息；

(4) 连续 3 次未通过验证时，自动关闭 IE。

该测试用例如表 7-8 所示。

表 7-8 登录界面测试用例

用例 ID	XXXX-XX-XX	用例名称	系统登录
用例描述	系统登录 用户名存在、密码正确的情况下，进入系统 页面信息包含：页面背景显示 用户名和密码录入接口，输入数据后的登入系统接口		
用例入口	打开 IE，在地址栏输入相应地址 进入该系统登录页面		

测试用例 ID	场景	测试步骤	预期结果	备注
TC1	初始页面显示	从用例入口处进入	页面元素完整，显示与详细设计一致	
TC2	用户名录入——验证	输入已存在的用户：test	输入成功	
TC3	用户名——容错性验证	输入：aaaaabbbbbcccccdddddeeeee	输入到蓝色显示的字符时，系统拒绝输入	输入数据超过规定长度范围
TC4	密码——密码录入	输入与用户名相关联的数据：test	输入成功	
TC5	系统登录——成功	TC2，TC4，单击“登录”按钮	登录系统成功	
TC6	系统登录——用户名、密码校验	没有输入用户名、密码，单击“登录”按钮	系统登录失败，并提示：请检查用户名和密码的输入是否正确	

续表

测试用例 ID	场景	测试步骤	预期结果	备注
TC7	系统登录——密码校验	输入用户名,没有输入密码,单击"登录"按钮	系统登录失败,并提示:需要输入密码	
TC8	系统登录——密码有效性校验	输入用户名,输入密码与用户名不一致,单击"登录"按钮	系统登录失败,并提示:错误的密码	
TC9	系统登录——输入有效性校验	输入不存在的用户名、密码,单击"登录"按钮	系统登录失败,并提示:用户名不存在	
TC10	系统登录—安全校验	连续3次未成功	系统提示:您没有使用该系统的权限,请与管理员联系!	
…	…		…	…

7.4 系统实施阶段文档

在系统实施阶段,主要完成程序的设计、编译和调试等工作,为此,需要完成程序设计手册、用户操作手册等面向用户的文档的编写,同时还要完成测试计划的编写和测试报告的编写等工作,下面详细介绍这些文档的写法。

7.4.1 程序设计手册

程序设计手册将选定计算机语言或开发工具,来描述系统的计算机模型,其主要使用者是系统维护人员。主要包括以下内容:

- 系统采用的术语;
- 系统的功能描述;
- 系统开发最小平台;
- 系统覆盖的流程;
- 系统全局变量;
- 程序清单;
- 每个功能的描述;
- 系统共享数据;
- 系统接口。

7.4.2 用户操作手册

用户操作手册是信息系统开发的重要文档之一。它既是系统用户操作者的使用指南,也是系统开发工作成果的文件体现。用户操作手册一般包括系统原理说明书和系统操作说明书两部分。

1. 系统原理说明书

系统原理说明书是对系统的目标、功能、设计原理以及运行环境和全部源程序进行说明的文件。系统说明书除了以上的各项说明以外，还应该包括所有的系统开发过程中形成的文档资料以及有关的各种审批报告的副本。由于系统说明书是管理信息系统运行、维护和功能扩展时不可缺少的技术资料，涉及的资料又很多，所以必须分类装订成册，形成一套完整的技术档案文件妥善保管。

2. 系统操作说明书

系统操作说明书是指导用户正确使用运行该信息系统必备的工具指导性文件。它的主要内容应该包括以下几个方面：

(1) 系统目标、功能、结构的概述；

(2) 系统的硬件、软件等运行环境；

(3) 系统的安装、启动、运行与关闭；

(4) 数据输入、输出的基本格式与图示；

(5) 系统运行的举例。

除此之外，对于比较复杂的系统还应该附有各种简明的操作命令表、系统提示和错误信息一览表等内容。同时还应该配备系统维护的专册，重点介绍日常系统运行环境的条件要求、系统的保密措施以及应急排除故障的方法等。

系统操作说明书的编制工作可以在系统调试工作完成以后开始，也可以在系统转换之后组织人力集中时间编写。

7.4.3 系统测试计划

系统测试文档主要描述系统测试计划和测试结果，测试文档在需求分析阶段就开始着手了。

测试计划的编写内容如下。

1 引言

1.1 编写目的

说明本测试计划的具体编写目的，指出预期的读者范围。

1.2 背景

a. 测试计划所从属的系统的名称；

b. 该开发项目的历史，列出用户和执行此项目测试的计算中心，说明在执行本测试计划之前必须完成的各项工作。

1.3 定义

列出本文件中用到的专门术语的定义和外文首字母组词的原词组。

1.4 参考资料

列出有关的参考资料，如：

a. 本项目经核准的计划任务书或合同、上级机关的批文。

b. 属于本项目的其他已发表的文件。

c. 本文件中各处引用到的文件、资料，包括所要用到的软件开发标准。列出这些文件的标题、文件编号、发表日期和出版单位，说明能够取得这些文件的来源。

2 计划

2.1 系统说明

提供一份图表，并逐项说明被测试系统的功能、输入和输出等质量指标，作为叙述测试计划的提纲。

2.2 测试内容

列出组装测试和确认测试中每一项测试内容的名称标识符、这些测试的进度安排以及这些测试的内容和目的，例如模块功能测试、接口正确性测试等。

2.3 测试1(标识符)

给出这项测试内容的参与单位及被测试的部位。

2.3.1 进度安排

给出对这项测试的进度安排，包括进行测试的日期和工作内容(如熟悉环境、培训、准备输入数据等)。

2.3.2 条件

陈述本项测试工作对资源的要求，包括：

a. 设备：所用到的设备类型、数量和预订使用时间；

b. 系统：列出将被用来支持本项测试过程而本身又并不是测试系统的组成部分的

软件，如测试驱动程序、测试监控程序、仿真程序等；

c. 人员：列出在测试工作期间预期可由用户和开发任务组提供的工作人员的人数，技术水平及相关的预备知识，包括一些特殊要求，如倒班操作和数据录入人员等。

2.3.3 测试资料

列出本项测试所需的资料，如：

a. 有关本项任务的文件；

b. 被测试程序及其所在的媒体；

c. 测试的输入和输出举例；

d. 有关控制此项测试的方法、过程的图表。

2.3.4 测试培训

说明或引用资料说明为被测试系统的使用提供培训的计划。规定培训的内容、受训的人员及从事培训的工作人员。

2.4 测试2(标识符)

用与本测试计划2.3条相类似的方式说明用于另一项及其后各项测试内容的测试工作计划。

3 测试设计说明

3.1 测试1(标识符)

说明第一项测试内容的测试设计考虑。

3.1.1 控制

说明本测试的控制方式，如输入是人工、半自动还是自动引入、控制操作的顺序以及结果的记录方法。

3.1.2 输入

说明本测试中所使用的输入数据及选择这些输入数据的策略。

3.1.3 输出

说明预期的输出数据,如测试结果及可能产生的中间结果或运行信息。

3.1.3 过程

说明完成此项测试的步骤和控制命令,包括测试的准备、初始化、中间步骤和运行结束方式。

3.2 测试2(标识符)

用与本测试计划3.1条相类似的方式说明第2项及其后各项测试工作的设计考虑。

4 评价准则

4.1 范围

说明所选择的测试用例能够检查的范围及其局限性。

4.2 数据整理

陈述为了把测试数据加工成便于评价的适当形式,使得测试结果可以同已知结果进行比较而要用到的转换处理技术,如手工方式或自动方式;如果是用自动方式整理数据,还要说明为进行处理而要用到的硬件、软件资源。

4.3 尺度

说明用来判断测试工作是否能通过的评价尺度,如合理的输出结果的类型、测试输出结果与预期输出之间的容许偏离范围、允许中断或停机的最多次数。

7.4.4 系统测试报告

测试报告是把测试的过程和结果写成文档,并对发现的问题和缺陷进行分析,为纠正软件的存在的质量问题提供依据,同时为软件验收和交付打下基础。

测试报告是测试阶段最后的文档产出物,测试报告包含足够的信息,包括产品质量和测试过程的评价,测试报告基于测试中的数据采集以及对最终的测试结果分析。测试报告的格式与内容如下。

1 引言

1.1 编写目的

说明这份测试报告的具体编写目的,指出预期的阅读范围。

1.2 背景说明:

a. 被测试软件系统的名称;

b. 本系统软件的任务提出者、开发者、用户和安装此软件系统的计算中心。指出测试环境与实际运行环境之间可能存在的差异以及这些差异对测试结果的影响。

1.3 定义

列出本文件中用到的专门术语的定义和外文首字母组词的原词组。

1.4 参考资料

列出有关的参考资料,如:

a. 本项目经核准的计划任务书或合同、上级机关的批文;

b. 属于本项目的其他已发表的文件;

c. 本文件中各处引用到的文件、资料，包括所要用到的软件开发标准。列出这些文件的标题、文件编号、发表日期和出版单位，说明能够取得这些文件的来源。

2　测试概要

用表格的形式列出每一项测试的标识符及测试内容，并指明实际进行的测试工作内容与测试计划中预先设计的内容之间的差别，说明做出这种改变的原因。

3　测试结果及发现

3.1　测试1(标识符)

把本项测试中实际得到的动态输出(包括内部生成数据输出)结果同对于动态输出的要求进行比较，陈述其中的各项发现。

3.2　测试2(标识符)

用类似本报告3.1条的方式给出第2项及其后各项测试内容的测试结果和发现。

4　对软件功能的结论

4.1　功能1(标识符)

4.1.1　能力

简述该项功能，说明为满足此项功能而设计的软件能力以及经过一项或多项测试已经证实的能力。

4.1.2　限制

说明测试数据值的范围(包括动态数据和静态数据)，列出就这项功能而言，测试期间在该软件中检查出的缺陷、局限性。

4.2　功能2(标识符)

用类似本报告4.1的方式给出第2项及其后各项功能的测试结论。

5　分析摘要

5.1　能力

陈述经证实了的本软件的能力。如果所进行的测试是为了验证一项或几项特定性能要求的实现，应提供这方面的测试结果与要求之间的比较，并确定测试环境与实际运行环境之间可能存在的差异对能力的测试所带来的影响。

5.2　缺陷或限制

陈述经测试证实的软件缺陷和限制，说明每项缺陷和限制对软件性能的影响，并说明全部测得的性能缺陷的累积影响和总影响。

5.3　建议

对每项缺陷提出改进建议，如：

a. 各项修改可采用的修改方法；

b. 各项修改的紧迫程度；

c. 各项修改预计的工作量；

d. 各项修改的负责人。

5.4　评价

说明该项软件的开发是否已达到预定目标，能否交付使用。

6　测试资源消耗

总结测试工作的资源消耗数据，如工作人员的水平级别、数量、机时消耗等。

7.5 思考与练习

1. 系统实施的前提条件和准备工作是什么？
2. 系统实施的任务有哪些？
3. 程序设计的质量指标有哪些？
4. 按照发展过程，程序设计语言分为哪几类？
5. 系统测试的目的是什么？
6. 系统测试的主要内容有哪些？
7. 系统测试的方法有哪些？
8. 实施阶段有哪些文档？

系统运行与维护

系统经过测试后就可以投入运行，主要包括系统的日常操作和维护等工作。任何一个系统都不是一开始就很好的，总是经过多重的开发、运行、再开发、再运行的循环不断上升的。实践证明，没有科学的运行管理，管理信息系统不但不能够有效地发挥作用，而且容易陷入混乱甚至崩溃。

本章介绍系统运行与维护的相关知识，包括系统运行环境建设、系统运行相关工作、系统维护相关工作以及系统评价基本知识等。通过本章的学习，实现以下目标：

- 了解系统运行环境建设相关知识；
- 掌握系统运行准备、转换与管理工作；
- 了解系统维护的重要性；
- 掌握系统维护的内容和维护过程；
- 掌握系统的基本评价指标。

8.1 系统运行环境建设

需要的计算机系统设备的种类、数量等已在需求分析和设计阶段就已经确定了，在实施时首先要购置与安装这些设备，为系统的运行做好环境建设。

8.1.1 购置计算机系统设备

购置的设备主要包括计算机硬件设备、辅助设备及相应的各种软件。购置设备的基本原则主要包括以下几条。

1. 质量可靠、价格合理

购置设备首先要考虑的应该是质量，并且要在保证质量的前提下，尽可能地降低购置成本。要在广泛的市场调查的基础上选购那些技术经济实力强、信誉好、服务优的企业生产的产品。

2. 资料齐全、手续完整

购置设备要求供货单位提供的设备资料必须齐全、售货手续必须完整，同时要组织好验收工作。由于计算机设备比较复杂，验收工作必须十分认真仔细进行。要有专人负责，做到即使是一条线、一个插头也要搞清楚，并且在规定的时间内完成各种各样的测试和试运行，使问题暴露在系统安装之前，并及时解决。另外，随机携带的各种软件、资料必须齐全，要认真清点后妥善保管。

3. 计算机设备的兼容性和可维护性

购置计算机设备必须还要考虑它的兼容性和可维护性。应尽量选购那些兼容性好、可维护性好，并且能够提供良好售后服务的设备。对于一些易损易坏的部件，应购置一些必要的备品备件以保证计算机设备的正常运行。

8.1.2 计算机机房的建设

计算机机房是指能够满足各项环境指标、安放计算机设备使其充分发挥功能的工作场地。计算机机房的建设应考虑它对环境的要求、机房的面积和机房的总体布局等问题。

1. 机房建设的要求

计算机机房的建设应该考虑到它的可靠性、可维护性、可扩展性以及安全性和经济性等方面的要求，并且要根据实际情况提出具体的指标标准，为系统的实施提供一个良好的环境。

2. 机房面积的计算

计算机机房面积的计算目前经常采用以下两种方法。

(1) 机房面积等于机房内所有设备外形尺寸面积之和的5～7倍，如式8-1所示。

$$S = (5 \sim 7) \times \sum_{i=1}^{n} S_i (m^2) \tag{8-1}$$

式中：S_i 是第 i 个设备的面积。

这种计算方法适用于已知机房内每台设备面积的条件下。

(2) 机房面积等于机房内所有设备的台数的4.5～5.5倍，如式8-2所示。

$$S = (4.5 \sim 5.5) \times N \tag{8-2}$$

其中：N 是机房内的设备台数。

这种计算方法适用于不知道机房内每台设备面积的条件下。

3. 机房房间总体布局问题

计算机机房应该包括计算机主机房、基本工作房间和各类辅助性房间等。计算机机房的总体布局应该以安装计算机设备的主机房为中心，然后确定其他房间的多少和大小，并且依据各个房间之间的关系来综合考虑布局。一般计算机机房的总体布局如图8-1所示。

	辅助房间	
辅助房间	主机房	辅助房间
	辅助房间	

图8-1 机房布局图

8.1.3 设备的安装与调试

设备的安装是指在系统的设备购置与机房的建设工作完成以后，按照系统总体设计方案的位置所进行的设备组装工作。这项工作应该按照由里到外、从单机到多机的步骤，循序渐进地进行。

设备的调试是指在系统设备安装完毕后对其各项硬件和软件功能的调试。如计算机的运行速度、存储容量、显示器、打印机、系统软件的配置与运行等的测试与调试。

8.2 系统运行

8.2.1 运行前的准备

系统运行前有些准备工作，主要包括数据的录入、人员培训与系统的转换等，然后进入日常的运行管理与维护阶段。

1. 数据的录入

数据的录入是将新系统运行所需要的原始数据，按照所要求的格式输入到计算机内的工作。一般情况下，可以将数据的录入按照以下步骤进行。

1）数据的收集整理

这是指把原系统中的原始数据进行收集和整理工作。在一般手工处理信息系统中，经常出现原始记录不全，信息缺少或记录与实际不符的情况，这就需要有经验的管理人员进行补充或修改。在有些情况下，还要进行清查和盘点工作，以做到账物相符。数据的收集和整理工作量非常大，所以在系统分析阶段的后期就应逐步开始。

2）数据的转换

这是指将整理好的原始数据按照数据库或文件的要求，编辑转化成为新系统所需要的格式的工作。这项工作应由了解系统设计方案和系统转换原则和方法的人员承担。

3）数据的录入

这是一项将已按照一定格式编辑好的数据输入到计算机中的工作。这项工作应由熟悉计算机功能与操作的人员去完成，以确保录入的正确性。

我们知道，数据的正确性是系统正确运行的前提条件，因此，在录入数据时，需要正确地录入数据，以下是影响数据录入正确性的几个因素。

(1) 录入人员的素质

录入人员的素质是保证数据质量的基本前提。所以要求录入人员必须接受专门的培训，具有有关的专业知识和实际操作的经验与技能，并且工作认真负责，有较强的事业心与责任感。

(2) 合适的录入方式和方法

录入方式可以分为成批录入和实时录入两种方式。录入方法包括拼音法、五笔字型法多种。它们各具特色，要根据系统对数据录入的时间、数量的要求确定。

(3) 数据录入校验

为了保证输入数据的正确性,要对数据从收集整理一直到录入计算机中的整个过程进行检查,包括人工检查和计算机自动检查等多种方式,以确保数据录入的正确性。

2. 人员培训

人员是管理信息系统的重要组成部分之一,包括企业的各级管理人员及信息系统管理、使用与维护的专业人员,每一个与新系统有关的人都应该了解管理信息系统的运作方式和运作过程。培训就是使有关管理人员和技术人员了解和掌握新系统的有效途径之一。因此,培训工作关系到新系统的成败。人员培训具有以下重要意义。

(1) 如果管理人员对即将使用的新系统的管理过程不了解,不能确定新系统是否适用于自己的工作,那么就有可能消极地对待新系统,甚至阻碍系统的推广应用。

(2) 管理信息系统的开发与应用不仅是计算机在企业中的应用,同时也是一种企业变革。由于企业管理的传统思想及方法与管理信息系统的要求之间有着巨大的差异,企业管理人员对这种新的管理思想和管理方法有一个熟悉、适应和转变观念的过程。

(3) 对于自行开发管理信息系统的企业来说,通过系统开发过程来培养一批既懂管理业务,又懂信息系统的企业专业人员也应是企业开发信息系统的主要目标之一。

人员培训的主要内容有:

- 系统整体结构和系统概貌;
- 系统分析设计思想;
- 计算机系统操作与使用;
- 软件工具的使用;
- 汉字输入方式、系统输入方式和操作方式培训;
- 可能出现的故障以及故障的排除;
- 文档资料的分类以及检索方式;
- 数据收集、统计渠道、统计口径;
- 其他注意事项。

但是管理人员和技术人员的要求不一样,因此,其培训内容各有侧重点。管理人员的培训重点应该是信息技术基本概念与一些结合具体项目的基础知识。

- 信息系统的基本概念,包括信息概念、性质与作用,系统概念与特点、信息系统开发方法与开发过程等。
- 计算机基本知识,包括计算机硬件与软件基础知识、常用管理软件的功能与人机界面、网络与通信基本概念等。
- 管理方法,例如现代管理的基本思想、数据分析与管理决策的基本概念与常用方法。
- 本企业信息系统介绍,包括信息系统目标、功能及总体描述、开发计划、主要事项与配合要求等。
- 本企业信息系统的操作方法。

对企业信息管理专业人员的培养应把重点放在系统知识与系统规范方面,培养方法除强调在实践中学习外,还可采取委托培养、进修与外聘专家进行系统授课等方法。

3．人员对系统实施的影响

实践表明信息系统失败的一个主要原因是用户拒绝使用新系统。

拒绝通常来源于对新的工作方式和任务不熟悉，或者对可能发生的改变产生忧虑。例如，当计算机文字处理系统进入到办公室时，许多秘书认为自己的工作会被计算机取代，因而拒绝学习和抵制新技术。然而，实际上文字处理软件没有代替秘书的职能，不仅完成了那些日常重复性、机械化的工作，而且还为秘书创造出新的和更多的管理事务，综合性与分析性的工作大大地增加了。

当新技术被引入组织时，许多习惯于在原有环境下工作的人会觉得受到威胁。因为环境改变了，原有的工作岗位、个人地位和人际关系也都会相应有所改变，因此容易产生一种失落感和不安全感。持有这种心态的人员会妨碍新系统的实施并企图恢复原系统。如果新的工作方式和工作程序不被接受，那么新系统就达不到预定的目标。拒绝变化的另一个原因是目前的工作环境比较舒适，有关管理人员安于现状。如果没有更多的报酬与激励，管理人员会觉得改变工作条件得不偿失，因而产生惰性。

要使新系统和新技术实施成功，企业的最高管理者和系统分析与设计人员就必须起变化代理人的作用，用动态的观点，采用变化的计划实施策略来引导变化。当人们认识到变化的必要性和紧迫性时，就会产生求变心理，去制定改变现状的计划。通过管理业务调查、技术培训等形式，能逐步转变管理人员的观念，完成这项工作需要有耐心和恒心。在系统设计过程中，要注意维持一定的工作满意度，在此基础上对原有工作予以重定义。在系统实施过程中，一旦系统出现问题，系统设计人员应迅速作出反应，以免用户产生不满情绪。

8.2.2　系统的转换

1．系统转换与试运行

系统转换是指运用某一种方式由新的系统代替旧的系统的过程，也就是系统设备、系统数据和人员等方面的转换。因此，在系统转换前必须认真做好系统设备、数据、人员以及有关文件的准备。

除此之外，系统转换的准备工作还应该包括机房电力、照明、系统消耗品和备品备件等的准备。

系统试运行是指在系统没有正式转换之前，选择一些子项目进行的实验运行。它是系统正式转换的前期准备工作，是系统调试工作的延续。系统试运行工作应该注意以下两个方面的问题。

1）系统试运行工作的代表性

这是指在系统试运行工作中所选择的子功能和数据应该尽量接近实际系统运行的需要。系统试运行工作的代表性要求有：

- 系统试运行子功能的选择在条件允许时应该逐个地进行试运行；在条件不允许时也应该尽量选择最重要的、能够包含其他子功能部分功能的子功能进行试运行。

- 系统试运行中所使用的数据在条件允许时应该尽量使用实际、真实的数据；在条件不允许时也可以选择模拟数据，但是要求这些数据必须能够代表系统在实际运行中数据规模和数据类型的需要。

2）系统试运行中错误的修正

在系统试运行过程中用户必然要发现系统中的一些问题，对待这些问题应该以系统分析中确定的系统目标为标准，认真分析产生问题的原因和类型，决定对系统的问题是否修订和如何进行修订。系统试运行中的问题一般有以下两种类型：

- 程序设计中的问题。这类问题必须立即进行修正。
- 功能上的缺陷。这类问题是需要补充新的功能来解决的问题，所以首先应该认真考虑和分析问题对系统的影响程度以及修改系统的难易程度，然后再来决定是现在马上进行修改，还是留作以后在系统扩充时再来处理。

2. 系统转换方法

一个管理信息系统由旧系统转换到新系统的主要方法有三种：

- 直接转换方式；
- 并行转换方式；
- 分段转换方式。

1）直接转换方式

直接转换是指在旧的系统停止运行的某一时刻新的系统立即投入运行，旧系统的工作完全由新系统所取代的系统转换方式，如图 8-2 所示。

这种转换方式的优点是：简单、易行，最为经济。

这种转换方式的缺点是：存在着很大风险。因为一旦新系统发生问题，将可能造成一些意想不到的损失。所以直接转换一般适用于比较简单的、并且经过较长时间考验、有一定把握的情况下所采用的转换方式，或在原系统已无法使用的情况下不得不采用的转换方式。

2）并行转换方式

并行转换是指新旧系统同时运行一段时间以后，再由新系统替代旧系统的系统转换方式，如图 8-3 所示。

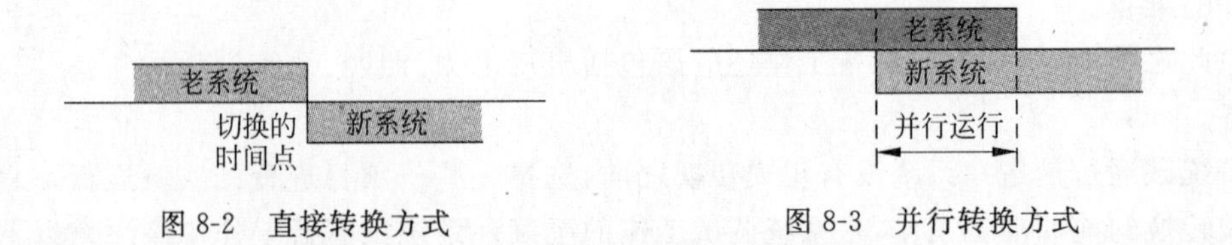

图 8-2 直接转换方式　　图 8-3 并行转换方式

这种转换方式的优点是：这种转换方式安排了一个新旧系统的并存期，这样不但可以保持系统的业务不间断，而且可以不断地修正新系统出现的问题，使得系统转换的风险较小。

这种转换方式的缺点是：由于在新旧系统并行期内，需要两套系统同时运行，使得系统转换的费用加大。所以，并行转换适用于系统规模较大情况下所采用的转换方式。

3）分段转换方式

分段转换是指在新系统正式运行前，按照子系统的功能或业务功能，一部分一部分地逐步替代旧系统的转换方式。如图 8-4 所示。分段转换方式又称向导转换方式，它实际上是以上两种转换方式的结合。

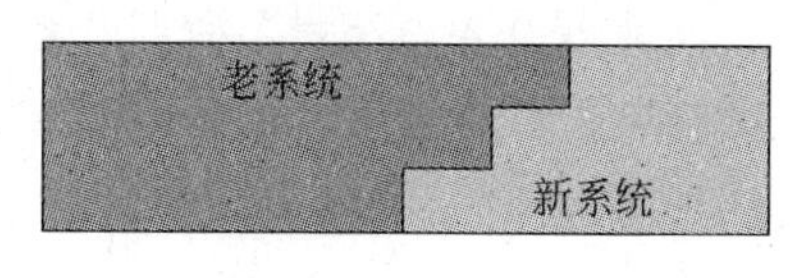

图 8-4 分段转换方式

这种转换方式的优点是：可以做到系统转换平稳、可靠、易于管理，又不至于使得费用过大。

这种转换方式的缺点是：由于系统转换工作是分步完成的，所以对子系统之间，功能与功能之间的接口问题和系统的总体转换时间问题必须做到计划，合理解决。

分段转换一般是在比较复杂的系统转换中可考虑采用的转换方式。

8.2.3 系统运行管理

系统的运行管理工作是系统开发工作的延伸，事实证明，科学的运行管理能够使系统有效地发挥作用。

1. 系统的运行管理

系统运行管理制度是系统管理的一个重要内容。它是确保系统按照预定目标运行并充分发挥其效益的一切必要条件、运行机制和保障措施。通常它应该包括以下内容。

1）系统运行的组织机构

它包括各类人员的构成、各自职责、主要任务和管理内部组织结构。

2）基础数据管理

它包括对数据收集和统计渠道的管理、计量手段和计量方法的管理、原始数据管理、系统内部各种运行文件、历史文件（包括数据库文件）的归档管理等。

3）运行制度管理

它包括系统操作规程、系统安全保密制度、系统修改规程、系统定期维护制度以及系统运行状态记录和日志归档等。

4）系统运行结果分析

它就是要通过系统运行结果分析得到某种能够反映企业组织经营生产方面发展趋势的信息，提高管理部门指导企业的经营生产的能力。

2. 运行的组织机构

随着 IT 技术和社会的发展，管理信息系统在各行各业中的应用越来越广泛，其作用也越来越强大，与之相匹配的信息系统的组织机构在企业中的地位和作用也越来越健全。从信息系统在企业中的地位看，信息系统的运行组织机构有以下几种形式。

1）为企业的某业务部门所有

这种运行组织方式是一种古老的组织方式，信息管理部门为企业的某个业务单位所有。它使得信息不能成为全企业的资源，只能为其他单位提供计算能力，地位太低。

2）与企业的部门平行

信息资源可为全企业共享，各单位用机权力相等，但信息处理支持决策的能力较弱。

3）作为企业的参谋中心

这种组织方式有利于信息共享和支持决策，但容易造成脱离群众、服务不好的现象。现在的发展趋势是集散系统，既有全公司信息中心，又在使用计算机较多的部门配置微机。它实际是前两种方式的结合，但一定要加强信息资源管理，否则容易造成分散化。

8.3 系统维护

8.3.1 系统维护概述

1. 系统维护定义

系统维护是指在管理信息系统交付使用后，为了清除系统运行中发生的故障和错误，软、硬件维护人员要对系统进行必要的修改与完善；为了使系统适应用户环境的变化，满足新提出的需要，也要对原系统做些局部的更新，这些工作称为系统维护。

2. 系统维护的目的和任务

管理信息系统在完成系统实施、投入正常运行之后，就进入了系统运行与维护阶段。一般信息系统的使用寿命短则 4～5 年，长则可达 10 年以上，在信息系统的整个使用寿命中，都将伴随着系统维护工作的进行。系统维护的目的是要保证管理信息系统正常而可靠地运行，并能使系统不断得到改善和提高，以充分发挥作用。因此，系统维护的任务就是要有计划、有组织地对系统进行必要的改动，以保证系统中的各个要素随着环境的变化始终处于最新的、正确的工作状态。

8.3.2 系统的可维护性

在实际工作中，系统的维护工作难度非常大，特别是在系统开发过程中文档不健全、开发质量差，而且在系统开发过程中没有考虑维护工作，这样就会大大增加系统维护的工作量，使得系统维护成本增加，为此，在这里介绍系统的可维护性。

1. 系统可维护性定义

系统可维护性可以定性的定义为：维护人员理解、改正、改动和改进这个软件的难易程度。提高可维护性是开发管理信息系统所有步骤的关键目标，系统是否能被很好的维护，可用系统的可维护性这一指标来衡量。

2. 系统维护中常见问题

一个系统的质量高低和系统的分析、设计有很大关系，也和系统的维护有很大关系。在维护工作中常见的绝大多数问题，都可归因于系统开发的方法有缺点。下面列出在维护工作中常见的问题。

(1) 理解别人写的程序通常非常困难，而且困难程度随着软件配置成分的减少而迅速增加。如果仅有程序代码而没有说明文档，则会出现严重的问题。

（2）需要维护的系统往往没有合适的文档，或者文档资料显著不足。认识到系统必须有文档仅仅是第一步，容易理解的并且和程序代码完全一致的文档才真正有价值。

（3）当要求对软件进行维护时，不能指望由开发人员来仔细说明软件。由于维护阶段持续的时间很长，因此，当需要解释系统时，往往原来写程序的人已不在附近了。

（4）绝大多数系统在设计时没有考虑将来的修改。除非使用强调模块独立原理的设计方法论，否则修改系统既困难又容易发生差错。

3. 决定可维护性的因素

系统的可维护性可通过以下方面来衡量。

1）可理解性

可理解性是指别人理解系统的结构、界面功能和内部过程的难易程度。模块化、详细设计文档、结构化设计和良好的高级程序设计语言等，都有助于提高系统的可理解性。

对可理解性的评价，可以使用“90-10 测试”方法进行衡量，就是让一位有经验的程序员阅读一份待测试的程序清单，10 分钟后，他不看这个程序清单仅仅凭自己的理解和记忆，写出该程序，如果该程序员能够写出 90%，则认为这个程序具有很好的可理解性。

2）可测试性

可测试性是指诊断和测试系统的难易程度。诊断和测试的难易程度取决于易理解的程度。好的文档资料有利于诊断和测试，同时，程序的结构、高性能的调试工具以及周密计划的测试工序也是至关重要。为此，开发人员在系统设计和编程阶段就应尽力把程序设计成易诊断和测试的。此外，在系统维护时，应该充分利用在系统调试阶段保存下来的调试用例。

可测试性可以使用程序的复杂性来度量，程序的环路复杂性越大，程序的路径就越多，因而其可诊断和测试的难度就越大。

3）可修改性

可修改性是指程序容易修改的难易程度。诊断和测试的难易程度与系统设计所制定的设计原则有直接关系。模块的藕合、内聚、作用范围与控制范围的关系等，都对可修改性有影响。

4）系统文档

文档是系统可维护性的决定因素。由于长期使用的大型软件系统在使用过程中必然会经受多次修改，所以文档比程序代码更重要。

系统的文档可以分为用户文档和系统文档两类。

- 用户文档主要描述系统功能和使用方法，并不关心这些功能是怎样实现的；
- 系统文档描述系统设计，实现和测试等各方面的内容。

总的说来，系统文档应该满足下述要求：

- 必须描述如何使用这个系统，没有这种描述即使是最简单的系统也无法使用；
- 必须描述怎样安装和管理这个系统；
- 必须描述系统需求和设计；
- 必须描述系统的实现和测试，以便使系统成为可维护的。

5）可维护性复审资料

可维护性是所有软件都应具备的基本特点，必须在开发阶段保证软件具有可维护的特点。在软件工程的每一个阶段都应考虑并提高软件的可维护性，在每个阶段结束前的技术审查和管理复查中，应该着重对可维护性进行复审。

- 在需求分析阶段的复审过程中，应该对将来要改进的部分和可能会修改的部分加以注意并指明；应该讨论软件的可移植性问题，并且考虑可能影响软件维护的系统界面。
- 在正式的和非正式的设计复审期间，应该从容易修改、模块化和功能独立的目标出发，评价软件的结构和过程；设计中应该对将来可能修改的部分做准备。
- 代码复审应该强调编码风格和内部说明文档这两个影响可维护性的因素。

上述可维护性诸因素之间是有密切联系的。事实上，维护人员不可能修改一个他还不理解的程序，同样，如果不进行完善的诊断和测试，一个看来是正确的修改有可能导致其他错误的产生。

在实际应用中，也可通过某些其他指标来间接地对系统的可维护性进行定量描述，例如：识别问题的时间、管理上的延迟时间、维护工具的收集时间、分析和诊断问题的时间、修改的时间、调试时间、复查时间、恢复时间。

为了从根本上提高软件的可维护性，人们试图通过直接维护软件系统规格说明来维护系统，使用结构化分析和设计的开发方法就是提高系统可维护性的根本方法之一。

4. 提高可维护性的方法

为了提高系统的可维护性，可以从以下几个方面进行。

1）明确软件系统的质量目标和优先级

高质量的软件系统应该是可理解的、可测试的、可修改的、可移植的、可靠的、高效的，但要实现上述所有的目标，需要的代价很大，也不一定行得通。尽管可维护性要求每一种质量特性都得到满足，但它们的相对重要性应随程序的用途和环境的不同而不同。实践证实，强调有效性的程序所包含的错误比强调简明性的程序所包含的错误高出 10 倍。因此，应当在对程序的质量特性提出目标的同时，规定它们的优先级。

2）使用提高系统质量的技术和工具

为了提高软件系统可维护性，应尽量使用能提高软件系统质量的技术和工具。

- 模块化设计：将一个大而且复杂的系统分解为许多较小的模块，以降低系统的复杂性，使系统易于维护。如果需要修改某项功能，只需要修改相关的小模块，对其他的模块没有影响或者影响很小。如果需要增加功能也只需要增加完成此项功能的模块即可，同时还可以使得系统的各个部分能进行并行开发，提高系统的开发效率。
- 结构化程序设计技术：采用结构化程序设计技术可以得到良好的程序结构。因为它不仅使模块结构标准化，而且可以使模块间相互作用标准化。当对一个线性系统的某个模块修改时，用一个新的具有良好程序结构的模块替换整个模块，将有利于减少新的错误，并提供了用结构化逐渐替换非结构化模块的机会。
- 使用配置管理工具。

3）进行明确的质量保证审查

为了提高系统的可维护性进行必要的质量保证审查，主要包括以下 4 类。

- 在检查点进行复审。在系统开发期间的各个阶段设置检查点进行质量保证审查。系统开发期间各个检查点的检查重点如图 8-5 所示。

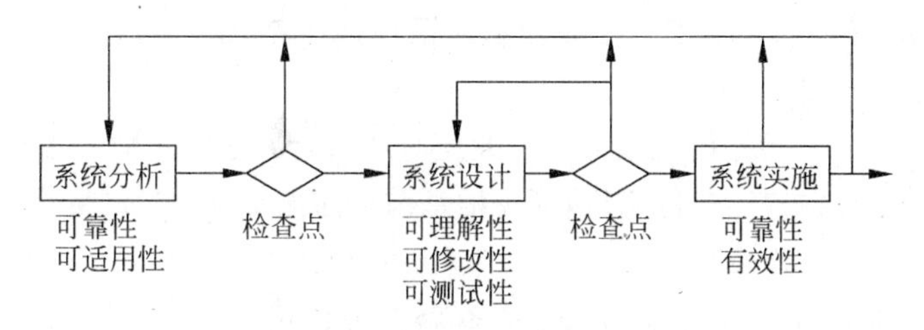

图 8-5 系统开发期间各个检查点的检查重点

- 验收检查。验收检查是系统运行前的最后一次检查，验收检查应该遵循的准则如下。
  - 需求分析标准(必须、任选、将来)：设备的、职员的、测试工具的需求等；
  - 设计标准；
  - 源代码标准；
  - 文档标准等。
- 周期性的维护审查。对已有的系统进行周期性的维护审查，每月一次或每月两次，以跟踪软件系统质量，这种周期性的维护审查实际上是开发阶段检查点复查的继续，可以同以前的检查点检查结果、验收检查结果进行比较，如果有所变化则说明软件系统质量或其他类型的问题有所变化。
- 对软件包进行检查。软件包是一种商品化的软件。用户在使用过程中可以利用卖方提供的验收测试用例，或自己重新设计新的测试用例，来检查软件包程序所执行的功能是否与用户的要求和条件一致。
- 选择有利于可维护性的程序设计语言。在系统实施阶段所使用的程序设计语言对软件系统的可维护性影响很大。高级程序设计语言比汇编语言更易于维护，而第四代语言比其他语言更容易维护。
- 提供完整和一致的文档。良好的文档使得软件系统具有较高的可维护性，所有的文档都必须符合标准的格式与约定，并通过各阶段的文档复审，对违反标准的文档进行改进。常用的文档如下。
  - 用户文档：用户手册、联机手册(命令、提示等)；
  - 操作文档：联机帮助、操作手册、运行记录、备用文件目录等；
  - 数据文档：数据模型、数据字典等；
  - 程序文档：代码注释、设计文档、系统和程序流程图、交叉引用表等；
  - 历史文档：开发日志、出错历史、维护日志等。

8.3.3 系统维护内容

1. 系统维护内容

系统维护是面向系统中各个构成因素的，按照维护对象不同，系统维护的内容可分为以下几类。

1) 程序维护

程序的维护指改写一部分或全部程序，程序维护通常都充分利用原程序。修改后的原程序，必须在程序首部的序言性注释语句中进行说明，指出修改的日期、人员。同时，必须填写程序修改登记表，填写内容包括：所修改程序的所属子系统名、程序名、修改理由、修改内容、修改人、批准人和修改日期等。

程序维护不一定在发现错误或条件发生改变时才进行，效率不高的程序和规模太大的程序也应不断地设法予以改进。一般来说，管理信息系统的主要维护工作量是对程序的维护。

2）数据维护

数据维护指的是不定期的对数据文件或数据库进行修改，这里不包括主文件或主数据库的定期更新。数据维护的内容主要是对文件或数据中的记录进行增加、修改和删除等操作，通常采用专用的程序模块。

业务处理对数据的需求是不断发生变化的，除了系统中主体业务数据的定期正常更新外，还有许多数据需要进行不定期的更新，或随环境或业务的变化而进行调整，以及数据内容的增加、数据结构的调整。此外，数据的备份与恢复等，都是数据维护的工作内容。

3）代码维护

随着系统应用范围的扩大，应用环境的变化，系统中的各种代码都需要进行一定程度的增加、修改、删除，以及设置新的代码。当有必要变更代码时，应有现场业务经办人和计算机有关人员组成专门的小组进行讨论决定，用书面格式写清并事先组织有关使用者学习，然后输入计算机并开始实施性的代码体系。代码维护过程中的关键是如何使新的代码得到贯彻。

4）硬件设备维护

主要就是指对主机及外设的日常维护和管理，如机器部件的清洗、润滑，设备故障的检修，易损部件的更换等，这些工作都应由专人负责，定期进行，以保证系统正常有效地工作。

5）机构和人员的变动

信息系统是人机系统，人工处理也占有重要地位，人的作用占主导地位。为了使信息系统的流程更加合理，有时涉及机构和人员的变动。这种变化往往也会影响对设备和程序的维护工作。

2. 系统维护的类型

系统维护的重点是系统应用软件的维护工作，按照软件维护的不同性质划分为下述4种类型。

1）纠错性维护

由于系统测试不可能揭露系统存在的所有错误，因此在系统投入运行后频繁的实际应用过程中，就有可能暴露出系统内隐藏的错误。诊断和修正系统中遗留的错误，就是纠错性维护。纠错性维护是在系统运行中发生异常或故障时进行的，这种错误往往是遇到了从未用过的输入数据组合或是在与其他部分接口处产生的，因此只是在某些特定的情况下发生。有些系统运行多年以后才暴露出在系统开发中遗留的问题，这是不足为奇的。

2）适应性维护

适应性维护是为了使系统适应环境的变化而进行的维护工作。一方面计算机科学技术迅速发展，硬件的更新周期越来越短，新的操作系统和原来操作系统的新版本不断推出，外部设备和其他系统部件经常有所增加和修改，这时必然要求信息系统能够适应新的软硬件环境，以提高系统的性能和运行效率；另一方面，信息系统的使用寿命在延长，超过了最初开发这个系统时应用环境的寿命，即应用对象也在不断发生变化，机构的调整、管理体制的改变、数据与信息需求的变更等都将导致系统不能适应新的应用环境。如代码改变、数据结构变化、数据格式以及输入/输出方式的变化、数据存储介质的变化等，都将直接影响系统的正常工作。因此有必要对系统进行调整，使之适应应用对象的变化，满足用户的需求。

3）完善性维护

在系统的使用过程中，用户往往要求扩充原有系统的功能，增加一些在系统需求规范书中没有规定的功能与性能特征，以及对处理效率和编写程序的改进。例如，有时可将几个小程序合并成一个单一的运行良好的程序，从而提高处理效率；增加数据输出的图形方式；增加联机在线帮助功能；调整用户界面等。尽管这些要求在原来系统开发的需求规格说明书中并没有，但用户要求在原有系统基础上进一步改善和提高；并且随着用户对系统的使用和熟悉，这种要求可能不断提出。为了满足这些要求而进行的系统维护工作就是完善性维护。

4）预防性维护

系统维护工作不应总是被动地等待用户提出要求后才进行，应进行主动的预防性维护，即选择那些还有较长使用寿命，目前尚能正常运行，但可能将要发生变化或调整的系统进行维护，目的是通过预防性维护为未来的修改与调整奠定更好的基础。例如，将目前能应用的报表功能改成通用报表生成功能，以应付今后报表内容和格式可能的变化，根据对各种维护工作分布情况的统计结果，一般纠错性维护占21%，适应性维护占25%，完善性维护达到50%，而预防性维护以及其他类型的维护仅占4%，可见系统维护工作中，一半以上的工作是完善性维护。

8.3.4　系统维护过程

1．系统维护步骤

许多人或许认为系统开发完成并运行后，维护工作就比较简单，不需要预先拟定方案或加以认真准备。事实上不是这样，通常情况下，维护比开发更困难，需要更多的创造性工作。首先维护人员必须用较多的时间理解别人编写的程序和文档，且对系统的修改不能影响该程序的正确性和完整性。其次，整个维护的工作又必须在所规定的很短时间内完成。系统维护要特别谨慎，要严格按照系统维护制度进行，常见的系统维护实施步骤如图8-6所示。

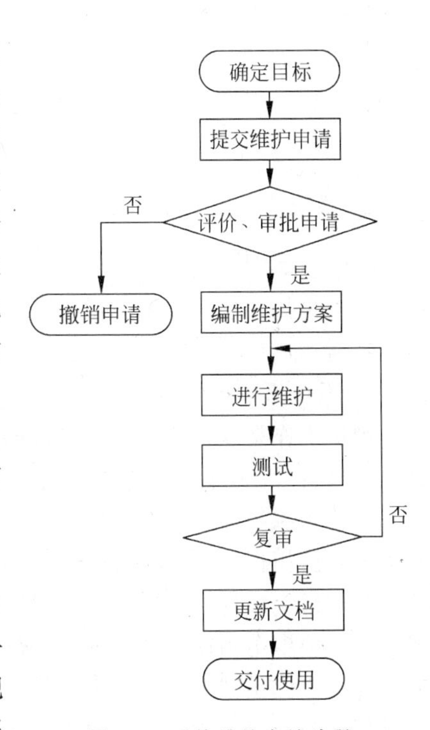

图8-6　系统维护实施步骤

1）确定目标

维护一个系统，首先必须明确维护的目标，只有目标确定了，才能正确地完成后期的维护工作。

2）提交申请

明确目标后，用户应当以书面的形式提交维护申请报告书。不同类型的维护，申请报告的内容不一样，对于纠错性维护，申请报告需要完整地描述出现错误的环境。对于适应性维护和完善性维护，申请报告书应该提出简要的需求规格说明。

3）申请的评价与审批

系统的维护需要对申请报告中维护的性质、维护的内容、预计工作量、维护的缓急程度、修改后可能产生的变化等进行审核和评价。对于不妥的维护要求，要与用户进行协商，给予修改或撤销。对于合理的维护要求要进行审批。

4）制定维护方案

维护申请审批后，维护人员必须先理解要维护的系统，然后建立一个维护方案；由于程序的修改涉及面较广，某处修改很可能会影响其他模块的程序，所以建立维护方案后要加以考虑的重要问题是修改的影响范围和波及面的大小。

5）维护

制定好维护方案后，按照预定维护方案修改程序。在维护过程中应当特别注意维护产生的副作用，因为在修改过程中，维护人员往往把注意力集中到修改部分，而忽视系统中未修改部分，因此容易产生潜在的错误。

6）测试

系统修改后，还要对程序和系统的有关部分进行重新测试，若测试发现较大问题，则要重复上述步骤。

7）复审

通过测试后，有关部门需要对维护工作进行审核，不能满足维护要求的应重新修改。

8）更新文档

经过审核确认的修改，要对文档进行更新。

9）交付使用

修改相应文档后，交付使用，结束本次维护工作。

系统维护是在原有系统的基础上进行修改、调整和完善，使得系统能够不断适应新环境、新需要。但是，当对系统的修改困难多，工作量很大，花费过大，修改不再生效时，就应该研制新系统，开始一个新的系统的生命周期，原有系统的生命周期到此结束。

2. 系统维护的组织和管理

为了能够有效地维护工作，首先应该建立一个系统维护组织机构，由这个组织机构来进行维护申请的评价与审核、对维护工作结果进行评审，而且由这个组织机构来制定一个合适的维护活动过程。

1）系统维护组织机构

维护工作是软件系统开发单位的责任，通常情况下不需要设置正式的维护组织机构，但是，对于软件系统开发团队而言，委托责任也是非常必要的。

维护组织机构通常是由软件系统开发单位根据所开发的系统规模的大小，指定一名高级管理人员担任，或者是由高级管理人员和专业人员组成维护领导小组。

维护组织机构的责任是负责管理本单位开发的系统的维护工作。管理的内容主要包括对系统维护申请的审查与批准、系统维护活动的计划与安排、系统维护人力资源的分配、批准并向用户提供维护工作结束后的工作结果（例如软件的新版本）以及对维护工作进行评价与分析等。

具体的维护工作,可以由原开发小组承担,也可以指定专门的维护小组。每个维护要求都通过维护管理员转交给相应的系统管理员去评价。系统管理员是被指定去熟悉一小部分产品程序的技术人员。系统管理员对维护任务做出评价以后,提交给维护授权人决定应该进行的活动。

2）系统维护申请

应用标准化的格式表达所有软件维护要求。软件维护人员通常给用户提供空白的维护申请表——有时称为软件问题报告表,这个表格由要求维护活动的用户填写。

维护申请是一个由标准化的格式表达的所需要进行维护的要求。申请是维护活动的基础,通常是由用户填写,不同类型的维护填写的内容不一样,如前所述,如果是纠错性维护,那么必须完整描述导致出现错误的环境(包括输入数据、全部输出数据以及其他有关信息)。对于适应性和完善性的维护要求,应该提出一个简短的需求说明书。由维护管理员和系统管理员评价用户提交的维护要求表。

维护的主要内容包括以下信息:

- 满足维护申请表中提出的要求所需要的工作量;
- 维护申请要求的性质;
- 这项申请要求的优先次序;
- 与修改有关的数据。

在完成软件维护任务之后,进行环境复查常常是有好处的。一般来说,这种复查试图回答下述问题:

- 在当前环境下设计、编码或测试的哪些方面能用不同的方法进行?
- 哪些维护资源是应该有而事实上是没有的?
- 对于这项维护工作什么是主要的(以及次要的)障碍?
- 要求的维护类型中有预防性维护吗?

环境复查对将来维护工作的进行有重要影响,而且所提供的反馈信息对有效地管理软件组织十分重要。

8.4 管理信息系统评价

管理信息系统投入使用后,是否发挥了为管理服务的作用,是否实现了用户提出的目标,这都需要进行全面的分析和检验,给出一个真实的、客观的评价。

8.4.1 评价概述

1. 管理信息系统评价特点

管理信息系统的评价与其他工程系统的评价相比具有自己的特点。管理信息系统中包括了信息资源、技术设备、人和环境的诸多因素,系统的效能是通过信息的作用和方式表现出来的,而信息的作用又通过人在一定的环境中,借助以计算机技术为主体的工具进行决策和行动表现出来的。因此,管理信息系统的效能既有有形的,也有无形的;既有直接的,也有间接的;既有固定的,也有变动的。所以,管理信息系统的评价具有复杂性和特殊性。

系统评价的主要依据是系统日常运行记录和现场实际监测得到的数据。评价的结果可以作为系统维护、更新以及进一步开发的依据。通常新系统的第一次评价与系统的验收同时进行，以后每隔半年或一年进行一次。参加首次评价工作的有系统研制人员、系统管理人员、用户和系统专家，以后参加各次评价工作的主要是系统管理人员和用户。大型管理信息系统开发分成一期工程、二期工程、三期工程等阶段。前期工程的评价，对决定是否继续开发后续工程有参考作用。

2. 评价的目的和作用

系统评价的主要目的有以下几方面。

- 检查系统的总体目标是否达到用户期望的要求。
- 检查系统的功能是否达到预期设计要求，还存在哪些不足。
- 检查系统的各项运行指标是否达到预期设计要求。
- 比较系统的实际使用效果与预期设计要求的差异。
- 根据评价结果，提出系统的进一步改进意见，并形成系统评价报告。

对于一个管理信息系统而言，如果评价的结果使得用户非常不满意，问题较大，也就是建议修改之处较多，修改的工作量大，从经济上来看，修改还不如重新研制一个新系统，那么原系统就应该报废，研制新的系统，否则损失会非常大。

8.4.2 评价的指标体系

管理信息系统的评价是一项难度非常大的工作，它属于多目标评价问题。目前大部分的系统评价处于非结构化阶段，只能就部分评价内容列出可度量的指标，不少内容还只能用定性的方法做出描述性的评价。评价指标可分为经济指标、性能指标和应用指标三个方面。

- 经济指标：包括系统开发费用、系统收益、投资回收期和系统运行维护预算等。
- 性能指标：包括系统的 MTBF(平均无故障时间)、联机作业响应时间、吞吐量或处理速度、系统利用率、对输入数据的检查和功能、输出信息的正确性和精确度、操作方便性、安全保密性、可靠性、可扩充性、可移植性等。
- 应用指标：包括企业领导、管理人员、业务人员对系统的满意程度，管理业务覆盖面，对生产过程的管理深度，提高企业管理水平，对企业领导的决策参考作用，外部环境对系统的评价等。

8.4.3 评价方法

目前常用的管理信息系统评价方法有层次分析法、模糊综合评判法、灰色综合评判法、数据包络法、德尔菲法、神经网络法等。

1. 层次分析法

层次分析法从系统观点出发，把复杂的问题分解为若干层次和若干要素。并将这些因素按照一定的关系分组，以形成有序的递阶层次结构，通过两两比较判断的方式，确定每一层中因素的相对重要性，然后在递阶层次结构内进行合成，以得到决策因素相对于目标的重要性的总顺序。

2. 模糊综合评判法

模糊综合评判法是利用集合论和模糊数学理论将模糊信息数值化以进行定量评价的方法，是一种模糊综合决策的数学工具，在难以用精确数学方法描述的复杂系统问题方面有其独特的优越性。

3. 灰色综合评判法

一个实际运行的系统是灰色系统，在这个系统中，有些信息是可知的，有的信息知道得不准确或完全不知。尽管系统表象复杂，数据离散，信息不完全，但是其中必然潜伏着某些内在的规律，系统中各种因素总是相互联系的。

4. 数据包络法

数据包络法是以相对效率概念为基础，通过使用数学规划模型比较决策单元之间的相对效率来定量做出评价。数据包络法可以用来评价技术有效性和规模有效性，对信息企业的效益评价是一种很好的方法。

5. 德尔菲法

德尔菲法是依据一定的程序，采用匿名发表意见的方式，即专家之间不能相互讨论，不发生横向联系，只能与调查人员发生关系，通过多次调查专家对问卷所提问题的看法，经过反复征询、归纳、修改，最后汇总成专家基本一致的看法，作为预测的结果。

6. 神经网络法

神经网络是由许多简单的信息处理单元组成，具有强大的非线性映射能力，还具有适应、自组织、自学习的特性，并且从近似的、不确定的、甚至相互矛盾的知识环境中做出决策，可以避免人为计取权重和计算相关系数等环节。

在实际的评价过程中，上述几种方法经常结合起来使用。

8.5 思考与练习

1. 系统运行前有哪些准备工作？
2. 系统的转换方法有哪些？
3. 系统维护的目的和任务是什么？
4. 系统维护中有哪些常见问题？
5. 系统维护的内容是什么？
6. 简述系统维护过程。
7. 系统评价的目的是什么？
8. 评价管理信息系统的指标有哪几个方面？

管理信息系统应用

通过前面几章的学习，我们对管理信息系统分析、设计、实施与维护工作有了足够的认识。从本章开始到第10章，我们将学习管理信息系统的应用与高级应用，包括企业资源计划、客户关系管理、决策支持系统等。

本章介绍管理信息系统的基本应用，包括企业资源计划和客户关系管理。通过本章的学习，实现以下目标：

- 了解企业资源管理的目的、作用和内容等；
- 了解客户关系管理的含义、基本功能及分析指标。

9.1 管理信息系统应用概述

各种管理信息系统的功能、目标、特点和服务对象是不同的，按照应用范围可以将管理信息系统分为：企业信息管理系统、政务信息管理系统、商务信息管理系统、公共事业信息管理系统等。

企业管理信息系统主要面向工厂、企业，并对其进行管理信息的加工处理，这是一类最复杂的管理信息系统，一般涵盖订单、采购、销售、存货、生产管理、客户关系、经营分析、财务管理、人力资源管理、办公自动化等系统功能，实现对企业物流、资金流和信息流的集成管理，实现从计划（订单）到生产、从采购到销售、从业务到财务、从产品到客户的一体化管理。企业管理信息系统包含着现代化企业管理的手段和方法（如ERP（Enterprise Resource Planning，ERP）、CRM（Customer Relationship Management，CRM）等），采用先进的信息技术，因而常被作为典型的管理信息系统进行研究。下面详细介绍ERP与CRM。

9.2 企业ERP信息系统

9.2.1 ERP的简介

ERP即企业资源规划，是由美国Gartner Group咨询公司在1993年首先提出的，作为当今国际上一个最先进的企业管理模式，它在体现当今世界最先进的企业管理理论的同时，也提供了企业信息化集成的最佳解决方案。它把企业的物流、人流、资金流、信息流统一起来进行管理，以求最大限度地利用企业现有资源，实现企业经济效益的最大化。那么，究竟什么是 ERP 呢？

我们可以从管理思想、软件产品、管理系统三个层次给出它的定义。

(1) 管理思想层次：ERP 是由美国著名的计算机技术咨询和评估集团 Garter Group Inc. 提出的一整套企业管理系统体系标准，其实质是在 MRPII（Manufacturing Resources Planning，"制造资源计划"）基础上进一步发展而成的面向供应链（supply chain）的管理思想；

(2) 软件产品层次：ERP 是综合应用了客户机/服务器体系、关系数据库结构、面向对象技术、图形用户界面、第四代语言（4GL）、网络通信等信息产业成果，以 ERP 管理思想为灵魂的软件产品；

(3) 管理系统层次：ERP 是整合了企业管理理念、业务流程、基础数据、人力物力、计算机硬件和软件于一体的企业资源管理系统。

这三个层次之间的关系如图 9-1 所示。

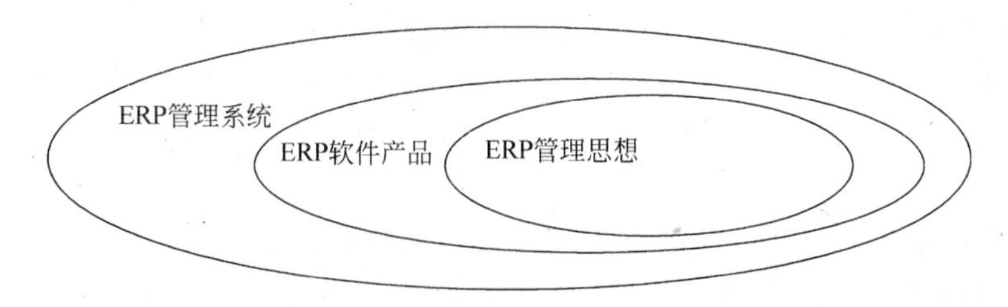

图 9-1　ERP 概念层次关系

综合以上不同层次的定义，我们看出，ERP 其实就是建立在信息技术基础上，以系统化的管理思想，为企业决策层及员工提供决策运行手段的管理平台。ERP 就是一个系统，一个对企业资源进行有效共享与利用的系统。

ERP 是从 MRP（物料需求计划）发展而来的新一代集成化管理信息系统，它扩展了 MRP 的功能，其核心思想是供应链管理。它跳出了传统企业边界，从供应链范围去优化企业的资源。ERP 系统集信息技术与先进管理思想于一身，成为现代企业的运行模式，反映时代对企业合理调配资源、最大化地创造社会财富的要求，成为企业在信息时代生存、发展的基石。它对于改善企业业务流程、提高企业核心竞争力具有显著作用。

ERP 的主要宗旨是对企业所拥有的人、财、物、信息、时间和空间等资源进行综合平衡和优化管理，协调企业各管理部门，围绕市场导向开展业务活动，提高企业的核心竞争力，从而取得最好的经济效益。所以，ERP 首先是一个软件，同时是一个管理工具。它是 IT 技术与管理思想的融合体，也就是先进的管理思想借助计算机来达成企业的管理目标。

9.2.2　ERP 的目的和作用

1. 实施 ERP 的目的

在一个企业中实施 ERP 的主要目的就是：

(1) 提供集成的信息系统，实现业务数据和资料的共享；

(2) 理顺和规范业务流程，消除业务处理过程中的重复劳动，实现业务处理的标准化和规范化；

(3) 由于数据处理由系统自动完成，准确性和及时性大大提高，分析手段更加规范和多样，不但减轻了工作强度，还将帮助企业管理人员从烦琐的事务处理中解放出来，用更多的时间研究业务过程中存在的问题，研究并运用现代管理方法改进管理；

(4) 加强内部控制，在工作控制方面做到分工明确，实时控制，随时反映每一环节存在的问题，系统可以提供绩效评估所需要的数据；

(5) 自动协调各部门的业务，使企业的资源得到统一规划和运用，降低库存，加快资金周转，将各部门联合成一个富有团队精神的整体，协调运作；

(6) 公司的决策层能够实时得到企业动态的经营数据，通过 ERP 协调的模拟功能协助进行正确的决策。

2. 实施 ERP 的作用

应用 ERP 在企业管理中能起到巨大的作用，主要体现在以下几个方面。

(1) 提供集成的信息系统，实现业务数据和资料的即时共享。ERP 要求企业内部消除"信息孤岛"，在整个企业范围内实现集成和共享，这也是一个理想的 ERP 所具备的基本功能。

(2) 理顺和规范业务流程，消除业务处理过程中的重复劳动，实现业务处理的标准化和规范化，提供数据集成。业务处理的随意性被系统禁止，使得企业管理的基础工作得以加强，工作的质量进一步得到保证。

(3) 由于数据的处理由系统自动完成，数据的准确性与及时性大大提高，分析手段更加规范和多样化，不但减轻了工作强度，还帮助企业管理人员从烦琐的事务处理中解放出来，用更多的时间研究业务过程中存在的问题，研究并运用现代管理方法改进管理，促进现代管理方法在企业中的广泛应用。(这也符合"例外管理"原则的要求)

(4) 加强内部控制，在工作控制方面能够做到分工明确，实时控制，对每一环节中存在的问题都可以随时反映出来，系统可以提供绩效评定所需要的数据。

(5) 通过系统的应用自动协调各部门的业务，使企业的资源得到统一规划和运用，降低库存，加快资金周转的速度，将各部门联成一个富有团队精神的整体，协调运作。

(6) 帮助决策，公司的决策层能实时得到企业动态的经营数据，通过 ERP 的模拟功能来协助进行正确的决策。

9.2.3 ERP 的发展和基本内容

1. ERP 的发展历程

在 18 世纪工业革命后，人类进入了工业经济时代，社会经济的主体是制造业。工业经济时代竞争的特点就是产品生产成本上的竞争，规模化大生产(mass production)是降低生产成本的有效方式。由于生产的发展和技术的进步，大生产给制造业带来了许多困难，主要表现在：生产所需的原材料不能准时供应或供应不足；零部件生产不配套，且积压严重；产品生产周期过长和难以控制，劳动生产率下降；资金积压严重，周转期长，资金使用效率降低；市场和客户需求的变化，使得企业经营计划难以适应。总之，降低成本的主要矛盾就是要解决库存积压与物料短缺问题。为了解决这个关键问题，1957年，美国生产与库存控制协会(APICS)成立，开始进行生产与库存控制方面的研究与理论传播。

ERP系统发展经历了时段式MRP、闭环MRP、MRPⅡ和ERP4个阶段，是在近50年的信息技术应用实践中逐步形成的。ERP系统的功能与性能也是随着企业信息化发展逐步完善，至今还在向深度与广度发展。其结构如图9-2所示。

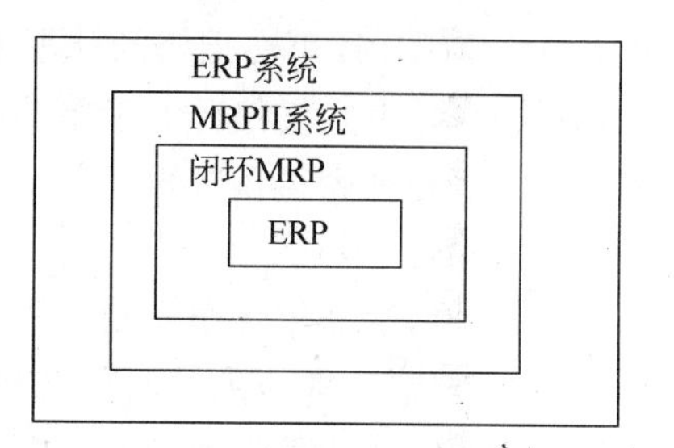

图9-2 ERP形成结构

从图9-2可知，时段式MRP是闭环MRP的一个核心组成部分，闭环MRP是MRPⅡ的一个核心组成部分，MRPⅡ是ERP系统的一个核心组成部分。因此，一般制造企业实现ERP系统必须从构建时段式MRP开始。经过闭环MRP和MRPⅡ，最终实现ERP系统。

1）基本MRP阶段

随着20世纪60年代计算机的商业化应用开始，第一套物料需求计划MRP(Material Requirements Planning)软件面世并应用于企业物料管理工作中。MRP由以下三部分构成。

- 主生产计划。主生产计划是确定每一具体的最终产品在每一具体时间段内生产数量的计划，主要是对企业的生产任务进行规划和组织，包括企业要生产的产品，生产产品的数量，预计完成生产任务的时间等。
- 产品结构与物料清单。产品结构与物料清单是MRP系统正确计算物料需求的时间和数量的基础，它使系统明确了自己所制造的产品的产品结构和所要用到的物料。产品结构具体表现了构成产品或装配件的所有物料的组成、装配关系和数量要求。
- 库存信息。库存信息回答此物现在有多少。

2）作为一种生产计划与控制系统的闭环MRP阶段

在20世纪70年代，人们在MRP基础上，一方面把生产能力作业计划、车间作业计划和采购作业计划纳入MRP中，同时在计划执行过程中，加入来自车间、供应商和计划人员的反馈信息，并利用这些信息进行计划的平衡调整，从而围绕着物料需求计划，使生产的全过程形成一个统一的闭环系统，这就是由早期的MRP发展而来的闭环式MRP，闭环式MRP将物料需求按周甚至按天进行分解，使得MRP成为一个实际的计划系统和工具，而不仅仅是一个订货系统，这是企业物流管理的重大发展。

3）MRP Ⅱ阶段

闭环MRP系统的出现，使生产计划方面的各种子系统得到了统一。只要主生产计划真正制订好，那么闭环MRP系统就能够很好地运行。但这还不够，因为在企业的管理中，生产管理只是一个方面，它所涉及的是物流，而与物流密切相关的还有资金流。这在许多企业中是由财会人员另行管理的，这就造成了数据的重复录入与存储，甚至造成数据的不一致性。降低了效率，浪费了资源。于是人们想到，应该建立一个一体化的管理系统，去掉不必要的重复性工作，减少数据间的不一致性现象和提高工作效率。实现资金流与物流的统一管理，要求把财务子系统与生产子系统结合到一起，形成一个系统整体，这使得闭环MRP向MRP II前进了一大步。最终，在20世纪80年代，人们把制造、财务、销售、采购、工程技术等各个子系统集成为一个一体化的系统，并称为制造资源计划（Manufacturing Resource Planning）系统，英文缩写还是 MRP，为了区别物料需求计划系统（也缩写为 MRP）而记为 MRP II。MRP II 可在周密的计划下有效地利用各种制造资源、控制资金占用、缩短生产周期、降低成本，但它仅仅局限于企业内部物流、资金流和信息流的管理。它最显著的效果是减少库存量和减少物料短缺现象。

4）ERP 发展

到 20 世纪 90 年代中后期，现实社会开始发生革命性变化，即从工业经济时代开始步入知识经济时代，企业所处的时代背景与竞争环境发生了很大变化，企业资源计划 ERP 系统就是在这种时代背景下面世的。在 ERP 系统设计中考虑到仅靠自己企业的资源不可能有效地参与市场竞争，还必须把经营过程中的有关各方如供应商、制造工厂、分销网络、客户等纳入一个紧密的供应链中，才能有效地安排企业的产、供、销活动，满足企业利用一切市场资源快速高效地进行生产经营的需求，以期进一步提高效率和在市场上获得竞争优势；同时也考虑了企业为了适应市场需求变化，不仅组织“大批量生产”，还要组织“多品种小批量生产”。在这两种情况并存时，需要用不同的方法来制订计划。

2. ERP 包括的基本内容

美国著名的计算机技术咨询和评估集团 Gartner Group 提出 ERP 具备的功能标准应包括以下 4 个方面。

1）超越 MRPⅡ范围的集成功能

包括质量管理；实验室管理；流程作业管理；配方管理；产品数据管理；维护管理；管制报告和仓库管理。

2）支持混合方式的制造环境

包括既可支持离散又可支持流程的制造环境；按照面向对象的业务模型组合业务过程的能力和国际范围内的应用。

3）支持能动的监控能力，提高业务绩效

包括在整个企业内采用控制和工程方法；模拟功能；决策支持和用于生产及分析的图形能力。

4）支持开放的客户机/服务器计算环境

包括客户机/服务器体系结构；图形用户界面（GUI）；计算机辅助设计工程（CASE），面向对象技术；使用 SQL 对关系数据库查询；内部集成的工程系统、商业系统、数据采集和外部集成（EDI）。

ERP 是对 MRPⅡ的超越，从本质上看，ERP 仍然是以 MRPⅡ为核心，但在功能和技术上却超越了传统的 MRPⅡ，它是以顾客驱动的、基于时间的、面向整个供应链管理的企业资源计划。

随着 ERP 系统功能的不断扩大和性能提高，其应用不断普及，应用对象不再局限在制造业，已涉及商业、服务业和金融业等行业。为使强大的功能与众多的应用有机地协调，将 ERP 系统划分为若干个功能模块，这些模块既能独立运行，又能集成运行，可以提高系统运行效率和降低企业信息化成本。这里以典型的生产企业为例子来介绍 ERP 的功能模块，ERP 系统的一般功能结构如图 9-3 所示。

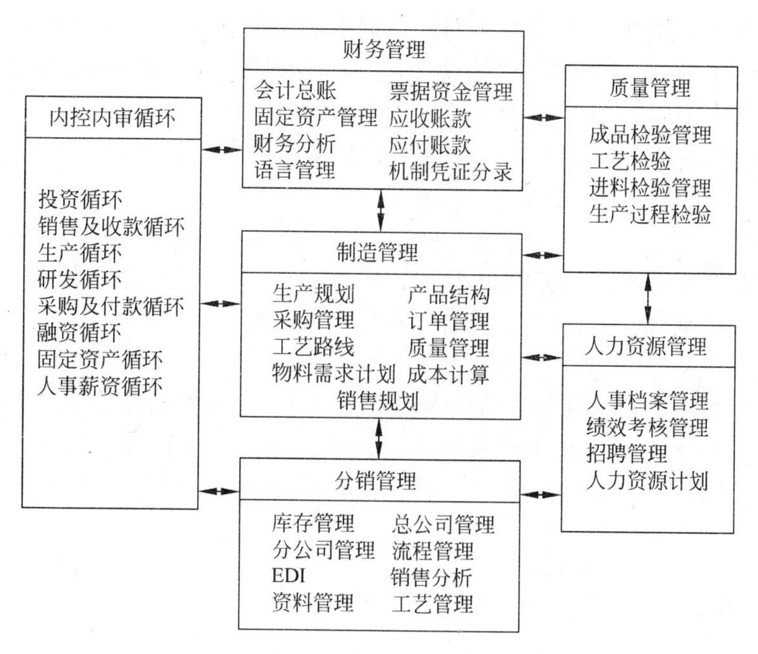

图 9-3 ERP 系统功能结构

从功能上看，ERP 系统由制造管理、财务管理、分销管理、人力资源管理、质量管理和内控内审循环等子系统组成。各个子系统又有若干个功能模块组成。

制造管理实现闭环 MRP 的所有功能，侧重在物流管理与控制，财务管理体现了 MRPⅡ的功能特点，融合物流管理过程，从价值角度和经济管理的角度描述企业经营活动和资金链；分销管理将制造企业内控延伸到企业之间，实现了跨地区、跨国经营管理模式；人力资源管理有机地将企业经营活动所需人力资源进行有机协调，使其最大程度地发挥作用；质量管理不仅融合了企业生产过程与质量标准体系，而且全面地提高了质量可追溯性和全员质量意识；内控内审循环有机地监控企业的各种流程，通过内控内审的活动确保经营处于最佳状态。

9.2.4 ERP 的实施

ERP 借用一种新的管理模式来改造原企业旧的管理模式，是先进的、行之有效的管理思想和方法。ERP 软件在实际的推广应用中，其应用深度和广度都不到位，多数企业的效果不显著，没有引起企业决策者的震动和人们的广泛关注。实施 ERP 需要注意以下几点。

1. 实施 ERP 是企业管理全方位的变革

企业领导层应该首先是受教育者，其次才是现代管理理论的贯彻者和实施者，规范企业管理及其有关环节，使之成为领导者、管理层及员工自觉的行动，使现代管理意识扎根于企业中，成为企业文化的一部分。

2. 企业管理班子要取得共识

要眼睛向内，练好内功，做好管理的基础工作，这是任何再好的应用软件和软件供应商都无法提供的，只能靠自己勤勤恳恳的耕耘。把 ERP 的实施称为“第一把手工程”，这说明了企业的决策者在 ERP 实施过程中的特殊作用。ERP 是一个管理系统，牵动全局，没有第一把手的参与和授权，很难调动全局。

3. ERP 的投入是一个系统工程

ERP 的投入和产出与其他固定资产设备的投入和产出比较，并不那么直观、浅显和明了，投入不可能马上得到回报，见到效益。ERP 的投入是一个系统工程，并不能立竿见影，它所贯彻的主要是管理思想，这是企业管理中的一条红线。它长期起作用、创效益，在不断深化中向管理要效益。

此外，实施 ERP 还要因地制宜，因企业而别，具体问题具体分析。首先，要根据企业的具体需求上相应的系统。其次，这种投入不是一劳永逸的，由于技术的发展很快，随着工作的深入，企业会越来越感到资源的紧缺，因此，每年应有相应的投入，才能保证系统健康地运转。

4. ERP 的实施需要复合型人才

他们既要懂计算机技术，又要懂管理。

9.3 CRM 系统

9.3.1 CRM 定义

CRM 就是客户关系管理。从字面上来看，是指企业用 CRM 来管理与客户之间的关系。CRM 是选择和管理有价值客户及其关系的一种商业策略，CRM 要求以客户为中心的商业哲学和企业文化来支持有效的市场营销、销售与服务流程。CRM 是一个获取、保持和增加可获利客户的方法和过程。

CRM 的核心是客户价值管理，它将客户价值分为既成价值、潜在价值和模型价值，通过一对一营销原则，满足不同价值客户的个性化需求，提高客户忠诚度和保有率，实现客户价值持续贡献，从而全面提升企业盈利能力。尽管 CRM 最初的定义为企业商务战略，但随着 IT 技术的参与，CRM 已经成为管理软件，是一种以信息技术为手段有效提高企业收益、客户满意度、雇员生产力的具体软件和实现方法。

在不同场合下，CRM 可能是一个管理学术语，也可能是一个软件系统，而通常我们所指的 CRM，是指用计算机自动化分析销售、市场营销、客户服务以及应用支持等流程的软件系统。它的目标就是通过对企业业务流程的全面管理来降低企业成本，通过提供更快速和周到的优质服务来吸引和保持更多的客户。

9.3.2 CRM 系统基本功能

CRM 的基本功能可以归纳为三个方面：

- 对销售、营销和客户服务三部分业务流程的信息化；

- 与客户进行沟通所需要的手段(如电话、传真、网络、E-mail 等)的集成和自动化处理；
- 对上面两部分功能所积累下的信息进行的加工处理，产生客户智能，为企业的战略战术的决策作支持。

1. 销售模块

销售是销售模块的基础，用来帮助决策者管理销售业务，它包括的主要功能是额度管理、销售力量管理和地域管理。现场销售管理，为现场销售人员设计，主要功能包括联系人和客户管理、机会管理、日程安排、佣金预测、报价、报告和分析。现场销售掌上工具，这是销售模块的新成员，该组件包含许多与现场销售组件相同的特性，不同的是，该组件使用的是掌上型计算设备。电话销售，可以进行报价生成、订单创建、联系人和客户管理等工作，还有一些针对电话商务的功能，如电话路由、呼入电话屏幕提示、潜在客户管理以及回应管理。销售佣金，它允许销售经理创建和管理销售队伍的奖励和佣金计划，并帮助销售代表形象地了解各自的销售业绩。

2. 营销模块

营销模块对直接市场营销活动加以计划、执行、监视和分析。营销，使得营销部门实时地跟踪活动的效果，执行和管理多样的、多渠道的营销活动。针对电信行业的营销部件，在上面的基本营销功能基础上，针对电信行业的 B2C 的具体实际增加了一些附加特色。其他功能，可帮助营销部门管理其营销资料、列表生成与管理、授权和许可、预算、回应管理。

3. 客户服务模块

目标是提高那些与客户支持、现场服务和仓库修理相关的业务流程的自动化并加以优化服务。可完成现场服务分配、现有客户管理、客户产品全生命周期管理、服务技术人员档案、地域管理等。通过与企业资源计划的集成，可进行集中式的雇员定义、订单管理、后勤、部件管理、采购、质量管理、成本跟踪、发票、会计等。

4. 呼叫中心模块

目标是利用电话来促进销售、营销和服务电话管理员。主要包括呼入呼出电话处理、互联网回呼、呼叫中心运营管理、图形用户界面软件电话、应用系统弹出屏幕、友好电话转移、路由选择等。开放连接服务，支持绝大多数的自动排队机，如 Lucent，Nortel，Aspect，Rockwell，Alcatel，Erisson 等。语音集成服务，支持大部分交互式语音应答系统。报表统计分析，提供了很多图形化分析报表，可进行呼叫时长分析、等候时长分析、呼入呼叫汇总分析、座席负载率分析、呼叫接失率分析、呼叫传送率分析、座席绩效对比分析等。管理分析工具，进行实时的性能指数和趋势分析，将呼叫中心和座席的实际表现与设定的目标相比较，确定需要改进的区域。代理执行服务，支持传真、打印机、电话和电子邮件等，自动将客户所需的信息和资料发给客户，可选用不同配置使发给客户的资料有针对性。自动拨号服务，管理所有的预拨电话，仅接通的电话才转到座席人员那里，节省了拨号时间。市场活动支持服务，管理电话营销、电话销售、电话服务等。呼入呼出调度管理，根据来电的数量和座席的服务水平为座席分配不同的呼入呼出电话，提高了客户服务水平和座席人员的生产率。多渠道接入服务，提供与 Internet 和其他渠道的连接服务，充分利用话务员的工作间隙，收看 E-mail、回信等。

5. 电子商务模块

此部件使得企业能建立和维护基于互联网的店面，从而在网络上销售产品和服务。电子营销，与电子商店相联合，电子营销允许企业能够创建个性化的促销和产品建议，并通过 Web 向客户发出。电子支付，这是电子商务的业务处理模块，它使得企业能配置自己的支付处理方法。电子货币与支付，利用这个模块后，客户可在网上浏览和支付账单。电子支持，允许顾客提出和浏览服务请求、查询常见问题、检查订单状态。电子支持部件与呼叫中心联系在一起，并具有电话回拨功能。

9.3.3 CRM 分析指标与实施步骤

CRM 常用的分析指标有：

- 客户概况分析(profiling)包括客户的层次、风险、爱好、习惯等；
- 客户忠诚度分析(persistency)指客户对某个产品或商业机构的忠实程度、持久性、变动情况等；
- 客户利润分析(profitability)指不同客户所消费的产品的边缘利润、总利润额、净利润等；
- 客户性能分析(performance)指不同客户所消费的产品按种类、渠道、销售地点等指标划分的销售额；
- 客户未来分析(prospecting)包括客户数量、类别等情况的未来发展趋势、争取客户的手段等；
- 客户产品分析(product)包括产品设计、关联性、供应链等；
- 客户促销分析(promotion)包括广告、宣传等促销活动的管理。

CRM 项目的实施可以分为 3 步，即应用业务集成，业务数据分析和决策执行。

(1) 应用业务集成。将独立的市场管理、销售管理与售后服务进行集成，提供统一的运作平台。将多渠道来源的数据进行整合，实现业务数据的集成与共享。这一环节的实现，使系统使用者可以在系统内得到各类数据的真实记录，代表目前真实发生的业务状况。

(2) 业务数据分析。对 CRM 系统中的数据进行加工、处理与分析将使企业受益匪浅。对数据的分析可以采用 OLAP 的方式进行，生成各类报告；也可以采用业务数据仓库(Business Information Warehouse)的处理手段，对数据做进一步的加工与数据挖掘，分析各数据指标间的关联关系，建立关联性的数据模型用于模拟和预测。这一步所取得的结果将是非常重要的，它不单反映业务目前状况同时也对未来业务计划的调整起到指导作用。

(3) 决策执行。依据数据分析所提供的可预见性的分析报告，企业可以将在业务过程中所学到的知识加以总结利用，对业务过程和业务计划等做出调整。通过调整达到增强与客户之间的联系，使业务运作更适应市场要求。

9.4 ERP案例分析

先从一个案例入手看MIS和ERP系统在企业管理中的具体应用效果。

宅急送IT应用案例：

IT初体验。1995年春节期间，宅急送的快递业务在圈子里逐渐有了名气和好口碑。宅急送物流公司使用单纯的手工处理票据已经吃不消了，必须买个电脑。于是，宅急送花了2000元买了一台电脑请一个搞计算机的人编了一个电脑开票的软件。于是，手工开票的问题解决了。宅急送人第一次感受到电脑的力量。这之后，尝到甜头的宅急送陆续买了多台电脑，分别发给财务、库房、受理等。各职能部门都可以进行独立的统计。但是，问题很快又出现了，这么多台电脑各自为政，无法实现信息的共享。各职能科室的员工们劳动量减少了，但老板自己的工作量并没有减轻。这怎么办？

宅急送请来北京理工大学搞MIS的老师和学生。针对宅急送开发了一套MIS，MIS真正发挥出了作用。业务操作层面的操作基本电子化了。而且，该系统沿用至今，宅急送人使得还很顺手。

以ERP为中心。2001年，新的技术难题出现了，虽然MIS系统解决了业务操作的电子化问题，特别是其中的接线受理等模块应用效果良好。但是，存在着统计部门与业务部门、财务部门与统计部门等之间的信息无法共享等问题。另外，各营业所、分公司与地区本部之间的信息传递问题也无法圆满解决。这是MIS系统天生的缺陷。还有，条形码无法与MIS系统进行集成，无法实现对货物的动态跟踪，不能发挥出它的更大能量。网上速递配送系统与MIS系统也没有接口，无法实现网下订单的查询。

IT技术必须集成，但原有的MIS已无能为力。MIS所用的技术不能扩展，架构非常封闭，改造很难。既不能与其他系统连接，也不能实现网络功能。在此时，上ERP系统显得势在必行。

经过两个多月的筛选，宅急送选中了择易信息技术有限公司为其开发设计实施的ERP系统。一年多的时间里，双方反复磋商，走过了从需求调研到IT系统规划，然后设计开发，再到安装测试等每一步。

目前，宅急送正处于ERP上线测试的阶段。宅急送的计划是，先在宅急送北京公司运行ERP系统，待系统完善后，再陆续推广应用到上海、广州、武汉、成都、西安等主要物流网络节点，最后在全国的宅急送物流配送网络上实现ERP，构建起全国完整的企业信息系统。

宅急送的全国分支机构很多。以前，通信联络和信息传递完全依赖传真和电话。这样造成工作效率低且成本很高。2001年宅急送一年的电话费用仅北京地区就花了150多万元。通信费用占年营业收入的10%以上，仅次于公司的人力成本。宅急送推算，ERP系统完善以后，每一个环节要节省1/3的费用。但是，宅急送的ERP要想在全国实现协同运作，前提条件是必须建设一个全国的通信平台，以保证ERP系统数据流的正常、安全、稳定传输。

从上面这个案例中，可以看出MIS与ERP系统最大的不同是：MIS是把公司现有的管理思想和运行模式借助计算机等工具使其信息化，从而减少手工劳动量，提高工作效率，减少工作时间，企业的根本运行模式是没有改变的；而 ERP 系统则是完全重新引进一套更科学、高效的管理模式，企业的根本管理模式发生了改变。

9.5 思考与练习

1. 什么是 ERP？
2. 实施 ERP 的目的是什么？
3. ERP 的基本内容包括哪些？
4. 什么是 CRM？
5. CRM 的基本功能是什么？

第10章 决策支持系统

决策支持系统是向更高一级发展而产生的先进信息管理系统，为决策者提供分析问题、建立模型、模拟决策过程和方案的环境，调用各种信息资源和分析工具，帮助决策者提供决策水平和质量。

本章主要介绍决策支持系统的相关基础知识，包括决策支持系统的基本概念、决策方法、决策支持系统的功能、决策支持系统的体系结构以及决策支持系统的其他形式等。通过本章的学习，实现以下目标：

- 了解决策支持系统的基本概念与分类；
- 掌握决策支持系统的功能与决策方法；
- 了解决策支持系统的体系结构；
- 了解智能决策支持系统与群体决策支持系统。

10.1 决策支持系统概述

10.1.1 基本问题

1. DSS 的产生与发展

决策支持系统(Decision-making Support System，DSS)是在传统管理信息系统的基础之上形成与发展的，DSS 产生的原因如下。

(1) 传统 MIS 的局限性。

20 世纪 60 年代到 70 年代是传统 MIS 蓬勃发展的时期，MIS 的出现为人们对信息系统在管理领域的发展带来了巨大的希望。然而，随着时间的推移，人们发现它并不像预期的那样能给企业带来巨大的效益。分析其原因，人们逐步认识到，忽视人在管理领域和系统处理中的作用以及未强调对决策工作的积极支持是导致传统 MIS 失败的原因之一。信息系统的最终目的是为管理服务的，只有当一个信息系统与管理、决策和控制联系在一起时才能充分发挥其效益。

(2) 人们对信息处理规律认识的提高是 DSS 产生与发展的内在动力。

随着信息系统在管理领域实践的发展，人们对信息处理规律的认识也在逐步提高。人们逐步认为到，像 MIS，EDPS 那样完成例行的日常信息处理任务只是信息系统在管理领域中应用的初级阶段，要想进一步提高它的作用，对管理工作做出实质性的贡献，就必须面对不断变化的环境需求,研究更高级的系统,直接支持决策。这是 DSS 产生与发展的内在动力。

(3) 计算机应用技术的发展为 DSS 提供了物质基础。

同其他系统一样,DSS 也有一个产生与发展过程。

1) 早期的 DSS

20 世纪 70 年代中期,由美国麻省理工学院的 Michael S. Scott 和 Peter G. W. Keen 首次提出了"决策支持系统"一词,标志着利用计算机与信息支持决策的研究与应用进入了一个新的阶段,并形成了决策支持系统新学科。在整个 20 世纪 70 年代,研究开发出了许多较有代表性的 DSS。例如:

- 支持投资者对顾客证券管理日常决策的 Profolio Management;
- 用于产品推销、定价和广告决策的 Brandaid;
- 用以支持企业短期规划的 Projector 及适用于大型卡车生产企业生产计划决策的 Capacity Information System 等。

到 20 世纪 70 年代末,DSS 大都由模型库、数据库及人机交互系统等三个部件组成,它被称为初阶决策支持系统。

2) 智能化的 DSS

20 世纪 80 年代知识工程、人工智能和专家系统的兴起,为处理不确定性领域的问题提供了技术保证,使 DSS 朝着智能化方向大大前进了一步,形成了今天 DSS 的结构,确定了 DSS 在技术上要研究的问题。

20 世纪 80 年代初,DSS 增加了知识库与方法库,构成了三库系统或四库系统。

- 知识库系统:是有关规则、因果关系及经验等知识的获取、解释、表示、推理及管理与维护的系统。知识库系统知识的获取是一大难题,但几乎与 DSS 同时发展起来的专家系统在此方面有所进展。
- 方法库系统:是以程序方式管理和维护各种决策常用的方法和算法的系统。

20 世纪 80 年代后期,人工神经元网络及机器学习等技术的研究与应用为知识的学习与获取开辟了新的途径。专家系统与 DSS 相结合,充分利用专家系统定性分析与 DSS 定量分析的优点,形成了智能决策支持系统 IDSS,提高了 DSS 支持非结构化决策问题的能力。

3) 群体决策支持系统

DSS 与计算机网络技术结合构成了新型的能供异地决策者共同参与进行决策的群体决策支持系统,群体决策支持系统(Group Decision Support System,GDSS)。GDSS 利用便捷的网络通信技术在多位决策者之间沟通信息,提供良好的协商与综合决策环境,以支持需要集体做出决定的重要决策。在 GDSS 的基础上,为了支持范围更广的群体,包括个人与组织共同参与大规模复杂决策,人们又将分布式的数据库、模型库与知识库等决策资源有机地集成,构建分布式决策支持系统(DSSS)。群体决策比个体决策更合理、更科学。但是由于群体成员之间存在价值观念等方面的差异,也带来了一些新的问题。从技术上讲,个体 DSS 是 GDSS 的基础,但要增加一个接口操作环境,支持群体成员更好地相互作用。

4) 行为导向的 DSS

行为导向(behavior oriented)的 DSS 是从行为科学角度来研究对决策过程的支持。主要研究对象是人,而不是以计算机为基础的信息处理系统,主要是利用对决策行为的引导来支持决策，而不仅仅是用信息支持。

研究与应用范围不断扩大与层次不断提高，国外相继出现了多种高功能的通用和专用DSS。SIMPLAN，IFPS，GPLAN，EXPRESS，EIS，EMPIRE，GADS，VISICALC，GODDESS等都是国际上很流行的决策支持系统软件。

- 1983年，R. 博奇克研制成功DSS的开发系统(DSSDS)；
- DSS与人工智能相结合，出现了智能化DSS(IDSS)；
- 1984年，DSS与计算机网络相结合，出现了群体DSS(GDSS)。

现在，决策支持系统已逐步扩大，应用于大、中、小型企业中的预算分析、预算与计划、生产与销售、研究与开发等智能部门，并开始应用于军事决策、工程决策、区域开发等方面。

2. DSS定义

有关DSS的严格定义目前还是一个值得进一步探讨的问题。决策支持统一词最早是由美国MIT的高端(Gorry)和斯柯特·莫顿(Scott Morton)等人于1971年提出的。随后经很多学者不断地努力，才逐步发展形成了目前的决策支持系统。DSS是以管理科学、运筹学、控制论和行为科学为基础，以计算机技术、模拟技术和信息技术为手段，面对半结构化的决策问题，支持决策活动的具有智能作用的人机计算机系统。它能为决策者提供决策所需要的数据、信息和背景材料，帮助明确决策目标和进行问题的识别，建立或修改决策模型，提供各种备选方案，并对各种方案进行评价和优选，通过人机对话进行分析、比较和判断，为正确决策提供有益帮助。

3. DSS的目标

DSS所追求的目标为：不断地研究和吸收信息处理其他领域的发展成果，研究决策分析和决策制定过程所特有的某些问题，并不断地将其形式化、规范化，逐步用系统来取代人的部分工作，以全面支持人进行更高层次的研究和更进一步决策。在这里，系统支持人进行研究和决策工作效率的提高是DSS所追求的主要目标。

4. DSS的任务

弄清DSS的主要任务对于研究和理解目前DSS的发展是很重要的。DSS的主要任务为：

(1) 分析和识别问题；

(2) 描述和表达决策问题以及决策知识；

(3) 形成候选的决策方案(目标、规则、方法和途径等)；

(4) 构造决策问题的求解模型(如数学模型、运筹学模型、程序模型、经验模型等)；

(5) 建立评价决策问题的各种准则(如价值准则、科学准则、效益准则等)；

(6) 多方案、多目标、多准则情况下的比较和优化；

(7) 综合分析，包括把决策结果或方案分到特定的环境中所作的“情景分析(scenario analysis)”，决策结果或方案对实际问题可能产生的作用和影响分析，以及各种环境因素、变量对决策方案或结果的影响程度分析等。

10.1.2 DSS与MIS的关系

决策支持系统与管理信息系统之间既有区别又有联系。

1. 决策支持系统与管理信息系统的区别

决策支持系统与管理信息系统可以从以下几个方面进行比较。

1）形成时间及起因

因为决策是管理的职能之一，而“管理就是决策”的说法只是强调决策在管理中极其重要的一种突出化表达方式。MIS要早于DSS，且DSS的出现处于MIS尚不成熟的阶段，这也是DSS强调MIS不足而高于MIS的原因之一。尽管MIS的发展不如人意，但MIS形成的起因要明显地比DSS宽阔。

2）名称

MIS表达的含义也要比DSS广泛。

3）特征描述

决策问题的类型或决策问题的结构化程度，MIS并未做出限制，这无论从Gardon B. Davis的定义或中国企业管理百科全书的定义都可看出，两者都认为MIS是一种人机系统，强调人在系统中的重要作用，也明确应具有决策支持或辅助功能，但关于人的作用方式有所区别，决策问题类型的看法有所出入。DSS突出地强调人机交互作用及人的定性分析与机器的定量计算相结合却是一个明显的特色。

4）实际内容

MIS确实较多的是关于结构化的决策支持。但以动态的眼光看，决策支持功能的实现要有一个由低到高的发展过程，如果将DSS所要追求的目标与MIS发展过程中的某一点比较，就会显得两者不同。显然这种观察分析方式与DSS本身也有一个发展过程的事实不相符合。

2. 决策支持系统与管理信息系统的关系

决策支持系统与管理信息系统的关系有以下4种观点。

(1) MIS是一个总概念，DSS是MIS发展的高级阶段或高层子系统。

(2) DSS是鉴于MIS的不足而推出的目标不同于MIS的新型系统。

(3) MIS是DSS的基础部分，也即DSS包括提供决策信息的MIS，MIS是DSS的一个子系统。

(4) 有广义与狭义之分，就狭义而言，MIS与DSS是不同的系统，就广义而言，DSS是MIS的分系统。可见关键在于对MIS的界定不同。

由此可见DSS的目标是MIS本来就要追求的目标之一，只是这个目标的具体实现是在DSS的名义之下而已。DSS与MIS目标一致，起点不同。

10.1.3 决策的分类

决策按其性质可分为如下3类：

- 结构化决策，是指对某一决策过程的环境及规则，能用确定的模型或语言描述，以适当的算法产生决策方案，并能从多种方案中选择最优解的决策。
- 非结构化决策，是指决策过程复杂，不可能用确定的模型和语言来描述其决策过程，更无所谓最优解的决策。
- 半结构化决策，是介于以上二者之间的决策，这类决策可以建立适当的算法产生决策方案，使决策方案中得到较优的解。

非结构化和半结构化决策一般用于一个组织的中、高管理层，其决策者一方面需要根据经验进行分析判断，另一方面也需要借助计算机为决策提供各种辅助信息，及时做出正确有效的决策。

10.2　决策方法与DSS功能

10.2.1　决策分析与决策方法

决策分析，一般指从若干可能的方案中通过决策分析技术，如期望值法或决策树法等，选择其一的决策过程的定量分析方法。决策分析一般分5个步骤：

(1) 形成决策问题，包括提出方案和确定目标；

(2) 判断自然状态及其概率；

(3) 拟定多个可行方案；

(4) 评价方案并做出选择；

(5) 实施方案。

决策往往不可能一次完成，而是一个迭代过程。决策可以借助于计算机决策支持系统来完成，在此过程中，可用人机交互方式，由决策人员提供各种不同方案的参量并选择方案。

决策方法包括定性决策方法和定量决策方法两大类。

1. 定性决策方法

定性决策方法是决策者根据所掌握的信息，通过对事物运动规律的分析，在把握事物内在本质联系基础上进行决策的方法。定性决策方法有下述几种。

1) 头脑风暴法

头脑风暴法，也叫思维共振法，即通过有关专家之间的信息交流，引起思维共振，产生组合效应，从而导致创造思维。

2) 特尔菲法

特尔菲法是由美国著名的兰德公司首创并用于预测和决策的方法，该方法是以匿名方式通过轮询征求专家的意见，组织预测小组对每一轮的意见进行汇总整理后作为参考再发给各专家，供他们分析判断以提出新的论证。几轮反复后，专家意见渐趋一致，最后供决策者进行决策。

3) 哥顿法

"哥顿法"是美国人哥顿于1964年提出的决策方法。该法与头脑风暴法相似，由会议主持人先把决策问题向会议成员详细地介绍，然后由会议成员(即专家成员)讨论解决方案；

当会议进行到适当时机时，决策者将决策的具体问题展示给小组成员，使小组成员的讨论进一步深化，最后由决策者吸收讨论结果进行决策。

4）淘汰法

它是根据一定的条件和标准，对全部备选的方案筛选一遍，淘汰达不到要求的方案，缩小选择的范围。

5）环比法

它是在所有方案中进行两两比较，优者得 1 分，劣者得 0 分，最后以各方案得分多少为标准选择方案。

2. 定量决策方法

定量决策方法，是指利用数学模型进行优选决策方案的决策方法。根据数学模型涉及问题的性质（或者说根据所选方案结果的可靠性），定量决策方法一般分为确定型决策、风险型决策和不确定型决策方法三种。

- 确定型决策就是一种方案只有一种结果，比较确定，没有什么风险，比如企业确定盈亏平衡点的产量，当市场有把握销售，按盈亏平衡点的产量生产时，那么这就是一种比较肯定的决策。
- 不肯定型决策又可以叫不确定型决策，它对于将来可能发生的情况掌握不了，甚至连客观的概率都不知道，主要靠决策者的经验和想象去判断。
- 而风险型决策，即在不肯定的情况下的决策，这种决策能用概率来预测，虽然未来发生的自然状态不可知，但根据过去的经验和某些数据可以得知其发生的概率，而且可以知道对于每种状态下所采取的不同方案的损益值，这叫风险型决策方法。

一般来说越是组织的最高主管人员所做出的决策越倾向于战略型的、非常规的、科学的、非肯定型的决策；越是组织的下层主管人员所做的决策越倾向于战术型的、常规的、经验的、肯定型的决策。

1）确定型决策方法（盈亏平衡分析）

确定型决策方法的特点是只有一种选择，决策没有风险，只要满足数学模型的前提条件，数学模型就会给出特定的结果。属于确定型决策方法的主要有盈亏平衡分析模型和经济批量模型。主要要求掌握盈亏平衡分析。

2）风险型决策方法（决策树）

决策树就是用树枝分叉形态表示各种方案的期望值，剪掉期望值小的方案枝，剩下的最后的方案即是最佳方案。决策树由决策结点、方案枝、状态结点、概率枝 4 个要素组成。

3）不确定型决策方法

在风险型决策方法中，计算期望值的前提是能够判断各种状况出现的概率。如果出现的概率不清楚，就需要用不确定型方法，这主要有三种，即冒险法、保守法和折中法。采用何种方法取决于决策者对待风险的态度。

10.2.2 DSS 的功能

DSS 的目标就是要在人的分析与判断能力的基础上借助计算机与科学方法支持决策者对半结构化和非结构化问题进行有序的决策，以获得尽可能令人满意的、客观的解或方案。DSS的目标要通过所提供的功能来实现，系统的功能由系统结构所决定，不同结构的DSS功能不尽相同。在总体上，DSS的功能可归纳如下。

（1）管理并随时提供与决策问题有关的组织内部信息。如：订单要求、库存状况、生产能力与财务报表等。

（2）收集、管理并提供与决策问题有关的组织外部信息。如：政策法规、经济统计、市场行情、同行动态与科技进展等。

（3）收集、管理并提供各项决策方案执行情况的反馈信息。如：订单或合同执行进程、物料供应计划落实情况、生产计划完成情况等。

（4）能以一定的方式存储和管理与决策问题有关的各种数学模型。如：定价模型、库存控制模型与生产调度模型等。

（5）能够存储并提供常用的数学方法及算法。如：回归分析方法、线性规划、最短路径算法等。

（6）上述数据、模型与方法能容易地修改和添加。如：数据模式的变更、模型的连接或修改、各种方法的修改等。

（7）能灵活地运用模型与方法对数据进行加工、汇总、分析、预测，得出所需的综合信息与预测信息。

（8）具有方便的人机对话和图像输出功能，能满足随机的数据查询要求，回答“如果……则……”之类的问题。

（9）提供良好的数据通信功能，以保证及时收集所需数据并将加工结果传送给使用者。

（10）具有使用者能忍受的加工速度与响应时间，不影响使用者的情绪。

10.2.3　DSS的概念模式

决策支持系统的概念模式反映DSS的形式及其与“真实系统”、人和外部环境的关系。其建立是开发中最初阶段的工作，它对决策问题与决策过程的分析加以描述。基本概念模式如图10-1所示。

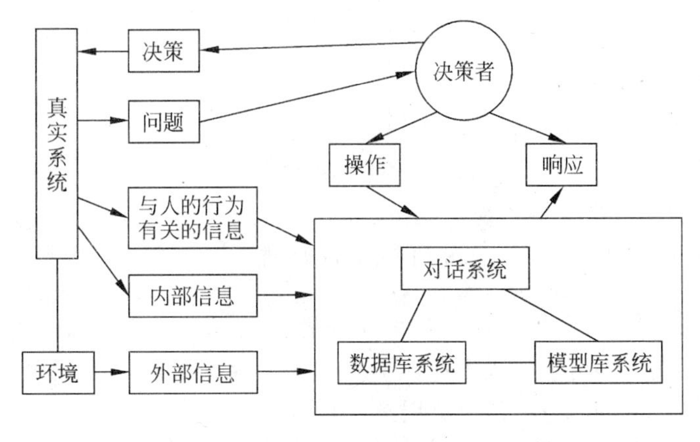

图10-1　决策支持系统的概念模式

决策者运用自己的知识，把他和DSS的响应输出结合起来对他所管理的“真实系统”进行决策。对“真实系统”而言，提出的问题和操作的数据是输出信息流，而人们的决策则是输入信息流。图 10-1 的下部表示了与 DSS 有关的基础数据，它包括来自真实系统并经过处理的内部信息、环境信息、与人的行为有关的信息等。图 10-1 的右边是最基本的 DSS，由模型库系统、数据库系统和人机对话系统等组成。决策者运用自己的知识和经验，结合 DSS 响应的输出，对他所管理的“真实系统”进行决策。

决策者在决策过程中处于中心地位，因此在基本模式中同样地占据着核心位置。由于 DSS 使用者面临的决策规则与步骤不完全确定，所以决策过程难以明晰表达。决策者的素质、解决问题的风格、所采用的方法都有较大差异，使得 DSS 的模式在专用与通用、自动化程度的高低这两对矛盾中进行折中。一般情况下，我们应倾向于采用在求解过程、用户环境、适应性等方面具有较高柔性的、更多地强调决策者主观能动性的通用模式。

10.3 DSS 体系结构

10.3.1 DSS 的体系结构

DSS 部件之间的关系构成了 DSS 的系统结构，系统的功能主要由系统结构决定。目前 DSS 的系统结构大致有两类：一类是以数据库、模型库、方法库、知识库及对话管理等子系统为基础部件构成的多库系统结构。另一类是以自然语言、问题处理、知识库等子系统为基础部件构成的系统结构。

1. 三角式结构

由数据库、模型库等子系统与对话子系统成三角形分布的结构，也是 DSS 最基本的结构。其体系结构如图 10-2 所示。

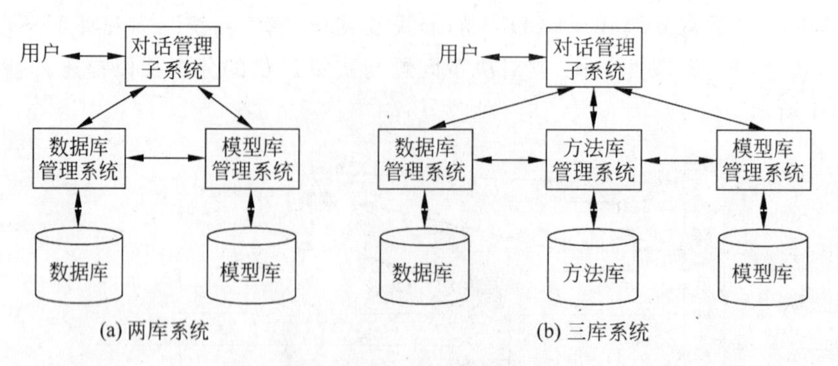

图 10-2 三角式结构

对话管理子系统是 DSS 人机接口界面，决策者作为 DSS 的用户通过该子系统提出信息查询的请求或决策支持的请求。对话管理子系统对该请求做检验，形成命令，为信息查询的请求进行数据库操作，提取信息，传送给用户。

对决策支持的请求将识别问题与构建模型，从方法库中选择算法，从数据库中读取数据，运行模型库中的模型，运行结果通过对话子系统传送给用户或暂存数据库待用。

应用 DSS 做决策的过程是一个人机交互的启发式过程，因此问题的解决过程往往要分解成若干阶段，一个阶段完成后用户获得阶段的结果及某些启示，然后进入下一阶段的人机对话，如此反复，直至用户形成决策意见，确定问题的解。三角式系统结构以人机对话子系统为中介，它与数据库、模型库及方法库两两之间都有互相通信的接口与直接的联系。

2. 串联结构

以对话管理子系统为牵头，将模型库与数据库以直线方式连接，其结构如图 10-3 所示。

串联结构的特点是对话子系统不直接与数据库子系统联系，而是通过模型库子系统转达操作请求，因此模型库子系统必须设有用户操作数据库的转接功能。串联结构由于省去了对话子系统与数据库子系统之间的接口而使系统结构较简单。

3. 其他结构

融合式系统结构：将数据库子系统与模型库子系统融为一体，其结构如图 10-4 所示。

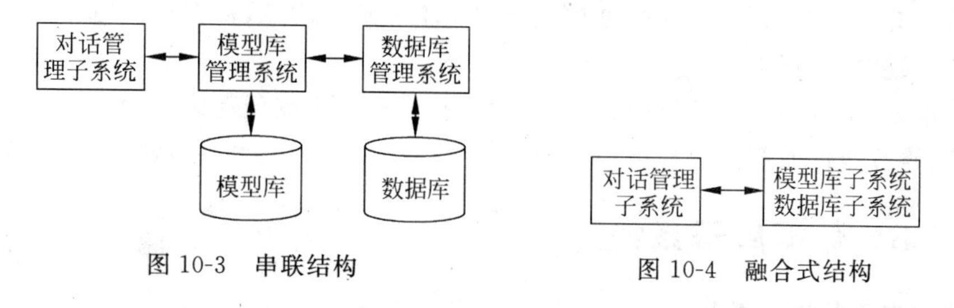

图 10-3 串联结构　　图 10-4 融合式结构

融合式系统结构的特点是其数据库子系统与模型库子系统互相不独立，模型库中的模型运行时直接调用数据库中的数据。缺点是更换数据库子系统时，模型库子系统需做较大的改动，也即系统的移植性较差。

数据库为中心的系统结构：于融合式结构的基础上在数据库子系统与模型库子系统之间增设了统一的模型管理标准接口。这种结构间接调用数据库中的数据，避免了模型对数据库结构的依赖，使模型库子系统与数据库子系统相对独立。

10.3.2 人机对话子系统

1. 人机对话子系统概念

人机对话子系统是 DSS 中用户和计算机的接口，在操作者、模型库、数据库和方法库之间起着传送(包括转换)命令和数据的重要作用，其核心是人机界面。人机对话子系统是 DSS 的一个窗口，它的好坏标志着该系统的实用水平。

2. 人机对话子系统设计目标

从系统实用角度，人机对话子系统设计的目标如下。

- 能使用户了解系统所能提供的数据、模型及方法的情况。

如：数据模式与范围，模型种类、数量、用途及运行要求等。

- 通过“如果……则……”(what…if…)方式提问。
- 对请求输入有足够的检验与容错能力，给用户某些必需的提示与帮助。

- 通过运行模型使用户取得或选择某种分析结果或预测结果。
- 在决策过程结束之后，能把反馈结果送入系统，对现有模型提出评价及修正意见。
- 当需要的时候，可以按使用者要求的方式，很方便地以图形及表格等表达方式输出信息、结论及依据等。

从系统维护的检验评价角度，人机对话子系统设计的目标是：

- 能帮助维护人员了解系统运行的状况，分析存在的问题，找出改进的方法。
- 报告模型的使用情况（次数、结果、使用者的评价及改进要求）。
- 利用统计分析工具，分析偏差的规律及趋势，为找出症结提供参考。
- 临时性地、局部性地修改模型，运行模型，并将结果与实际情况对比，以助于发现问题。
- 在模型与方法之间，安排不同的使用方式与组合方式，以便进行比较分析。

从系统维护的允许修改角度，人机对话子系统设计的目标是：

- 能通过对话方式接受系统修改的要求。
- 检查有关修改的要求，提醒维护人员纠正不一致的问题，补充遗漏细节，对可能出现的问题提出警告。
- 根据要求，自动迅速地修改系统，这包括在模型库中登记新模型、建立各种必要的联系、修改数据库等。

10.3.3 数据库子系统

1. 数据库子系统的概念

数据或信息是减少决策不确定性的要素，是分析判断的依据。数据库子系统是存储、管理、提供与维护用于决策支持数据的 DSS 基本部件，是支撑模型库子系统及方法库子系统的基础。

2. 数据库子系统的组成

数据库子系统由数据库、数据析取模块、数据字典、数据库管理系统及数据查询模块等部件组成。其结构如图 10-5 所示。

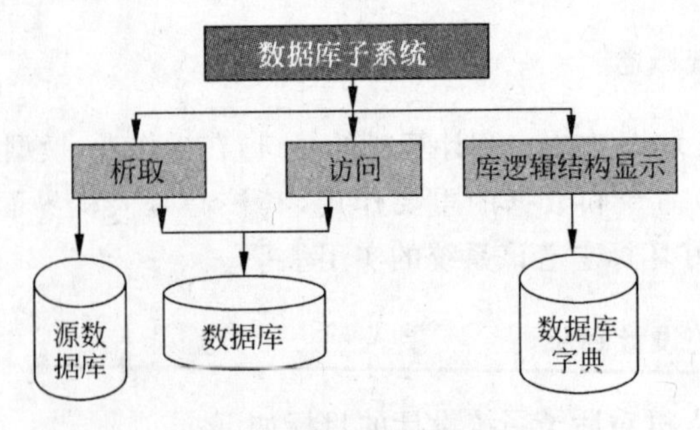

图 10-5　数据库子系统结构

1）数据库

DSS 数据库中存放的数据大部分来源于 MIS 等信息系统的数据库，这些数据库被称为源数据库。源数据库与 DSS 数据库的区别在于用途与层次的不同，是模型库、方法库和对话系统的基础部分。

2）数据析取模块

数据析取模块负责从源数据库提取能用于决策支持的数据，析取过程也是对源数据进行加工的过程，是选择、浓缩与转换数据的过程。由于源数据量大、渠道多、变化频繁，格式与口径也不一定统一，数据的析取既复杂又费时，为此一般应将其作为一项日常操作来处理。

3）数据字典

用于描述与维护各数据项的属性、来龙去脉及相互关系。

4）数据库管理系统

用于管理、提供与维护数据库中的数据，也是与其他子系统的接口。

5）数据查询模块

用来解释来自人机对话及模型库等子系统的数据请求，通过查阅数据字典确定如何满足这些请求，并详细阐述向数据库管理系统的数据请求，最后将结果返回对话子系统或直接用于模型的构建与计算。

10.3.4 模型库子系统

1. 模型库子系统的概念

模型库子系统是构建和管理模型的计算机软件系统，它是 DSS 中最复杂与最难实现的部分。DSS 用户是依靠模型库中的模型进行决策的，因此我们认为 DSS 是由“模型驱动的”。

2. 应用模型获得输出结果的三种作用

(1) 直接用于制定决策；模型对应于那些结构性比较好的问题，其处理算法是明确规定了的，表现在模型上，其参数值是已知的。

(2) 对决策的制定提出建议；有些参数值并不知道，需要使用数理统计等方法估计这些参数的值。由于不确定因素的影响，参数值估计的非真实性，以及变量之间的制约关系，因此用这些模型计算得出的输出一般只能辅助决策或对决策的制定提出建议。

(3) 用来估计决策实施后可能产生的后果。对于战略性决策，由于决策模型涉及的范围很广，其参数有高度的不确定性，所以模型的输出一般用于估计决策实施后可能产生的后果。

3. 模型库子系统的组成

由模型库和模型库管理系统两部分组成，其结构如图 10-6 所示。

1）模型库

用于存储决策模型，是模型库子系统的核心部件。实际上模型库中主要存储的是能让各种决策问题共享或专门用于某特定决策问题的模型基本模块或单元模型，以及它们间的关系。使用 DSS 支持决策时，根据具体问题构造或生成决策支持模型，这些决策支持模型如有再用的可能性则也可存储于模型库。如果将模型库比作一个成品库，则该仓库中存放的是成品的零部件、成品组装说明、某些已组装好的半成品或成品。从理论上讲，利用模型库中的“元件”可以构造出任意形式且无穷多的模型，以解决任何所能表述的问题。

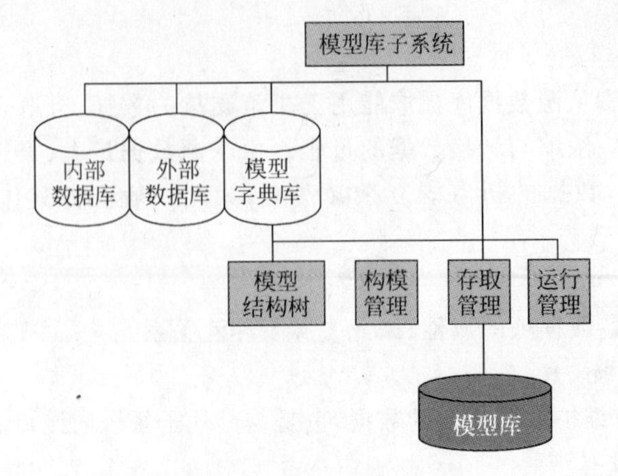

图 10-6 模型库子系统结构

用单元模型构造的模型或决策支持模型可分为：模拟方法类、规划方法类、计量经济方法类、投入产出方法类等，其中每一类又可分为若干子类。例如，模型按照经济内容可分类为：

- 预测类模型，如产量预测模型、消费预测模型等。
- 综合平衡模型，如生产计划模型、投入产出模型等。
- 结构优化模型，如能源结构优化模型、工业结构优化模型等。
- 经济控制类模型，如财政税收、信贷、物价、工资、汇率等对国家经济的综合控制模型等。

模型基本单元在模型库中的存储方式目前主要有子程序、语句、数据及逻辑关系等 4 种方式，逻辑方式主要用于智能决策支持系统。

- 以子程序方式存储：是常用的原始存储方式，它将模型的输入、输出格式及算法用完整的程序表示。该方式的缺点是不利于修改，还会造成各模型相同部分的存储冗余。
- 以语句方式存储：用一套建模语言以语句的形式组成与模型各部分相对应的语句集合，再予以存储。该方式与子程序方式有类似性，但朝面向用户方向前进了一步。
- 以数据方式存储：其特点是把模型看成一组用数据集表示的关系，便于利用数据库管理系统来操作模型库，使模型库和数据库能用统一的方法进行管理。

2）模型库管理系统

主要功能是模型的利用与维护。

- 模型的利用：包括决策问题的定义和概念模型化，从模型库中选择恰当的模型或单元模型构造具体问题的决策支持模型，以及运行模型。
- 模型的维护：包括模型的连接、修改与增删等。
- 模型库子系统是在与 DSS 其他部件的交互过程中发挥作用的。
  - ■ 与数据库子系统的交互可获得各种模型所需的数据，实现模型输入、输出和中间结果存取自动化；
  - ■ 与方法库子系统的交互可实现目标搜索、灵敏度分析和仿真运行自动化等；
  - ■ 与人机对话子系统之间的交互，模型的使用与维护实质上是用户通过人机对话子系统予以控制与操作的。

10.3.5 方法库子系统

1. 方法库子系统的概念

方法库子系统是存储、管理、调用及维护 DSS 各部件要用到的通用算法、标准函数等方法的部件，方法库中的方法一般用程序方式存储。

2. 方法库子系统的组成

由方法库与方法库管理系统组成。

1）方法库

方法库是存储方法模块的工具，方法库内存储的方法程序一般有：排序算法、分类算法、最小生成树算法、最短路径算法、计划评审技术（PERT）、线性规划、整数规划、动态规划、各种统计算法、各种组合算法等。

按方法的存储方式，方法库可以被分为：层次结构型方法库、关系型方法库、语义网络模型结构方法库和含有人工智能技术的方法库等。

2）方法库管理系统

方法库管理系统是方法库系统的核心部分，是方法库的控制机构。

10.3.6 DSS 技术

DSS 具有专用 DSS、DSS 生成器与 DSS 工具等三个技术层次，面向不同的人员，起着不同的作用，三个层次相互间有着依托支撑的关系。

1. 专用 DSS

专用 DSS 是面向用户的能够提供决策支持功能的基于计算机的信息系统。目前的 DSS 都是针对某一个或某一类特定的问题域的，因此专用 DSS 就是我们通称的 DSS。

2. DSS 生成器

DSS 生成器是一种能用来迅速和方便地研制构造专用 DSS 的计算机硬件和软件系统。它包括数据管理、模型管理和对话管理所需的技术以及能将它们有机地结合起来的接口。通过 DSS 生成器可根据决策者的要求、决策问题域与决策环境等在较短的时间里生成一个专用的 DSS。

3. DSS 工具

DSS 工具是可用来构造专用 DSS 和 DSS 生成器的基础技术与基本硬件和软件单元。选择 DSS 工具的现成技术与构件快速地构造专用 DSS 或研制 DSS 生成器可提高 DSS 的标准化程度，改善可维护性，显著地加快开发进度，降低开发难度与开发费用。

4. 三种技术层次间的相互关系

上述三种技术层次间的相互关系：专用 DSS 属于最高层次，它可由 DSS 工具构成，也可以由DSS生成器产生。DSS生成器属于中间层，可以被设想为一个由各种DSS工具组成的软件包。DSS工具属于最基层。

10.4 DSS的其他形式

10.4.1 智能决策支持系统

智能决策支持系统(Intelligence Decision Supporting System，IDSS)是计算机管理系统向智能化和产业化发展的第四代产物。其特点是：

- 将人工智能的概念、方法和技术，如专家系统、知识工程、模式识别、图像处理、神经网络引入，以提高系统的智能水平。
- 在OA、DSS和MIS的基础上扩展计算机管理系统的功能，开发具有全方位管理的集成化系统。智能决策支持系统多采用"多库协同技术"，比较典型的是四库协同系统，即数据库、知识库、模型库和方法库。

人工智能应用的两大分支是专家系统(ES)和人工神经网络(ANN)。IDSS是在传统DSS的基础上结合人工智能技术而形成的。

- 专家系统是以计算机为工具，利用专家知识及知识推理等技术来理解与求解问题的知识系统。专家系统的优点是在结构上增设了知识库、推理机与问题处理系统，人机对话部分还加入了自然语言处理功能。弱点是知识获取困难。因为它是人工地把各种专家知识从人类专家的头脑中或其他知识源那里转换到知识库中，费时低效；对于动态和复杂的系统，由于其推理规则是固定的，难于适应变化的情况；专家系统不能从过去处理过的事例中继续地学习，这使知识获得变得更加困难。
- 人工神经网络是通过采用物理可实现的器件或采用计算机来模拟生物体中神经网络的某些结构与功能。与专家系统相比，人工神经网络具有良好的自组织、自学习和自适应能力，因而特别适用于处理复杂问题或开放系统，这正好可以弥补专家系统的不足。人工神经网络的弱点是人工神经网络的知识是分布在整个系统内部，对用户而言是个黑箱；而且人工神经网络对于自己的结论不能做出合理的解释。因此，将人工神经网络技术与专家系统集成，取长补短，是IDSS发展的一个有利方向。

由于IDSS能充分利用人类已有知识，所以在用户决策问题的输入，机器对决策问题的描述，决策过程的推理，问题的求取与输出等方面都有了显著的改进。典型的IDSS结构是在传统三库DSS的基础上增设知识库与推理机，在人机对话子系统加入自然语言处理系统(LS)，在四库之间插入问题处理系统(PSS)而构成的四库系统结构，IDSS的体系结构如图10-7所示。

四库系统的智能人机接口接受用自然语言或接近自然语言的方式表达的决策问题及决策目标，这较大程度地改变了人机界面的性能。

1. 自然语言处理系统

转换产生的问题描述，由问题分析器判断问题的结构化程度，对结构化问题选择或构造模型，采用传统的模型计算求解；对半结构化或非结构化问题则由规则模型与推理机制来求解。

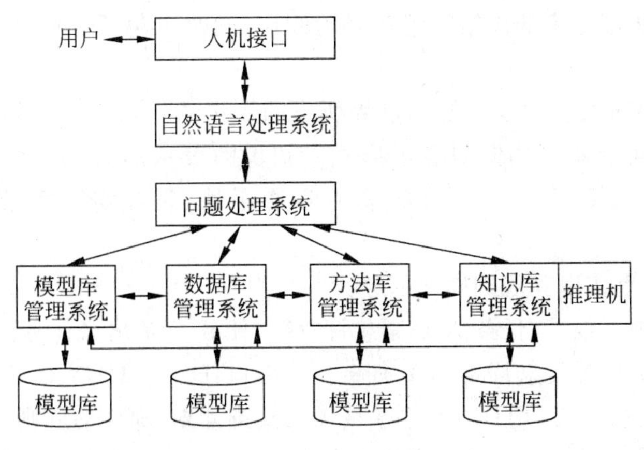

图 10-7 IDSS 体系结构

2. 问题处理系统

是 IDSS 中最活跃的部件，它既要识别与分析问题，设计求解方案，还要为问题求解调用四库中的数据、模型、方法及知识等资源，对半结构化或非结构化问题还要触发推理机做推理或新知识的推求。

问题处理系统处于 DSS 的中心位置，是联系人与机器及所存储的求解资源的桥梁，主要由问题分析器与问题求解器两部分组成。其工作流程如图 10-8 所示。

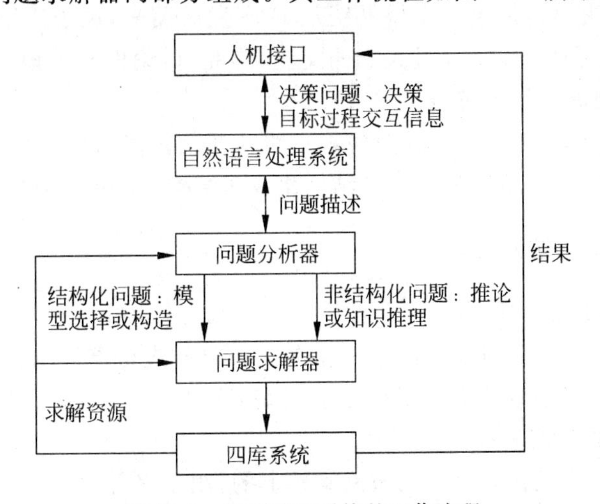

图 10-8 问题处理系统的工作流程

3. 知识库子系统和推理机

知识库子系统的组成可分为三部分：知识库管理系统、知识库及推理机。

(1) 知识库管理系统，功能主要有两个：

- 回答对知识库知识增、删、改等知识维护的请求；
- 回答决策过程中问题分析与判断所需知识的请求。

(2) 知识库，知识库是知识库子系统的核心。

- 知识库中存储的是那些既不能用数据表示，也不能用模型方法描述的专家知识和经验，也即是决策专家的决策知识和经验知识，同时也包括一些特定问题领域的专门知识。

- 知识库中的知识表示是为描述世界所作的一组约定，是知识的符号化过程。对于同一知识，可有不同的知识表示形式。知识的表示形式直接影响推理方式，并在很大程度上决定着一个系统的能力和通用性，是知识库系统研究的一个重要课题。
- 知识库包含事实库和规则库两部分。

例如：事实库中存放了"任务 A 是紧急订货"、"任务 B 是出口任务"那样的事实。规则库中存放着"IF 任务 i 是紧急订货，and 任务 i 是出口任务，THEN 任务 i 按最优先安排计划"、"IF 任务 i 是紧急订货，THEN 任务 i 按优先安排计划"那样的规则。

(3) 推理机：推理是指从已知事实推出新事实(结论)的过程。推理机是一组程序，它针对用户问题去处理知识库(规则和事实)。

10.4.2 群体决策支持系统

1. 基本概念

群体决策支持系统是指在系统环境中，多个决策参与者共同进行思想和信息的交流，群策群力，寻找一个令人满意和可行的方案，但在决策过程中只由某个特定的人做出最终决策，并对决策结果负责。群体决策支持系统从 DSS 发展而来，通过决策过程中参与者的增加，使得信息的来源更加广泛；通过大家的交流、磋商、讨论而有效地避免了个体决策的片面性和可能出现的独断专行等弊端。

GDSS 是一种在 DSS 基础上利用计算机网络与通信技术，供多个决策者为了一个共同的目标，通过某种远程相互协作地探寻半结构化或非结构化决策问题解决方案的信息系统。

2. 群体决策支持系统的类型

群体决策支持系统的类型有以下几种。

- 决策室：对决策者面对面地集于一室在同一时间进行群体决策的情况，GDSS 可设立一个与传统的会议室相似的电子会议室或决策室，决策者通过互联的计算机站点相互合作完成决策事务。
- 局域决策网：建立在计算机局域网基础上的，用于多位决策者在近距离内的不同房间(一般是自己的办公室)里定时或不定时做群体决策的系统即是局域决策网。
- 虚拟会议：利用计算机网络的通信技术，使分散在各地的决策者在某一时间内能以不见面的方式进行集中决策。
- 远程决策网：远程决策网充分利用广域网等信息技术来支持群体决策，它综合了局域决策网与虚拟会议的优点，可使决策参与者异时异地地共同对同一问题做出决策。但这种类型还不成熟，开发应用也很少见。

3. 群体决策支持系统的组成结构

GDSS 在计算机网络的基础上，由私有 DSS、规程库子系统、通信库子系统、共享的数据库、模型库及方法库、公共显示设备等部件组成。其结构如图 10-9 所示。

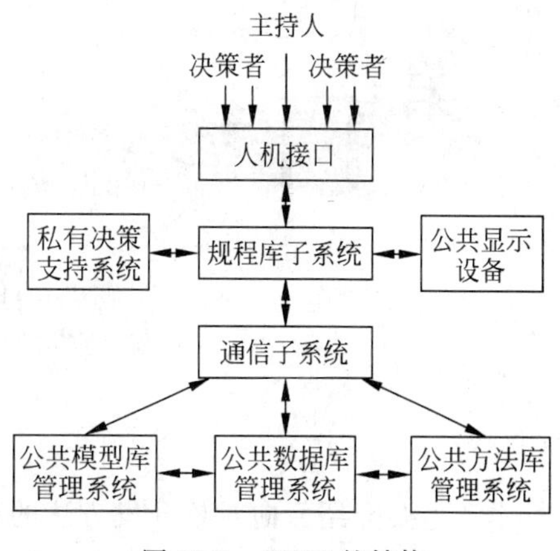

图 10-9　GDSS 的结构

与个人 DSS 相比，GDSS 必须建立在一个局域网或广域网上，在构件上增设了规程库、通信库、共享的公共数据库、模型库及方法库等。GDSS 一般以一定的规程展开，如正式会议或虚拟会议的方式运行，会议由一个主持人及多个与会者，围绕一个称为“主题”的决策问题，按照某种规程展开。人机接口接收决策群体的各种请求，这些请求有主持人关于会议要求与安排的发布请求，与会者对数据、模型、方法等决策资源的请求等。通信库子系统相当于会议的秘书处，是系统的核心，它存储与管理主题信息、会议进程信息及与会者的往来信息，负责这些信息的收发，沟通与会者之间、与会者与公共数据库、模型库与方法库之间的通信。公共显示屏信息也由通信库子系统传送至各参会者的站点。规程库子系统存储与管理群体决策支持的运作规则及会议事件流程规则等，例如：决策者请求的优先级别规则、决策意见发送优先级别规则及各种协调规则等。

4. 群体决策支持系统功能

群体决策支持系统的基本功能有以下几种。

- 通过加强通信，消除了差异，通过限制不必要的感情式的相互作用，控制、协调参与者的关系。
- 提高讨论者的地位和结论的公正性。
- 系统的实施可以是永久性的(稳定和正式的程序集合)或暂时性的(必要时才使用的系统)。

群体决策支持系统的技术功能有：

- 对决策过程中的数据信息交流的控制。
- 自动选择合适的群体决策技术。
- 对可行的决策方案进行分析计算和解释。
- 如果群体决策无法得到一致，则讨论个体决策差异或提出重新定义问题的建议。

10.5　思考与练习

1. DSS 的目标和任务分别是什么？
2. DSS 按照性质可分为哪几类？
3. 定性决策方法有哪些？
4. DSS 的功能是什么？
5. 简述三角式体系结构。
6. 简述 DSS 中数据库子系统的体系结构及各部分功能。
7. 简述方法库子系统的体系结构及各部分功能。

第11章 面向对象开发方法

本章主要介绍面向对象开发方法的相关知识，包括面向对象的概念、面向对象分析相关知识、面向对象设计相关知识、面向对象实现相关知识以及面向对象测试的相关知识等。本章涉及的内容比较多，通过本章的学习，实现以下目标：

- 掌握面向对象的概念和特征；
- 了解面向对象的分析过程和设计过程；
- 了解面向对象的实现与测试基本技术。

11.1 面向对象基础

11.1.1 面向对象思想

1. 传统开发方法存在的问题

用结构化方法开发的软件，其稳定性、可修改性和可重用性都比较差，这是因为结构化软件开发方法的本质是功能分解，从代表目标系统整体功能的单个处理着手，自顶向下不断把复杂的处理分解为子处理，这样一层一层地分解下去，直到仅剩下若干个容易实现的子处理功能为止，然后用相应的工具来描述各个最低层的处理。因此，结构化方法是围绕实现处理功能的"过程"来构造系统的。然而，用户需求的变化大部分是针对功能的，因此，这种变化对于基于过程的设计来说是灾难性的。用这种方法设计出来的系统结构常常是不稳定的，用户需求的变化往往造成系统结构的较大变化，从而需要花费很大代价才能实现这种变化。结构化方法开发软件系统主要存在以下问题。

1）软件重用性差

重用性是指同一事物不经修改或稍加修改就可多次重复使用的性质。软件重用性是软件工程追求的目标之一。

2）软件可维护性差

软件工程强调软件的可维护性，强调文档资料的重要性，规定最终的软件产品应该由完整、一致的配置成分组成。在软件开发过程中，始终强调软件的可读性、可修改性和可测试性是软件的重要质量指标。实践证明，用传统方法开发出来的软件，维护时其费用和成本仍然很高，其原因是可修改性差，维护困难，导致可维护性差。

3）开发出的软件不能满足用户需要

用传统的结构化方法开发大型软件系统将涉及各种不同领域的知识，在开发需求模糊或需求动态变化的系统时，所开发出的软件系统往往不能真正满足用户的需要。

2. 面向对象开发思想

面向对象（Object Oriented，OO）是当前计算机界关心的重点，它是 20 世纪 90 年代软件开发方法的主流。面向对象的概念和应用已超越了程序设计和软件开发，扩展到很宽的范围。如数据库系统、交互式界面、应用结构、应用平台、分布式系统、网络管理结构、CAD 技术、人工智能等领域。

面向对象软件开发方法是从现实世界中客观存在的事物（即对象）出发来构造软件系统，并在系统构造中尽可能运用人类的自然思维方式，强调直接以问题域（现实世界）中的事物为中心来思考问题、认识问题，并根据这些事物的本质特点，把它们抽象地表示为系统中的对象，作为系统的基本构成单位（而不是用一些与现实世界中的事物相关比较远，并且没有对应关系的其他概念来构造系统）。这可以使系统直接地映射问题域，保持问题域中事物及其相互关系的本来面貌。

面向对象的方法是面向对象的世界观在开发方法中的直接运用。它强调系统的结构应该直接与现实世界的结构相对应，应该围绕现实世界中的对象来构造系统，而不是围绕功能来构造系统。

11.1.2　面向对象基本概念

下面介绍面向对象的基本概念。

1. 面向对象

面向对象是一种认识客观世界的世界观，是从结构组织角度模拟客观世界的一种方法，人们在认识和理解现实世界的过程中，普遍运用以下三个构造法则：

- 区分对象及其属性，如区分车和车的大小；
- 区分整体对象及其组成部分，如区分车和车轮；
- 不同对象类的形成及区分，如所有车的类和所有船的类。

2. 对象

对象是指现实世界中各种各样的实体，它既可以指具体的事物，如一个人、一辆车、一把椅子、一架飞机、一台电脑等，也可以指抽象的事物，如一个开发项目、规则、计划或事件等。对象是构成现实世界的一个独立单位，具有自己的静态特性（用数据描述）和动态特性（行为或具有的功能），例如，一个学生对象具有班级、学号、姓名、性别、年龄、身高、体重等属性，又有上课、休息、开会、文娱活动等行为。对象实现了数据和操作的结合，使数据和操作封装于对象的统一体中。

3. 对象的属性和方法

描述对象的静态特征的一个数据项就是对象的属性，属性可以在设计对象时确定，也可以在程序运行时读取和修改。

对象的方法也称为服务，是用来描述对象动态特征的一个操作序列。如：窗口的关闭。这种操作序列对外是封闭的，即用户只能看到这一方法实施后的结果。这相当于事先已经设计好的各种过程，只需要调用就可以了，用户不必去关心这一过程是如何编写的，事实上，这个过程已经封装在对象中，用户也看不到。

4. 事件

事件就是对象在执行某一操作后激发并执行的一个或多个过程。这些过程对用户是透明的，用户可以为这个过程编写自己的程序代码，以完成特定的操作。

如窗口对象在执行打开过程时，就会激活一个 Active 事件（过程），用户可以自己编写这一过程的代码，以便在打开这个窗口时完成一些自己所要求的任务，如打开一个数据库，对某个变量进行初始化等。

5. 类与实例

现实世界是由千千万万个对象组成的，有一些对象具有相同的结构和特性。例如，卡车、客车、轿车等，每辆车都具有自己的型号、外形尺寸、颜色等，虽然具体的属性值不一样，但是它们都具有相同的这些特征结构，因此，可以将它们划分为同一类——汽车类，同时它们也具有相同的驾驶、刹车等行为。把具有相同特征和行为的对象归结在一起就形成类，或者说具有相同或相似性质的对象的抽象就是类。因此，对象的抽象是类，类的具体化就是对象，也可以说类的实例是对象。类具有属性，它是对象的状态的抽象，用数据结构来描述类的属性。类具有操作，它是对象的行为的抽象，用操作名和实现该操作的方法来描述。

6. 类的结构

在客观世界中有若干类，这些类之间有一定的结构关系。通常有两种主要的结构关系，即一般-具体结构关系，整体-部分结构关系。

① 一般-具体结构称为分类结构，也可以说是“或”关系，或者是“is a”关系。

② 整体-部分结构称为组装结构，它们之间的关系是一种“与”关系，或者是“has a”关系。

7. 消息

对象之间进行通信的结构叫做消息。在对象的操作中，当一个消息发送给某个对象时，消息包含接收对象去执行某种操作的信息。发送一条消息至少要包括说明接收消息的对象名、发送给该对象的消息名（即对象名、方法名）。一般还要对参数加以说明，参数可以是认识该消息的对象所知道的变量名，或者是所有对象都知道的全局变量名。

11.1.3 面向对象的特征

面向对象具有以下特征。

1. 对象唯一性

每个对象都有自身唯一的标识，通过这种标识，可找到相应的对象。在对象的整个生命期中，它的标识都不改变，不同的对象不能有相同的标识。

2. 抽象

类的定义中明确指出类是一组具有内部状态和运动规律的对象的抽象，抽象是一种从一般的观点看待事物的方法，它要求我们集中于事物的本质特征（内部状态和运动规律），而非具体细节或具体实现。面向对象鼓励我们用抽象的观点来看待现实世界，也就是说，现实世界是一组抽象的对象——类组成的。

3. 封装

封装是面向对象的一个重要原则，其具有两个含义：一是把对象的全部属性和全部服务结合在一起，形成一个不可分割的独立单位（对象）；二是尽可能隐藏对象的内部细节，对外形成一个边界，只保留有限的对外接口，使之与外部联系。这样对象的外部不能直接地存取对象的属性，只能通过允许外部使用的服务与对象发生联系。

对象的概念突破了传统数据与操作分离的模式。对象作为独立存在的实体，将自由数据和操作封闭在一起，使自身的状态、行为局部化。

封装性是保证软件部件具有优良的模块性的基础。面向对象的类是封装良好的模块，类定义将其说明（用户可见的外部接口）与实现（用户不可见的内部实现）显式地分开，其内部实现按其具体定义的作用域提供保护。对象是封装的最基本单位。封装防止了程序相互依赖性而带来的变动影响。面向对象的封装比传统语言的封装更为清晰、更为有力。

4. 继承

继承是子类自动共享父类数据结构和方法的机制，这是类之间的一种关系。在定义和实现一个类的时候，可以在一个已经存在的类的基础之上来进行，把这个已经存在的类所定义的内容作为自己的内容，并加入若干新的内容。

继承是面向对象程序设计语言不同于其他语言的最重要的特点，是其他语言所没有的。在类层次中，子类只继承一个父类的数据结构和方法，则称为单重继承。在类层次中，子类继承了多个父类的数据结构和方法，则称为多重继承。

在软件开发中，类的继承性使所建立的软件具有开放性、可扩充性，这是信息组织与分类的行之有效的方法，它简化了对象、类的创建工作量，增加了代码的可重性。采用继承，提供了类的规范等级结构。通过类的继承关系，使公共的特性能够共享，提高了软件的重用性。

5. 多态

多态性是指相同的操作或函数、过程可作用于多种类型的对象上并获得不同的结果。不同的对象，收到同一消息可以产生不同的结果，这种现象称为多态性。

多态性允许每个对象以适合自身的方式去响应共同的消息。多态性增强了软件的灵活性和重用性。

11.1.4 面向对象开发方法

目前,面向对象开发方法的研究已日趋成熟,国际上已有不少面向对象产品出现。面向对象开发方法有 Coad 方法、Booch 方法和 OMT 方法等。

1. Booch 方法

Booch 最先描述了面向对象的软件开发方法的基础问题,指出面向对象开发是一种根本不同于传统的功能分解的设计方法。面向对象的软件分解更接近人对客观事务的理解,而功能分解只通过问题空间的转换来获得。

Booch 方法的过程包括以下步骤:

(1) 在给定的抽象层次上识别类和对象;

(2) 识别这些对象和类的语义;

(3) 识别这些类和对象之间的关系;

(4) 实现类和对象。

这 4 种活动不仅仅是一个简单的步骤序列,而是对系统的逻辑和物理视图不断细化的迭代和渐增的开发过程。

类和对象的识别包括找出问题空间中关键的抽象和产生动态行为的重要机制。开发人员可以通过研究问题域的术语发现关键的抽象。

语义的识别主要是建立前一阶段识别出的类和对象的含义。开发人员确定类的行为(即方法)和类及对象之间的互相作用(即行为的规范描述)。该阶段利用状态转移图描述对象的状态模型,利用时态图(系统中的时态约束)和对象图(对象之间的互相作用)描述行为模型。

在关系识别阶段描述静态和动态关系模型。这些关系包括使用、实例化、继承、关联和聚集等。类和对象之间的可见性也在此时确定。

在类和对象的实现阶段要考虑如何用选定的编程语言实现,如何将类和对象组织成模块。

在面向对象的设计方法中,Booch 强调基于类和对象的系统逻辑视图与基于模块和进程的系统物理视图之间的区别。他还区别了系统的静态和动态模型。然而,他的方法偏向于系统的静态描述,对动态描述支持较少。

2. Coad 方法

Coad 方法是 1989 年 Coad 和 Yourdon 提出的面向对象开发方法。

Coad 方法严格区分了面向对象分析和面向对象设计。该方法利用 5 个层次的活动定义和记录系统行为、输入和输出。这 5 个层次的活动如下。

- 发现类及对象。描述如何发现类及对象。从应用领域开始识别类及对象,形成整个应用的基础,然后,据此分析系统的责任。
- 识别结构。该阶段分为两个步骤。第一,识别一般-特殊结构,该结构捕获了识别出的类的层次结构;第二,识别整体-部分结构,该结构用来表示一个对象如何成为另一个对象的一部分,以及多个对象如何组装成更大的对象。

- 定义主题。主题由一组类及对象组成，用于将类及对象模型划分为更大的单位，便于理解。
- 定义属性。其中包括定义类的实例（对象）之间的实例连接。
- 定义服务。其中包括定义对象之间的消息连接。

在面向对象分析阶段，经过5个层次的活动后的结果是一个分成5个层次的问题域模型，包括主题、类及对象、结构、属性和服务5个层次，由类及对象图表示。5个层次活动的顺序并不重要。

面向对象设计模型需要进一步区分以下4个部分。

- 问题域部分（PDC）。面向对象分析的结果直接放入该部分。
- 人机交互部分（HIC）。这部分的活动包括对用户分类，描述人机交互的脚本，设计命令层次结构，设计详细的交互，生成用户界面的原型，定义 HIC 类。
- 任务管理部分（TMC）。这部分的活动包括识别任务（进程）、任务所提供的服务、任务的优先级、进程是事件驱动还是时钟驱动以及任务与其他进程和外界如何通信。
- 数据管理部分（DMC）。这一部分依赖于存储技术，是文件系统，还是关系数据库管理系统，还是面向对象数据库管理系统。

Coad 方法的主要优点是通过多年来大系统开发的经验与面向对象概念的有机结合，在对象、结构、属性和操作的认定方面，提出了一套系统的原则。该方法完成了从需求角度进一步进行类和类层次结构的认定。尽管 Coad 方法没有引入类和类层次结构的术语，但事实上已经在分类结构、属性、操作、消息关联等概念中体现了类和类层次结构的特征。

3. OMT 方法

OMT 方法是1991年由 James Rumbaugh 等5人提出来的，其经典著作为《面向对象的建模与设计》。该方法是一种新兴的面向对象的开发方法，开发工作的基础是对真实世界的对象建模，然后围绕这些对象使用分析模型来进行独立于语言的设计，面向对象的建模和设计促进了对需求的理解，有利于开发更清晰、更容易维护的软件系统。该方法为大多数应用领域的软件开发提供了一种实际的、高效的保证，以及努力寻求一种问题求解的实际方法。

OMT 方法从三个视角描述系统，相应地提供了三种模型，对象模型、动态模型和功能模型。对象模型描述对象的静态结构和它们之间的关系。主要的概念包括：

- 类；
- 属性；
- 操作；
- 继承；
- 关联（即关系）；
- 聚集。

动态模型描述系统那些随时间变化的方面，其主要概念有：

- 状态；
- 子状态和超状态；
- 事件；
- 行为；

• 活动。

功能模型描述系统内部数据值的转换，其主要概念有：

• 加工；
• 数据存储；
• 数据流；
• 控制流；
• 角色。

该方法将开发过程分为4个阶段。

1）分析

基于问题和用户需求的描述，建立现实世界的模型。分析阶段的产物有：

• 问题描述；
• 对象模型＝对象图＋数据词典；
• 动态模型＝状态图＋全局事件流图；
• 功能模型＝数据流图＋约束。

2）系统设计

结合问题域的知识和目标系统的体系结构(求解域)，将目标系统分解为子系统。

3）对象设计

基于分析模型和求解域中的体系结构等添加实现细节，完成系统设计。主要产物包括：

• 细化的对象模型；
• 细化的动态模型；
• 细化的功能模型。

4）实现

将设计转换为特定的编程语言或硬件，同时保持可追踪性、灵活性和可扩展性。

4. Jacobson 方法

Jacobson方法与上述三种方法有所不同，它涉及整个软件生命周期，包括需求分析、设计、实现和测试等4个阶段。需求分析和设计密切相关。需求分析阶段的活动包括定义潜在的角色(角色指使用系统的人和与系统互相作用的软、硬件环境)，识别问题域中的对象和关系，基于需求规范说明和角色的需要发现use case，详细描述use case。设计阶段包括两个主要活动，从需求分析模型中发现设计对象，以及针对实现环境调整设计模型。第一个活动包括从use case的描述发现设计对象，并描述对象的属性、行为和关联。在这里还要把use case的行为分派给对象。

在需求分析阶段的识别领域对象和关系的活动中，开发人员识别类、属性和关系。关系包括继承、熟悉(关联)、组成(聚集)和通信关联。定义use case的活动和识别设计对象的活动，两个活动共同完成行为的描述。Jacobson方法还将对象区分为语义对象(领域对象)、界面对象(如用户界面对象)和控制对象(处理界面对象和领域对象之间的控制)。

在该方法中的一个关键概念就是use case。use case是指与行为相关的事务(transaction)序列，该序列由用户在与系统对话中执行。因此，每一个use case就是一个使用系统的方式，当用户给定一个输入，就执行一个use case的实例并引发执行属于该use case 的一个事务。基于这种系统视图，Jacobson 将 use case 模型与其他 5 种系统模型关联：

- 领域对象模型。use case 模型根据领域来表示。
- 分析模型。use case 模型通过分析来构造。
- 设计模型。use case 模型通过设计来具体化。
- 实现模型。该模型依据具体化的设计来实现 use case 模型。
- 测试模型。用来测试具体化的 use case 模型。

5. UML(Unified Modeling Language)语言

软件工程领域在 1995—1997 年取得了前所未有的进展，其成果超过软件工程领域过去 15 年的成就总和，其中最重要的成果之一就是统一建模语言(UML)的出现。UML 是面向对象技术领域内占主导地位的标准建模语言。

UML 不仅统一了 Booch 方法、OMT 方法、OOSE 方法的表示方法，而且对其作了进一步的发展，最终统一为大众接受的标准建模语言。UML 是一种定义良好、易于表达、功能强大且普遍适用的建模语言。它融入了软件工程领域的新思想、新方法和新技术。它的作用域不限于支持面向对象的分析与设计，还支持从需求分析开始的软件开发全过程。

UML 包括概念的语义、表示法和说明，提供了静态、动态、系统环境及组织结构的模型，它可被交互的可视化建模工具所支持，这些工具提供了代码生成器和报表生成器。UML 标准并没有定义一种标准的开发过程，但它用于迭代式的开发过程，它是为支持大部分现存的面向对象开发过程而设计的。

UML 描述了一个系统的静态结构和动态行为。UML 将系统描述为一些离散的相互作用的对象并最终为外部用户提供一定功能的模型结构，静态结构定义了系统中重要对象的属性和操作以及这些对象之间的相互关系。动态行为定义了对象的时间特性和对象为完成目标而相互进行通信的机制。从不同但相互联系的角度对系统建立的模型可用于不同的目的。

UML 还包括可将模型分解成包的结构组件，以便于软件小组将大的系统分解成易于处理的块结构，并理解和控制各个包之间的依赖关系，在复杂的开发环境中管理模型单元。它还包括用于显示系统实现和组织运行的组件。

11.1.5　面向对象模型技术

1. 面向对象建模

在面向对象的软件工程中，成功地开发软件系统的关键在于是否能建立一个全面的、合理的、统一的问题域模型。所谓模型就是为了理解事物而对事物做出的一种抽象，是对事物的一种无歧义的书面描述，一般由一组图形符号和组织这些符号的规则组成。

在面向对象方法学中，通常要建立三种形式的模型：描述数据结构的对象模型、描述系统控制结构的动态模型和描述系统功能的功能模型。

1) 对象模型

对象模型描述系统中对象的静态结构、对象之间的关系、对象的属性、对象的操作。对象模型表示静态的、结构上的、系统的“数据”特征。对象模型为动态模型和功能模型提供了基本的框架，对象模型用包含对象和类的对象图来表示。

2）功能模型

功能模型描述与值的变换有关的系统特征——功能、映射、约束和函数依赖。功能模型用数据流图来表示。

3）动态模型

动态模型描述与时间和操作顺序有关的系统特征——激发事件、事件序列、确定事件先后关系以及事件和状态的组织。动态模型表示瞬时的、行为上的、系统的“控制”特征。动态模型用状态图来表示。每张状态图显示了系统中一个类的所有对象所允许的状态和事件的顺序。

功能模型、动态模型、对象模型分别从三个不同侧面描述了所要开发的系统：功能模型指明了系统“做什么”；动态模型明确规定了什么时候做（在何种状态下接受何种条件的触发）；对象模型定义了做事情的实体。解决的问题不同，这三个模型的重要程度也不同：几乎解决任何一个问题都需要从客观世界实体及实体相互关系抽象出极有价值的对象模型；当问题涉及交互作用和时序时，动态模型是重要的；解决运算量很大的问题，则涉及重要的功能模型。功能模型和动态模型中都包含了对象模型中的操作。

对象模型技术就是把分析收集到的信息构造在对象模型、动态模型和功能模型中。

2. 面向对象开发过程

面向对象开发一般经历三个阶段：

（1）面向对象系统分析；

（2）面向对象系统设计；

（3）面向对象系统实现（编程）。

这与传统的生命周期法相似，但各阶段所解决的问题和采用的描述方法却有极大区别。图 11-1 所示的是面向对象系统开发模型，它表达了面向对象开发的内容和过程。

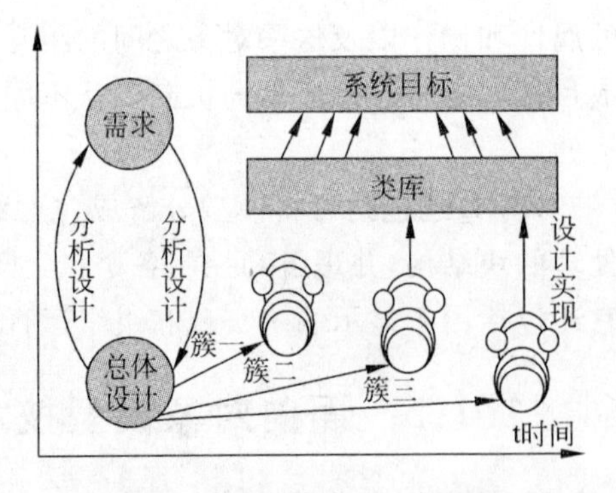

图 11-1　面向对象系统开发模型

1）系统分析

系统分析过程是一个不断获取需求及不断与用户商榷的过程，包括问题描述、构建对象模型、构建动态模型、构建功能模型。最后得到的系统分析文档包括问题需求的陈述、对象模型、动态模型和功能模型。

2）系统设计

系统设计以分析模型为基础，首先定义类，设计类的属性及操作，为每个操作选择合适的数据结构并定义算法，调整类结构以强化继承性；然后创建对象，设计消息以补充对象关联；通过关联发现新的对象或交互条件时，修改类组织以优化对数据的访问，改善设计结构。最后得到的对象设计文档包括细化的对象模型、动态模型和功能模型。

3）系统实现

系统实现是将系统设计结果转换为特定编程语言代码并在相应环境中运行，同时保持可追踪性、灵活性和可扩展性。

11.2 面向对象分析

11.2.1 面向对象系统分析原则

这一阶段主要采用面向对象技术进行需求分析。面向对象分析(Object Oriented Analysis,OOA)运用以下主要原则。

(1) 构造和分解相结合的原则。构造是指由基本对象组装成复杂或活动对象的过程;分解是对大粒度对象进行细化,从而完成系统模型细化的过程。

(2) 抽象和具体结合的原则。抽象是指强调事务本质属性而忽略非本质细节,具体则是对必要的细节加以刻画的过程。面向对象方法中,抽象包括数据抽象和过程抽象。数据抽象把一组数据及有关的操作封装起来,过程抽象则定义了对象间的相互作用。

(3) 封装的原则。封装是指对象的各种独立外部特性与内部实现相分离,从而减少了程序间的相互依赖,有助于提高程序的可重用性。

(4) 继承的原则。继承是指直接获取父类已有的性质和特征而不必再重复定义。这样,在系统开发中只需一次性说明各对象的共有属性和服务,对子类的对象只需定义其特有的属性和方法。继承的目的也是为了提高程序的可重用性。

面向对象方法构造问题空间时使用了人们认识问题的常用方法。

(1) 区分对象及其属性,例如区分一棵树和树的大小或位置;

(2) 区分整体对象及其组成部分,例如区分一棵树和树枝,在面向对象方法中把这一构造过程称为构造分类结构;

(3) 不同对象类的形成及区分,例如,所有树的类和所有石头的类的形成和区分。在面向对象方法中把这一构造过程称为组装结构。

根据上述分析的主要法则,首先利用信息模型(实体关系图等分析阶段得到的模型是具有一定层次关系的问题空间模型,这个模型是相对有弹性,且易修改、易扩充的)技术识别出问题域中的对象实体,标识出对象间的关系,然后通过对对象的分析,确定对象属性及方法,利用属性变化规律完成对象及其关系的有关描述,并利用方法演变规律描述对象或其关系的处理。

11.2.2 面向对象分析过程

前面已经介绍了,系统分析过程是一个不断获取需求及不断与用户商榷的过程,包括问题描述、构建对象模型、构建动态模型、构建功能模型。

1. 需求陈述

需求陈述是系统分析的第一步。通常,需求陈述的内容包括:问题范围,功能需求,性能需求,应用环境及假设条件等。总之,需求陈述应该阐明“做什么”而不是“怎样做”。它应该描述用户的需求而不是提出解决问题的方法。应该指出哪些是系统必要的性质,哪些是任选的性质。

需求陈述时应该避免对设计策略施加过多的约束，也不要描述系统的内部结构，因为这样做将限制实现的灵活性。对系统性能及系统与外界环境交互协议的描述，是合适的需求。此外，对采用的软件工程标准、模块构造准则、将来可能做的扩充以及可维护性要求等方面的描述，也都是适当的需求。

书写需求陈述时，要尽力做到语法正确，而且应该慎重选用名词、动词、形容词和同义词。应该看到，需求陈述仅仅是理解用户需求的出发点，它并不是一成不变的文档。不能指望没有经过全面、深入分析的需求陈述是完整、准确、有效的。随后进行的面向对象分析的目的，就是全面深入地理解问题域和用户的真实需求，建立起问题域的精确模型。

【例 11-1】 某银行拟开发一个自动取款机(ATM)系统，它是一个由自动取款机、中央计算机、分行计算机及柜员终端组成的网络系统。ATM 和中央计算机由总行投资购买。总行拥有多台 ATM，分别设在全市各主要街道上。分行负责提供分行计算机和柜员终端。柜员终端设在分行营业厅及分行下属的各个储蓄所内。该系统的软件开发成本由各个分行分摊。其网络结构如图 11-2 所示。

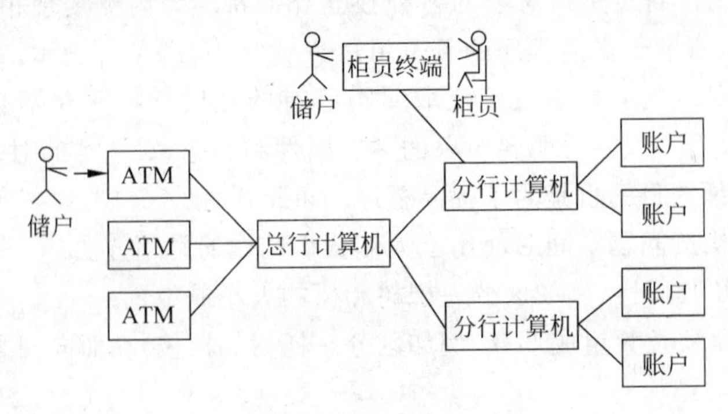

图 11-2 ATM 系统网络结构

银行柜员使用柜员终端处理储户提交的储蓄事务。储户可以用现金或支票向自己拥有的某个账户内存款或开新账户。储户也可以从自己的账户中取款。通常，一个储户可能拥有多个账户。柜员负责把储户提交的存款或取款事务输进柜员终端，接收储户交来的现金或支票，或付给储户现金。柜员终端与相应的分行计算机通信，分行计算机具体处理针对某个账户的事务并且维护账户。

拥有银行账户的储户有权申请领取现金兑换卡。使用现金兑换卡可以通过 ATM 访问自己的账户。目前仅限于用现金兑换卡在 ATM 上提取现金(即取款)，或查询有关自己账户的信息(例如，某个指定账户上的余额)。将来可能还要求使用 ATM 办理转账、存款等事务。

所谓现金兑换卡就是一张特制的磁卡，上面有分行代码和卡号。分行代码唯一标识总行下属的一个分行，卡号确定了这张卡可以访问哪些账户。通常，一张卡可以访问储户的若干个账户，但是不一定能访问这个储户的全部账户。每张现金兑换卡仅属于一个储户所有，但是，同一张卡可能有多个副本，因此，必须考虑同时在若干台 ATM 上使用同样的现金兑换卡的可能性。也就是说，系统应该能够处理并发的访问。

当用户把现金兑换卡插入 ATM 之后，ATM 就与用户交互，以获取有关这次事务的信息，并与中央计算机交换关于事务的信息。首先，ATM 要求用户输入密码，接下来 ATM

把从这张卡上读到的信息以及用户输入的密码传给中央计算机，请求中央计算机核对这些信息并处理这次事务。中央计算机根据卡上的分行代码确定这次事务与分行的对应关系，并且委托相应的分行计算机验证用户密码。如果用户输入的密码是正确的，ATM 就要求用户选择事务类型（取款、查询等）。当用户选择取款时，ATM 请求用户输入取款额。最后，ATM 从现金出口吐出现金，并且打印出账单交给用户。

2. 用例建模

在系统分析阶段，通过用例建模来描述待开发的系统的功能需求，帮助系统开发人员理解系统需要做的工作，也可以作为对象建模、系统设计、系统实现以及系统测试的依据。

一个用例模型由若干用例图组成。用例建模的工作包括：定义系统，寻找角色和用例，描述用例，定义用例之间的关系，确认模型。用例建模的结果是用例可以描述所有需要的系统功能，确保目标系统满足用户需求。

1）寻找角色

可以通过用户回答一些问题来识别角色，例如：

- 谁使用系统的主要功能？
- 谁还需要系统来支持日常工作？
- 谁来维护、管理使得系统能正常工作？
- 系统需要哪些硬件设备？
- 系统需要与哪些系统交互？
- 谁需要系统的结果？

2）寻找用例

对寻找到的每个角色进行提问，以此寻找用例，例如：

- 角色所做的工作有哪些？需要系统提供什么样的功能支持？
- 角色是否需要读取、创建、删除、修改或存储系统中某些信息？
- 角色与系统之间是否需要某些事件来提醒对方工作，这些事件具体实现什么功能？
- 角色的某些典型工作是否要系统自动完成？

还有一些针对系统提出的问题，通过这些问题先识别用例，然后再识别角色，这些问题如：

- 需要哪些输入/输出？输入从何处来？输出到何处去？
- 当前系统存在哪些问题？

通过以上方式识别出角色与用例后，就可以画出系统用例图。

【例 11-2】 分析与设计例 11-1 中 ATM 系统的用例图。

经过分析，例 11-1 中 ATM 系统的用例图如图 11-3 所示。

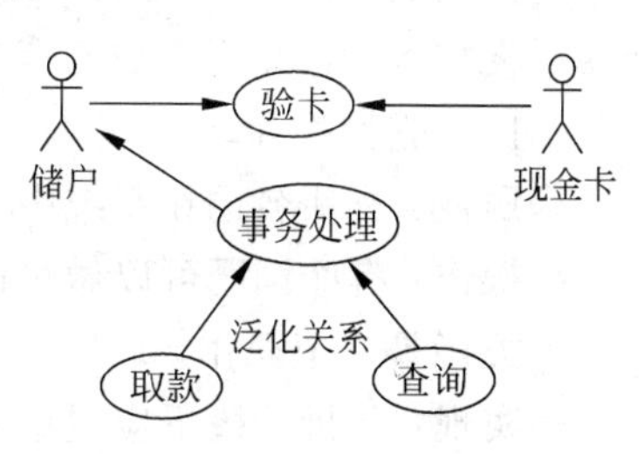

图 11-3　ATM 系统用例图

3. 对象建模

对象模型描述了现实世界中的“类与对象”以及它们之间的关系，表示了目标系统的静态数据结构。静态数据结构对应用细节依赖较少，比较容易确定；当用户需求变化时相对来说比较稳定。因此用面向对象方法开发系统时，一般首先建立对象模型。

对象模型是面向对象分析阶段的三个模型中最关键的一个模型，是对客观世界中对象及其相互关系的映射，描述系统的静态结构，主要有以下几个步骤。

(1) 确定类与对象；

(2) 确定关联；

(3) 定义主题；

(4) 定义属性；

(5) 识别继承关系；

(6) 定义服务。

1) 确定类与对象

(1) 找出候选的类和对象

开发人员定义类时应首先从已得到的问题陈述入手，在此基础上反复对用户业务流程进行调查，研究用户提供的有关系统需求的形式不一的文字资料，查阅与应用领域紧密相关的专业文献，加强同用户进行及时的面对面的交流，研究所有尽可能得到的图示资料，包括系统组成图、高层数据流程图，从而获得对问题空间深度的、较完整的理解，并在此基础上尽量捕捉到与系统潜在类及其相关的信息。

【例 11-3】 找出 ATM 系统的类。

根据需求分析报告，暂定如下名词为类。

银行	分行	储户	分行代码	账单
ATM	软件	现金	卡号	访问
系统	成本	支票	用户	通信链路
中央计算机	市	账户	副本	事务日志
分行计算机	街道	事务	信息	
柜员终端	营业厅	现金兑换卡	密码	
网络	储蓄所	余额	类型	
总行	柜员	磁卡	取款	

(2) 筛选出正确的类与对象

根据以下标准，去掉不必要的类和对象。

- 冗余类：两个类描述了同样的信息，保留富有描述力的名称。例如“用户”和“储户”是重复描述，保留“储户”。
- 无关类：去除与本问题域无关的类名。
- 模糊类：意义不明确的信息，如果系统无须记录它，或者有其他意义更明确的类，可以把它们去除。
- 属性：有些名词在系统中可以作为其他类的属性。
- 操作：有些词既可以做名词又可以做动词，应考虑它在系统中的含义，决定是一个类还是一个操作。
- 实现：分析阶段不应过早考虑怎样实现目标系统，因此应该去掉仅和实现有关的候选的类和对象。

【例 11-4】 确定 ATM 系统的类。

经过分析，确定如图 11-4 所示的类。

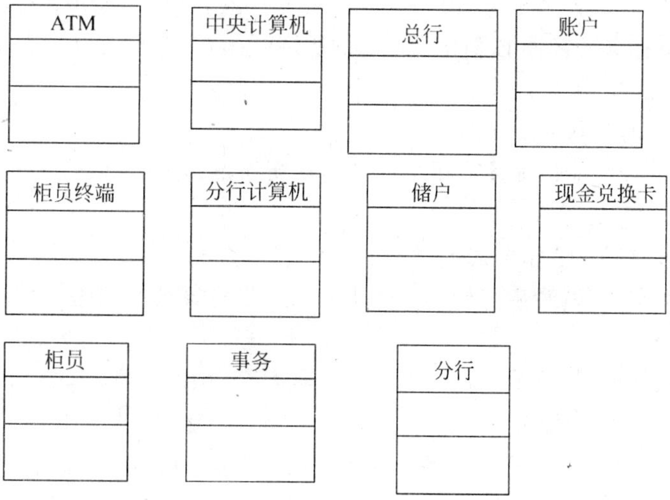

ATM
中央计算机
总行
账户
柜员终端
分行计算机
储户
现金兑换卡
柜员
事务
分行

图 11-4 ATM 的类

2）确定关联

关联是指两个类之间的静态关系。关联显示类之间的相关性，但它不是动作(即便它是动词短语)。通过关联将类或对象互相连接起来，以便完成类或对象的责任，简化对象模型，提高类图的可读性。

在需求陈述中，关联通常用描述性动词或动词词组表示，其中有物理位置的表示、传导的动作、通信、所有者关系、条件的满足等。通过直接提取需求陈述中的动词词组可以得到大多数关联，再通过分析需求陈述可以发现一些隐含的关联，还要根据领域知识进一步补充一些关联。

(1) 初步确定关联

【例 11-5】 提取 ATM 系统中的关联。

以下是可能的 ATM 系统中的关联。

- ATM、中央计算机、分行计算机及柜员终端组成网络
- 总行拥有多台 ATM
- ATM 设在主要街道上
- 分行提供分行计算机和柜员终端
- 柜员终端设在分行营业厅和储蓄所内
- 分行分摊软件开发成本
- 储户拥有账户
- 分行计算机处理针对账户的事务
- 分行计算机维护账户
- 柜员终端与分行计算机通信
- 柜员输入针对账户的事务
- ATM 读现金兑换卡
- ATM 与用户交互
- ATM 吐出现金
- ATM 打印账单
- 系统处理并发的访问
- 总行由各个分行组成
- 分行保管账户
- 总行拥有中央计算机
- 系统维护事务日志
- 系统提供必要的安全性
- 储户拥有现金兑换卡

- ATM 与中央计算机交换事务的信息
- 中央计算机确定事务与分行的对应关系
- 现金兑换卡访问账户
- 分行雇佣柜员

(2) 筛选关联

可以使用以下标准去掉不必要和不正确的关联：

- 已被删除的类的关联。
- 与问题无关的关联或实现阶段的关联。
- 瞬时事件。关联应该描述应用域的结构性质而不是瞬时事件。
- 派生关联。

【例 11-6】 设计 ATM 系统对象模型。

根据最终的类与关联，最后得到 ATM 系统的初步对象模型如图 11-5 所示。

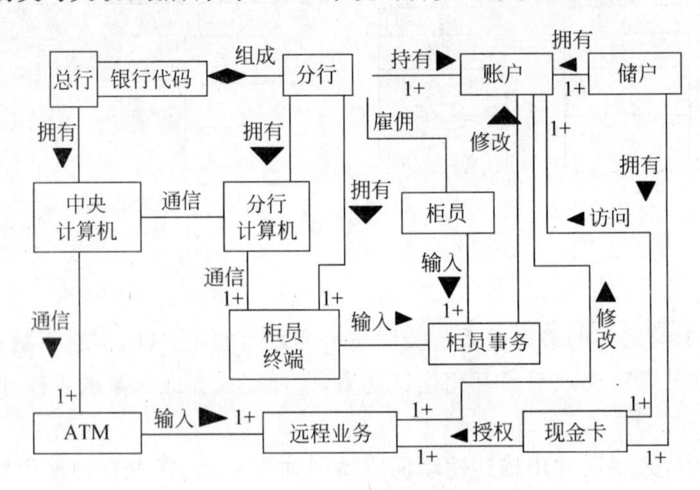

图 11-5　ATM 系统初步对象模型

3) 定义主题

主题(subject)提供给开发人员一种控制机制，以把握在某个时间内所能考虑并理解的模型规模，并便于了解模型的概貌。采用主题机制还可获得方便的通信能力，避免参与开发人员之间的信息过载，弥补对象、结构机制不能反映系统模型整体构成、动态变化以及功能信息的不足。

主题层是在面向对象分析基本模型(类图)之上建立一个能帮助人们从不同的认识层次来理解系统的补充模型，主题是一种比类和对象抽象层次更高、粒度更大的概念，用以建立系统的高层抽象视图。

定义主题分为二步：

(1) 选择主题。需要先给每个结构标识一个相应主题，给每个对象标识一个相应主题，再考虑主题数目。如果主题的个数超过 7 个，则需进一步提炼主题。

(2) 构造主题层。列出主题及主题层上各主题间的消息连接(用箭头表示)，对主题进行编号，画一个简单的矩形框并配以合适的名字来表示一个主题。

【例 11-7】 ATM 中的主题层如 11-6 所示。

4) 定义属性

属性是对象的性质，属性通常用修饰性的名词词组来表示，形容词常常表示具体的可枚

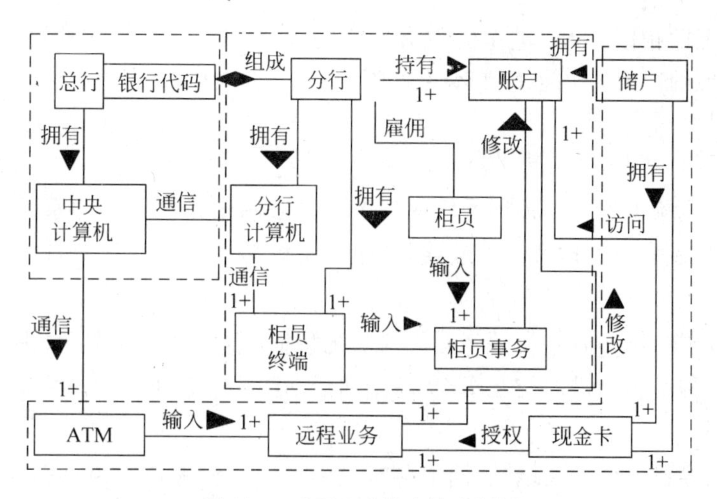

图 11-6　ATM 系统中的主题层

举的属性值。属性不可能在问题陈述中完全表述出来，必须借助于应用域的知识及对客观世界的知识才可以找到它们。只考虑与具体应用直接相关的属性，不要考虑那些超出问题范围的属性，找出重要属性，避免那些只用于实现的属性，要为各个属性取有意义的名字。

【例 11-7】 雇员的属性如图 11-7 所示。

5）识别继承关系

以上建立了初步的对象模型，还应该使用继承关系来实现共享。有两种方式来进行：

- 自底向上通过把现有类的共同性质一般化为父类，找到具有相似的属性、关系或操作的类来发现继承。
- 自顶向下将现有的类细化为更具体的子类。

【例 11-9】 图 11-8 为一继承关系。

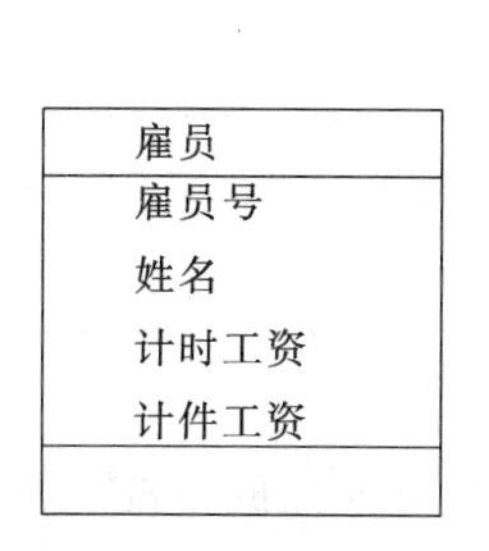

图 11-7　雇员及其属性

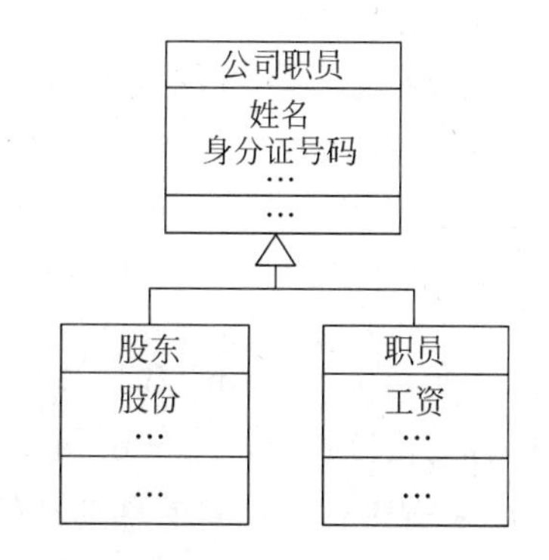

图 11-8　继承关系

6）定义服务

服务是指对象收到一条消息之后所执行的处理。定义服务的核心就是为每个对象和分类结构定义所需要的行为，下面就是三种常见的行为以及相应标识服务的策略。

- 有直接动因的行为：直接动因-状态-事件-响应。

- 进化史上的相似行为：进化史-对象生命历程。
- 功能相似的行为：功能-最基本的服务。

4. 动态模型

一个完整的系统模型必须描述系统的静态和动态两个方面。描述系统中对象，每个对象包含的数据，以及它们之间存在的链接，产生静态模型。描述系统运行时的动态行为，产生动态模型。

动态模型描述与操作时间和顺序有关的系统特征、影响更改的事件、事件的序列、事件的环境以及事件的组织。借助交互图、状态图和活动图描述系统的动态模型。

1）编写脚本

动态分析从寻找事件开始，然后确定各对象的可能事件顺序。事件包括所有来自或发往用户的信息、外部设备的信号、输入、转换和动作。系统的动态行为表现为用户与系统之间的一个或多个交互行为的过程，脚本(script)详细描述每一个动态交互过程动作序列的信息。脚本中应包括动态交互过程中发生的事件以及相应事件所采取的动作序列。表 11-1 是一个银行网络系统的正常情况脚本。

表 11-1 银行网络系统的正常情况脚本

自动出纳机提示顾客插卡；顾客插入一张现金卡
自动出纳机接受该卡并读出卡号
自动出纳机提示顾客输入密码；顾客输入自己的密码
自动出纳机要求分行验证卡号和密码；分行要求分理处核对顾客密码，然后通知自动出纳机该卡有效
自动出纳机要求顾客选择事务类型(取款、存款、转账、查询等)；顾客选择“取款”
自动出纳机要求顾客输入取款金额；顾客输入取款金额
自动出纳机确认取款金额在预先规定的范围内，然后要求分行处理这个事务；分行成功处理完这项事务并返回该账号的新余额
自动出纳机吐出现金，提示顾客取出现金；顾客取走现金
自动出纳机提示顾客是否继续其他事务；顾客选择“否”
自动出纳机打印账单，退出现金卡，提示顾客取卡；顾客取走账单和卡

2）交互图

序列图(sequence diagram)和协作图(collaboration diagram /communication diagram，也叫合作图)称为交互图(interaction diagram)。

序列图用来描述对象之间消息发送的先后次序，阐明对象之间的交互过程以及在系统执行过程中的某一具体时刻将会发生什么事件。序列图是一种强调时间顺序的交互图，其中对象沿横轴排列，消息沿纵轴按时间顺序排列。序列图中的对象生命线是一条垂直的虚线，它表示一个对象在一段时间内存在。

【11-10】 “ATM 取款”用例顺序图如图 11-9 所示。

协作图(collaboration diagram)用于表示对象间的消息往来。虽然序列图在某种定义上也能表示对象的协作动作，但能明确描述对象间的协作关系的还是协作图。

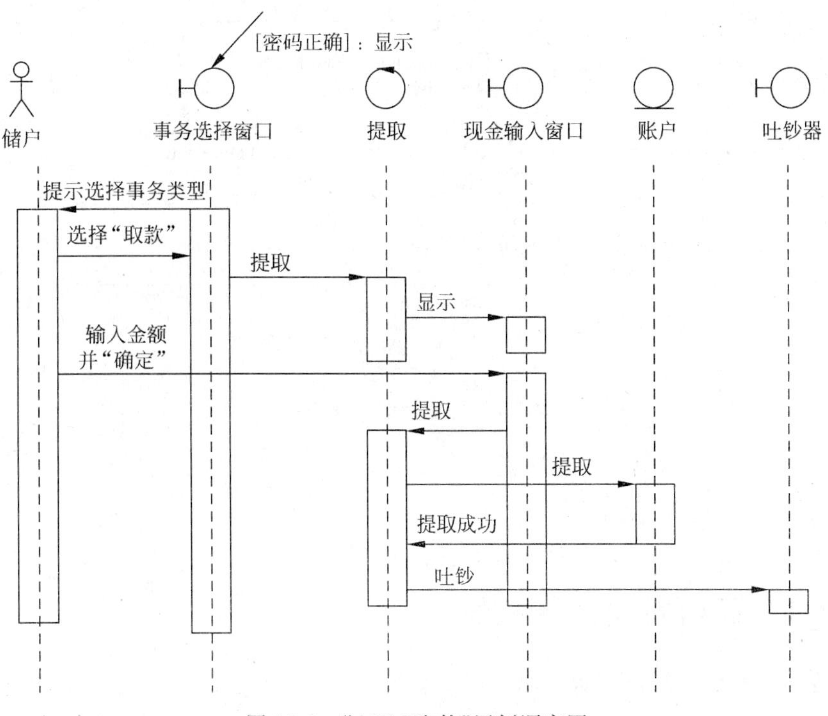

图 11-9　“ATM 取款”用例顺序图

【例 11-11】　图 11-10 表示了自动贩卖机的协作图。

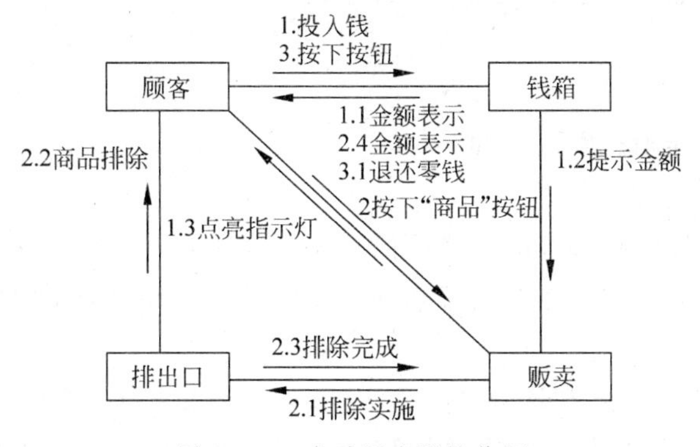

图 11-10　自动贩卖机协作图

3）状态图

状态图(Statechart Diagram)描述对象在生命周期中可能的状态以及每一种状态的重要行为；描述它所检测到的事件以及什么样的事件引起对象状态发生改变。

【例 11-12】　图 11-11 所示是一个银行账户的两状态模型，它表明银行账户不是处于借记状态就是处于透支状态。假定这个示例仅有的两个操作是向该账户存款或取款，守卫条件和动作是根据在交易中涉及的存取款金额 amt 和该账户的当前余额 bal 确定支持哪个操作执行。当账户透支时，不能进行取款。

4）活动图

活动图是 UML 用于对系统的动态行为建模的另一种常用工具，它描述活动的顺序，展现从一个活动到另一个活动的控制流。活动图在本质上是一种流程图。

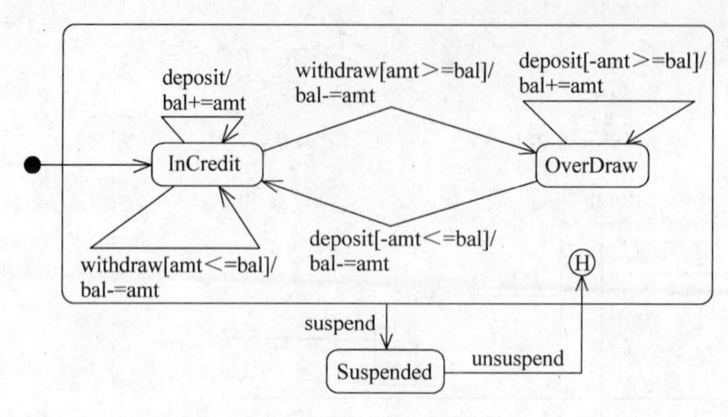

图 11-11 银行账户状态图

11.3 面向对象设计

11.3.1 面向对象设计概述

分析是提取和整理用户需求，并建立问题域精确模型的过程。面向对象的设计（Object Oriented Design，OOD）是把分析阶段得到的需求转变成符合成本和质量要求的、抽象的系统实现方案的过程。从分析到设计，是一个逐渐扩充模型的过程。或者说，面向对象的设计就是用面向对象的观点建立求解域模型的过程。

1. OOD 准则

面向对象设计的准则有以下几种。

1）模块化

模块化是软件设计的重要准则。在面向对象开发方法中，将对象定义为模块。对象把数据结构和作用在数据上的操作封装起来构成模块。对象是组成系统的基本模块。

2）抽象

类是一种抽象数据类型，在该数据类型之上，可以创建对象（类的成员）。类包含相似对象的共同属性和服务，它对外定义了公共接口，构成了类的规格说明（即协议），供外界合法访问。通过这种接口访问类实例中的数据。通常把这类抽象称为规格说明抽象。

3）信息隐藏

在面向对象方法中，对象是属性和服务的封装体，这就实现了信息隐藏。类结构分离了接口与实现，类的属性的表示方法和操作的实现算法，对于类的用户来说，都应该是隐藏的，用户只能通过公共接口访问类中的属性。

4）弱耦合

耦合指一个软件结构内不同模块之间互连的紧密程度。在面向对象方法中，对象是最基本的模块，因此，耦合主要指不同对象之间相互关联的紧密程度。

弱耦合是优秀设计的一个重要标准，因为这有助于使得系统中某一部分的变化对其他部分的影响降到最低程度。在理想情况下，对某一部分的理解、测试或修改，无须涉及系统的其他部分。

当然，对象不可能是完全孤立的，当两个对象必须相互联系相互依赖时，应该通过类的协议(即公共接口)实现耦合，而不应该依赖于类的具体实现细节。

5) 强内聚

内聚衡量一个模块内各个元素彼此结合的紧密程度。也可以把内聚定义为：设计中使用的一个构件内的各个元素，对完成一个定义明确的目的所做出的贡献程度。在设计时应该力求做到高内聚。在面向对象设计中存在下列3种内聚。

- 服务内聚。一个服务应该完成一个且仅完成一个功能。
- 类内聚。设计类的原则是，一个类应该只有一个用途，它的属性和服务应该是高内聚的。类的属性和服务应该全都是完成该类对象的任务所必需的，其中不包含无用的属性或服务。如果某个类有多个用途，通常应该把它分解成多个专用的类。
- 一般-特殊内聚。设计出的一般-特殊结构，应该符合多数人的概念，更准确地说，这种结构应该是对相应的领域知识的正确抽取。

紧密的继承耦合与高度的一般-特殊内聚是一致的。例如，虽然表面看来飞机与汽车有相似的地方(都用发动机驱动，都有轮子，……)，但是，如果把飞机和汽车都作为"机动车"类的子类，则不符合领域知识的表示形式，这样的一般-特殊结构是低内聚的。高内聚的一般-特殊结构应该是，设置一个抽象类"交通工具"，把飞机和机动车作为交通工具类的子类，而汽车又是机动车类的子类。

6) 可重用

软件重用是提高软件开发生产率和目标系统质量的重要途径。重用基本上从设计阶段开始。重用有两方面的含义：

- 一是尽量使用已有的类(包括开发环境提供的类库及以往开发类似系统时创建的类)；
- 二是如果确实需要创建新类，则在设计这些新类的协议时，应该考虑将来的可重用性。

2. 设计策略

在使用面向对象方法学开发软件的实践中，得出了下面一些基于经验的启发规则，这些规则往往能帮助软件开发人员设计出好的方案，以保证软件的质量。

1) 设计结果应该清晰易懂

良好的设计结果应该是清晰易懂的，它能提高软件的可维护性和可重用性。如果一个设计结构不清楚，并且难以理解，是不会被人们接受的。设计时采用以下几个策略能使结果清晰易懂。

- 命名一致。命名应该与专业领域中的名字一致，并且要是符合人们习惯的名字。不同类中相似服务的名字应该相同。
- 重用协议(公共接口)。在设计中应该使用已经建立的类的协议，避免重复劳动或重复定义带来的差异(不统一)。这些协议可能是其他设计人员已经建立的类的协议，或是在类库中已有的协议。
- 减少消息连接。尽量采用已有的标准消息连接，去掉不必要的消息连接。采用统一模式建立自己需要的消息连接，以便理解和使用，增强可理解性和可使用性。

- 避免模糊的定义。应该定义具有明确、有限用途的类，避免那些模糊的、不准确的类的定义。

2）一般-特殊结构的深度应适当

从基类派生子类，再从子类派生下一层子类，这样的一般-特殊结构的类层次数应该适当，不必过于细化，层次的深度应该是有限的。一般来说，在一个中等规模（大约包含 100 个类）的系统中，类层次数应保持为 7±2。

3）设计简单的类

类设计应该尽量小而简单，便于开发和管理。定义很大的类，它所包含的属性和服务相对就多，会给开发和使用带来困难。实践表明，一个简单类的定义应该在 50 行左右（或两屏）。简单类可按照下列的策略定义。

- 避免包含太多的属性。一个类包含的属性多少将决定类的复杂程度。一个类包含太多的属性则表明该类过于复杂，因此，就可能有过多的作用在这些属性上的服务。
- 避免提供太多服务。一个类包含服务的多少也是决定类的复杂程度的一个重要因素。太复杂的类所提供的服务肯定太多。一般来说，一个类提供的公共服务不要超过 7 个。
- 明确精练的定义。如果一个类的任务简单了，则它的定义就明确精练了，通常任务简单的类可用几个简单语句描述。

简化对象间的通信。每个对象应该独立完成任务。也就是说，对象在完成任务时，尽量不要依赖于其他对象的配合（帮助），对象之间过多的依赖会破坏类的简明性和清晰性。

虽然，遵循上述设计策略能设计出明确精练的较小的类，但在开发大型软件系统中，必定会有大量较小的类设计出来，这将会导致类间的通信变复杂。采用划分"主题"的方法，可以解决这个问题。

4）使用简单的协议

经验表明，通过复杂消息相互关联的对象是紧耦合的，对一个对象的修改往往导致其他对象的修改。

5）使用简单的服务

面向对象设计出来的类中的服务通常都很小，可以用仅含一个动词和一个宾语的简单句子描述它的功能。

设法分解或简化复杂的服务。

6）把设计变动减至最小

通常，设计的质量越高，设计结果保持不变的时间也越长。即使出现必须修改设计的情况，也应该使修改的范围尽可能小。

3. OOD 组成

Coad 和 Yourdon 提出的 OOD 方法，在逻辑上都由 4 大部分组成：

- 人机交互部分；
- 问题域部分；
- 任务管理部分；

- 数据管理部分。

这 4 大部分对应于组成目标系统的 4 个子系统：

- 问题域子系统；
- 人机交互子系统；
- 任务管理子系统；
- 数据管理子系统。

每个部件由主题词、对象及类、结构、属性和外部服务 5 层组成。可以把面向对象设计模型的 4 大组成部分想象成整个模型的 4 个垂直切片。典型的面向对象设计模型可以用图 11-12 表示。

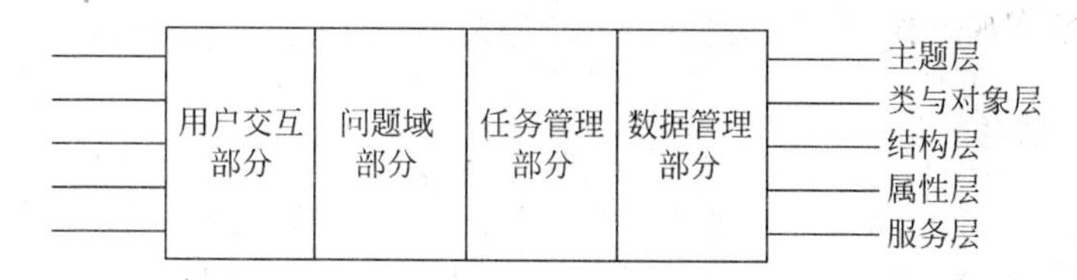

图 11-12　典型的面向对象设计模型

11.3.2　问题域子系统设计

问题域子系统可以直接引用面向对象分析所得出的问题域精确对象模型，并为该模型提供了完整的框架，面向对象设计就应该保持该框架结构。面向对象设计在分析模型基础上，从实现角度对问题域模型做一些补充或修改，修改包括增添、合并或分解类与对象、属性及服务，调整继承关系等。如果问题域子系统相当复杂庞大时，则应把它进一步分解成若干个更小的子系统。

下面讲述在面向对象设计过程中，对问题域对象模型做增补或修改的方法。

1. 调整需求

当用户需求或外部环境发生了变化，或者分析员对问题域理解不透彻或缺乏领域专家帮助，以致建立了不能完整、准确地反映用户真实需求的面向对象分析模型时，需要对面向对象分析所确定的系统需求进行修改。一般来说，首先对面向对象分析模型做简单的修改，然后再将修改后的模型引用到问题域子系统中。

2. 复用类

设计时应该在面向对象分析结果的基础上实现现有类的复用，现有类是指面向对象程序设计语言所提供的类库中的类。因此，在设计阶段就要开始考虑复用，为代码复用奠定基础。如果确实需要创建新的类时，则在设计新类时，必须考虑它的可复用性。复用类的过程如下：

（1）选择合适的基类。在类库或已有的类中，可能存在若干符合继承要求的类，选择其中能够满足新类的属性和操作要求，且冗余最小的类为基类。

（2）修改类之间的关联，必要时改为被复用的基类之间的关联。

（3）将问题域中的相关类关联。

3. 增加一般化类

在设计时，有些具体类存在相似的操作或属性。这时可以通过这些具体类引入抽象类，为这些具体类定义一组服务。在抽象类派生具体类时，可具体定义相关服务的操作，形成操作协议。

4. 简化继承

当面向对象模型中的一般-特殊结构包括多继承，而使用一种只有单继承和无继承的编程语言时，需要对面向对象模型做一些修改，即将多继承转化为单继承，单继承转化为无继承，用单继承和无继承编程语言来表达多继承功能。

5. 改进系统性能

性能是评价一个系统运行效率的重要指标，性能的改进主要从系统的运行速度、空间占用、成本大小、用户满意度等方面进行。

6. 增加底层细节

从技术实现的角度，将问题域中一些底层的细节信息分离成独立的细节类，以隔离高层的逻辑实现。

当问题域子系统很庞大时，应该进一步分解成若干小的子系统。

【例 11-13】 ATM 系统的问题域子系统结构如图 11-13 所示。

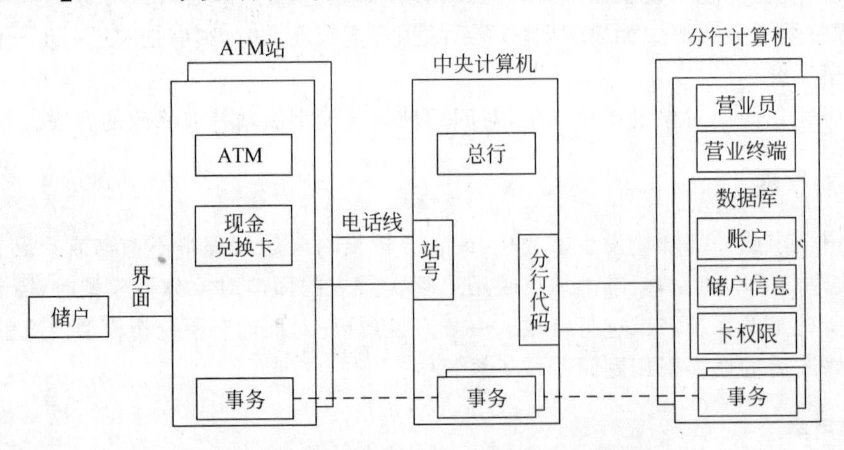

图 11-13 ATM 系统的问题域子系统结构

11.3.3 人机交互子系统设计

人机交互子系统也称人机交互部分(Human Interaction Component，HIC)。人机交互部分的设计结果，将对用户使用系统带来很大影响。人机界面设计得好，则会使系统产生魅力，吸引用户经常使用系统，并觉得与系统的交互是友好的、兴奋的，还能提高工作效率；反之不然。为了得到良好的人机界面，在分析阶段要对用户进行分析，在设计阶段要延续该分析，包括对用户、交互时间、交互技术等进行分析。

在人机交互子系统设计中，在初步分析用户界面需求的基础上，对人机交互的细节进行详细设计，包括对窗口、对话框和报表的形式，设计命令层次组织等内容的设计。

设计人机交互子系统的关键，是使用原型技术。建立人机界面的原型，征求用户的意见，获取用户的评价，也是设计人机界面的一种有效途径。

1. 设计人机交互界面的准则

要把人机交互界面设计得友好，让用户满意，应该遵循下列准则。

- 一致性。在人机交互界面中，术语、步骤、动作的使用都要一致。
- 减少步骤。人机交互界面设计时，应尽量减少为完成某个操作而敲击键盘、单击鼠标、单击下拉菜单的次数，并且适应不同技术水平的用户，还需要有极小的响应时间，特别应该为熟练用户提供简捷的操作方法(例如热键)。
- 及时提供反馈信息。在运行时间较长时，应该有提示使得用户不感到寂寞。每当要用户等待系统完成一个活动时，系统都应该向用户提供有意义的、及时的反馈信息，以便能够让用户知道系统当前已经完成该活动的进度、是否正常等信息，不要“哑播放”。
- 提供撤销命令。人与系统交互时难免会出错误，系统应该提供“撤销(Undo)”命令，以便用户发现错误时能及时撤销错误操作，进行补救处理。
- 减少记忆。好的界面不需要用户记忆使用步骤，操作比较简单。
- 易学易用。界面应该易学易用，应该有联机学习、操作手册以及其他参考资料，以便用户在需要时可随时参阅。
- 富有吸引力。给用户设计友好的、趣味的、具有吸引力的人机交互界面，从而吸引用户使用。

2. 设计人机交互子系统的策略

人机交互子系统的设计主要考虑以下几个方面。

1) 用户分类

进行用户分类的目的是明确使用对象，针对不同的使用对象设计不同的交互界面，以适应不同用户的需求。为了设计出符合用户需要的界面，应该深入了解用户的需要与爱好，可将用户按照不同角度进行分类。

(1) 按技能分类(初级/中级/高级)。

(2) 按职务分类(总经理/部门经理/职员)。

(3) 按工作性质分类(行政人员/技术人员)。

(4) 按专业知识分类(外专业/专业/系统员/程序员)。

2) 描述用户

需要详细了解使用该系统的用户，包括用户职业特点、使用该系统的目的、用户的各方面特征、技能水平及用户工作特点和流程。

3) 设计命令层次

设计命令层次一般包含下列工作。

(1) 研究现有的人机交互准则。命令层设计有许多方式，但目前最受用户喜爱的是

Windows 界面，Windows 已经成了微机上图形用户界面事实上的工业标准。所有 Windows 应用程序的界面是一致的，窗口布局、菜单、术语等的使用，以及界面的风格、习惯等都是一致的。Windows 的命令层设计采用了下拉式菜单和弹出式菜单，而且各菜单的组织方式也类似。

设计图形用户界面时，应该保持与普通 Windows 应用程序界面一致，并遵守广大用户习惯的约定，这样才会被用户接受和喜爱。

(2) 设计初始命令层。所谓命令层，是将系统中的可用服务用过程抽象机制组织起来的一种体现。设计时首先从服务的基本过程抽象开始，确定系统的最上层(如大的操作，相近小命令的总称，多层命令的最上层等)，然后再修改它们，以符合目标系统的特定需要。

(3) 优化命令层。为使命令层完善、合理以及使用方便，应该考虑下列一些因素，做进一步修改。

- 排列：检查每个服务的名字，并将服务排在命令层中的合适位置。可按系统功能(服务)顺序排列，也可以按用户习惯的工作顺序排序。
- 整体-部分组合：通过服务本身发现整体-部分关系，来帮助在命令层中对服务组织和分组。
- 宽度和深度：通常，命令层中同一层显示命令的个数(宽度)，设计为 7±2 个比较合适；命令层中层数(深度)设计为 3 层比较合适。这样符合人的短期记忆能力。
- 减少操作步骤：做同样的工作，按键或拖动鼠标越少越好。并为高级用户提供简捷的操作方法。

4) 提高易用性

为了提高易用性，在设计交互界面时应注意以下几点：

- 一致性。采用一致的术语、一致的步骤和一致的活动。
- 明确性。在操作过程中，每当等待系统完成一个活动时，应给出活动进展情况，让用户随时掌握工作状态。
- 容错性。对于用户的误操作，系统能够恢复或部分恢复原来的状态。
- 学习性。为用户提供联机帮助信息。

5) 设计人机交互类

人机交互类设计，可在操作系统及编程语言的基础上，利用类库中现有的、适用的类来派生出符合目标系统需要的类，作为人机交互类。

11.3.4 任务管理子系统设计

任务也称为进程，就是执行一系列活动的一段程序。任务管理主要是对系统各种任务进行选择和调整的过程。设计任务管理工作时，主要是确定对象之间的关系，包括选择必须同时动作的对象以及对相互排斥的对象的处理进行调整，然后根据对象完成的任务及对象之间的关系，进一步设计任务管理子系统。

常见的任务管理子系统中有事件驱动任务、时钟驱动任务、优先任务、关键任务和协调任务等。

1. 标识事件驱动任务

由某个事件触发而引起的任务称为事件驱动任务。事件通常表明一个设备传输过来的一个信息，事件是由设备引起的。任务是对事件的处理。一个任务可以设计成由一个事件来触发（驱动）的，该事件常常是对一些数据的到达发信号，而这些数据可能来自输入数据行，或者另一个任务写入的数据缓冲区。这类任务可能主要完成通信工作，例如，与设备、屏幕窗口、其他任务、子系统、另一个处理器或其他系统通信。

事件驱动任务的工作过程为：

(1) 任务处于睡眠状态（不消耗处理器时间），等待来自数据行或其他数据源的中断；

(2) 接收到中断就唤醒了该任务；

(3) 阅读数据并把数据放入内存缓冲区或其他目的地；

(4) 向需要知道此事件的对象发出通知，然后该任务又回到睡眠状态。

2. 标识时钟驱动任务

按特定的时间间隔被触发后执行某些处理的任务称为时钟驱动任务。例如，某些设备需要周期性地获得数据；某些人机接口、子系统、任务、处理器或其他系统也可能需要周期性的通信。

时钟驱动型任务的工作过程为：

(1) 任务设置了唤醒时间后进入睡眠状态；

(2) 等待来自系统的中断；

(3) 接收到中断，任务被唤醒；

(4) 进行处理，通知有关的对象；

(5) 该任务又回到睡眠状态。

3. 标识优先任务

根据事件的优先级高低来做处理的任务称为优先级任务。它可以满足高优先级或低优先级的处理需求。

(1) 高优先级：有些服务可能是高优先级的，需要把这类服务划分成独立的任务，使该类服务在一个严格限定的时间内完成。

(2) 低优先级：有些服务是低优先级的，属于低优先级处理（通常指那些后台处理）。设计时可能用附加的任务把这种服务分离出来。

任务的划分是根据时间决定优先级，根据优先级的高低划分出轻重缓急的任务。

4. 标识关键任务

设计时应该分离出那些对于系统的成败特别关键的任务，该类任务通常都有严格的可靠性、安全性要求。设计时可用附加的任务来分离出关键的任务，应该进行深入细致的设计、编码和测试，以满足高可靠性、安全性处理的要求。也就是说，根据需求决定任务的主次，保证关键任务。

5. 标识协调任务

当系统中有三个以上任务时，就应该考虑增加一个任务，用来协调任务之间的关系，该任务称为协调任务。从一个任务到另一个任务的转换时间叫现场转换时间。协调任务用来控制现场转换时间时，将会给系统设计带来困难，但是引入协调任务可为封装不同任务之间的协调控制带来好处。该任务的行为可用状态转换矩阵来描述。这样的任务应该只做协调工作，不必分配其他的工作。

11.3.5 数据管理子系统设计

数据库管理子系统的任务是将一个系统的实现和它需要的具体数据存储分离，建立完善的数据存储管理体系。将数据单独管理，一方面使数据的存储和操作方式规范化，提高数据访问的通用性，另一方面专门的数据管理系统可以保证数据存储的安全性、访问数据的并发性和较好的可维护性等。数据管理的设计包括选择数据管理模式和设计数据管理子系统。

1. 选择数据管理模式

选择数据存储管理模式是数据管理子系统设计的首要任务。可供选择的数据存储管理模式有三种：文件管理系统、关系数据库系统和面向对象管理系统。设计者应该根据应用系统的特点，选择一种合适的数据存储管理模式。

1）文件管理系统

文件管理系统提供了基本的文件处理和分类能力。它的特点是长期保存数据，成本低而且简单。但文件操作烦琐，实现比较困难，必须编写大量的代码。此外，文件管理系统是操作系统的一个组成部分，不同操作系统的文件管理系统往往有明显的差异。

2）关系数据库管理系统

关系数据库管理系统建立在关系理论基础上。它用若干个表来管理数据，表中的每一行表示表中的一组值，每一列有一个单一的(原子)值在其中。

3）面向对象数据库管理系统

面向对象数据库管理系统(Object Oriented Data Base，OODB)是一种新技术，它的扩展设计途径如下：

- 在关系数据库的基础上，加强了一些操作功能。例如，增加了抽象数据类型和继承性，以及创建及管理类和对象的通用服务。这种 OODB 称为扩充的关系数据库管理系统。
- 面向对象程序设计语言中扩充了数据库的功能。例如，扩充了存储和管理对象的语法和功能。这种 OODB 称为扩充的面向对象程序设计语言。
- 从面向对象方法本身出发来设计数据库。开发人员可以用统一的面向对象观点进行设计，不再需要区分存储数据结构和程序数据结构。

2. 设计数据管理子系统

无论基于哪种数据管理模式，设计数据管理子系统都包括设计数据存储格式和设计数据存放服务两部分。

1）设计数据存储格式

不同的数据存储管理模式，其设计数据存储格式的方法也不同。下面分别介绍每种数据存储管理模式的数据存储格式设计方法。

如果数据管理模式为文件系统，则数据存储格式的步骤包括：

(1) 列表给出每个类的属性(既包括类本身定义的属性又包括继承下来的类属性)；

(2) 将所有属性表格规范为第一范式；

(3) 为每个类定义一个文件；

(4) 测量性能和需要的存储容量能否满足实际性能要求；

(5) 若文件太多时，则把一般-特殊结构的对象文件合并成一个文件，以减少文件数量。

如果数据管理模式为关系数据库管理系统，则数据存储格式的步骤包括：

(1) 列出每个类的属性表；

(2) 将所有属性表格规范为第三范式；

(3) 为每个类定义一个数据库表；

(4) 测量性能和需要的存储容量能否满足实际性能要求；

(5) 若不满足再返回第二步设计规范，修改原来设计的第三范式，以满足性能和存储需求。

如果数据管理模式为面向对象数据库管理系统，则数据存储格式的步骤包括：

(1) 对于在关系数据库上扩充的面向对象数据库管理系统，其处理步骤与基于关系数据库的处理步骤类似。

(2) 对于由面向对象程序设计语言扩充而来的面向对象数据库管理系统，则不需要对属性进行规范化，因为数据库管理系统本身具有把对象值映射成存储值的功能。

2）设计数据存放服务

如果某个类的对象需要存储起来，则在该类中应该增加一个属性和服务，用于完成存储对象自身的操作。通常把增加的属性和服务与对象中其他的属性和服务分离，作为“隐含”的属性和服务，在类与对象的定义中描述，不在面向对象设计模型的属性和服务层中显式地表示出来。

“存储自己”的属性和服务形成了问题域子系统与数据管理子系统之间必要的桥梁。若系统支持多继承，那么用于“存储自己”的属性和服务应该专门定义在一个基类“Object Server(对象服务器)”中，通过继承关系使那些需要存储对象的类从基类中获得该属性和服务。

不同的数据存储管理模式，其设计相应的服务的方法也不同。

(1) 文件系统

采用文件系统设计时，对象需要确定打开哪个文件，在文件中如何定位，如何检索出旧值(如果存在)以及如何更新值。因此，需要定义一个“Object Server 类”，该类应该提供两个服务：

- 告知对象如何存储自身；
- 检索已存储的对象(查找、取值、创建或初始化对象)，以便把这些对象提供给其他子系统使用。

(2) 关系数据库管理系统

采用关系数据库管理系统设计时,对象需确定访问哪些数据库表,如何检索到所需要的行(元组),如何检索出旧值(如果存在)以及如何更新值。因此,还应该专门定义一个“Object Server”类,并声明它的对象。该类应提供下列服务:

- 告知对象如何存储自身;
- 检索已存储的对象(查找、取值、创建或初始化对象),以便其他子系统使用这些对象。

(3) 面向对象数据库管理系统

- 对于在关系数据库上扩充的面向对象数据库管理系统,与使用关系数据库管理系统时方法相同。
- 对于由面向对象程序设计语言扩充而来的面向对象数据库管理系统,没有必要定义专门的类,因为该系统已经提供了为每个对象“存储自己”的行为。只需给需要长期保存的对象加个标记,这类对象的存储和恢复由面向对象数据库管理系统负责完成。

11.4 面向对象实现

面向对象编程实现(Object Oriented Programming,OOP)主要是将 OOD 中得到的模型利用程序设计实现。具体操作包括:选择程序设计语言编程、调试、试运行等。前面两阶段得到的对象及其关系最终都必须由程序语言、数据库等技术实现,但由于在设计阶段对此有所侧重考虑,故系统实现不会受具体语言的制约,因而本阶段占整个开发周期的比重较小。

建议应尽可能采用面向对象程序设计语言,一方面由于面向对象技术日趋成熟,支持这种技术的语言已成为程序设计语言的主流;另一方面,选用面向对象语言能够更容易、安全和有效地利用面向对象机制,更好地实现 OOD 阶段所选的模型。

11.4.1 面向对象编程的发展

1. 编程思路的发展

编程思路的发展主要经历了两个重要阶段:面向过程和面向对象。

结构化程序设计(structured programming)是进行以模块功能和处理过程设计为主的详细设计的基本原则。其概念最早是由 E. W. Dijikstra 在 1965 年提出的,是软件发展的一个重要的里程碑。它的主要观点是采用自顶向下、逐步求精的程序设计方法;使用三种基本控制结构构造程序,任何程序都可由顺序、选择、循环三种基本控制结构构造。结构化程序设计语言使得编写较复杂的程序变得容易。但是,一旦某个项目达到一定规模,即便使用结构化程序设计的方法,局势仍将变得不可控制。

面向对象程序设计可以弥补面向过程程序设计方法中的一些缺点。面向对象程序设计把数据看做程序开发中的基本元素,不允许它们在系统中自由流动,将数据和操作这些数据的函数紧密连结在一起,并保护数据不被外界函数任意改变。面向对象程序设计将问题分解为一系列实体——这些实体被称为对象(object),然后围绕这些实体建立数据和函数。

OOP的许多原始思想都来自于Simula语言,并在Smalltalk语言的完善和标准化过程中得到更多的扩展和对以前的思想的重新注解。可以说OO思想和OOP几乎是同步发展相互促进的。与函数式程序设计(functional-programming)和逻辑式程序设计(logic-programming)所代表的接近于机器实际计算模型所不同的是,OOP几乎没有引入精确的数学描叙,而是倾向于建立一个对象模型,它能够近似的反映应用领域内实体之间的关系,其本质是更接近于一种人类认知事物所采用的哲学观的计算模型。

2. 面向对象程序设计的优点

与传统方法相比,面向对象的问题求解具有更好的可重用性、可扩展性和可管理性。本节将简要介绍使用面向对象的程序设计方法的优点和适用场合。

1) 可重用性

可重用性是面向对象程序设计的一个核心思路,其开发特点都或多或少地围绕着可重用性这个核心并为之服务。目前,应用软件是由模块组成的,可重用性就是指一个软件项目中所开发的模块,不仅能够在这个项目中使用,还可以重复地使用在其他项目中,从而在多个不同的系统中发挥作用。采用可重用模块来构建程序,其优点是显而易见的,主要有如下几点。

- 提高开发效率,缩短开发周期,降低开发成本。在项目开发初期开发一些公用模块就是要发挥这种优势。
- 采用已经被证明为正确、优先的模块,不仅程序质量能够得到保证,而且维护工作量也相应减少。
- 提高程序的标准化程度,以符合现代大规模软件开发的需求。

正是由于面向对象程序设计具有可重用性,使它能适应不断扩大、复杂性增加和标准化程度日益提高的现代应用软件开发的规模要求,因此逐渐成为开发人员承认、依赖和喜爱的主流开发技术。

2) 可扩展性

可扩展性是现代应用软件提出的又一个重要要求,即要求应用软件能够方便、容易地进行扩展和修改。这种扩充和修改的范围不但涉及软件的内容,也涉及软件的形式和工作机制。面向对象程序设计的可扩展性主要体现在如下几个方面。

- 特别适合快速原型软件开发。前面已经介绍过,快速原型法是研究软件生命周期的研究人员提出的一种开发方法,相对于传统的瀑布式开发方法,它在某些程度上来说更加灵活和实用。面向对象程序设计方法非常合适这种先搭框架,再填入内容的快速原型法的开发思路,因为面向对象程序的基本和主要组成部分是类,就是抽象出实体的主要性质而形成的模块结构。在开发过程的初期,类里面仅包含一些最基本的属性和操作,完成一些最基本的功能。随着开发的深入,再逐步向类里加入复杂的属性,并派生子类和定义更复杂的关系,这就形成了快速原型的开发思路,也就是面向对象程序设计的常用方法。
- 系统的维护更加简单和容易。面向对象程序设计过程中,开发人员只需在原来系统框架的基础上对类进行扩充和修改,这样维护工作和开销自然大大减少,这是面向对象方法相对于传统方法的一个优点。

- 有效支持模块化技术。模块化是软件设计和程序开发过程中经常使用、非常有效的一种方法。采用模块可以将大的任务划分为较小的单元，交给不同的开发人员各自开发、并行完成，同时模块可以将模块内部的实现过程隐蔽起来，避免干扰。

3）可管理性

面向过程开发方式是以过程或函数为基本单元来构建整个系统的，当项目的规模变大时，需要的过程和函数数量成倍增多，不利于管理和控制。而面向对象程序设计采用比过程和函数更丰富、更复杂的类作为构建系统的部件，整个项目的组织将更加合理和方便。

另外，在面向对象程序设计中，数据和操作封装在一起，使得只有该类的有限个方法才可以操作这些数据。

11.4.2 程序设计语言

面向对象设计结果需要“翻译”成用某种程序语言书写的面向对象程序。面向对象程序的质量基本上由面向对象设计的质量决定，但是，所采用的程序语言的特点和程序设计风格也将对程序的可靠性、可重用性及可维护性产生深远影响。

1. 面向对象语言的技术特点

面向对象语言的形成借鉴了历史上许多程序语言的特点，从中吸取了丰富的营养。20世纪80年代以来，面向对象语言像雨后春笋一样大量涌现，形成了两大类面向对象语言。一类是纯面向对象语言，如Smalltalk和Eiffel等语言。另一类是混合型面向对象语言，也就是在过程语言的基础上增加面向对象机制，如C++等语言。面向对象语言有如下技术特点。

1）支持类与对象概念的机制

面向对象语言通过以下机制支持类与对象：

- 所有面向对象语言都允许用户动态创建对象，并且可以用指针引用动态创建的对象。允许动态创建对象，就意味着系统必须处理内存管理问题，如果不及时释放不再需要的对象所占用的内存，动态存储分配就有可能耗尽内存。
- 有两种管理内存的方法，一种是由语言的运行机制自动管理内存，即提供自动回收“垃圾”的机制；另一种是由程序员编写释放内存的代码。自动管理内存不仅方便而且安全，但是必须采用先进的垃圾收集算法才能减少开销。
- 某些面向对象的语言允许程序员定义析构函数(destructor)。每当一个对象超出范围或被显式删除时，就自动调用析构函数。

2）实现整体-部分（即聚集）结构的机制

有两种实现方法，分别使用指针和独立的关联对象实现整体-部分结构。大多数现有的面向对象语言并不显式支持独立的关联对象，在这种情况下，使用指针是最容易的实现方法，通过增加内部指针可以方便地实现关联。

3）实现一般-特殊（即泛化）结构的机制

既包括实现继承的机制也包括解决名字冲突的机制。所谓解决名字冲突，指的是处理在多个基类中可能出现的重名问题，这个问题仅在支持多重继承的语言中才会遇到。某些语言拒绝接受有名字冲突的程序，另一些语言提供了解决冲突的协议。不论使用何种语言，程序员都应该尽力避免出现名字冲突。

4）实现属性和服务的机制

对于实现属性的机制应该着重考虑以下几个方面：

- 支持实例连接的机制；
- 属性的可见性控制；
- 对属性值的约束。

对于服务来说，主要应该考虑下列因素：

- 支持消息连接（即表达对象交互关系）的机制；
- 控制服务可见性的机制；
- 动态联编。

所谓动态联编，是指应用系统在运行过程中，当需要执行一个特定服务的时候，选择（或联编）实现该服务的适当算法的能力。动态联编机制使得程序员在向对象发送消息时拥有较大自由。

5）类型检查

程序设计语言可以按照编译时进行类型检查的严格程度来分类。如果语言仅要求每个变量或属性隶属于一个对象，则是弱类型的；如果语法规定每个变量或属性必须准确地属于某个特定的类，则这样的语言是强类型的。面向对象语言在这方面差异很大。C++和Eiffel则是强类型语言。混合型语言（如C++，Objective_C等）甚至允许属性值不是对象而是某种预定义的基本类型数据（如整数，浮点数等），这可以提高操作的效率。

强类型语言主要有两个优点：一是有利于在编译时发现程序错误，二是增加了优化的可能性。通常使用强类型编译型语言开发软件产品，使用弱类型解释型语言快速开发原型。总的说来，强类型语言有助于提高软件的可靠性和运行效率，现代的程序语言理论支持强类型检查，大多数新语言都是强类型的。

6）类库

大多数面向对象语言都提供一个实用的类库。类库的存在使许多软构件不必由程序员重头编写，这为实现软件重用带来了很大方便。类库中往往包含实现通用数据结构（例如，动态数组、表、队列、栈、树等）的类，通常把这些类称为包容类。在类库中还可以找到实现各种关联的类。

7）效率

许多人认为面向对象语言的主要缺点是效率低。产生这种印象的一个原因是，某些早期的面向对象语言是解释型的而不是编译型的。事实上，使用拥有完整类库的面向对象语言，有时能比使用非面向对象语言得到运行更快的代码。因为类库中提供了更高效的算法和更好的数据结构，例如，程序员已经无须编写实现哈希表或平衡树算法的代码了，类库中已经提供了这类数据结构，而且算法先进、代码精巧可靠。

认为面向对象语言效率低的另一个理由是，这种语言在运行时使用动态联编实现多态性，这似乎需要在运行时查找继承树，以得到定义给定操作的类。事实上，绝大多数面向对象语言都优化了这个查找过程，从而实现了高效率查找。只要在程序运行时始终保持类结构不变，就能在子类中存储各个操作的正确入口点，从而使得动态联编成为查找哈希表的高效过程，不会由于继承树深度加大或类中定义的操作数增加而降低效率。

8）持久保存对象

任何应用程序都对数据进行处理，如果希望数据能够不依赖于程序执行的生命期而长时间保存下来，则需要提供某种保存数据的方法。一些面向对象语言，没有提供直接存储对象的机制。这些语言的用户必须自己管理对象的输入/输出，或者购买面向对象的数据库管理系统。通过在类库中增加对象存储管理功能，可以在不改变语言定义或不增加关键字的情况下，就在开发环境中提供这种功能。然后，可以从“可存储的类”中派生出需要持久保存的对象，该对象自然继承了对象存储管理功能。这就是 Eiffel 语言采用的策略。

9）参数化类

所谓参数化类，就是使用一个或多个类型去参数化一个类的机制。有了这种机制，程序员就可以先定义一个参数化的类模板（即在类定义中包含以参数形式出现的一个或多个类型），然后把数据类型作为参数传递进来，从而把这个类模板应用在不同的应用程序中，或用在同一应用程序的不同部分。C++语言也提供了类模板。

10）开发环境

至少应该包括下列一些最基本的系统开发工具：编辑程序，编译程序或解释程序，浏览工具，调试器（debugger）等。

2. 选择面向对象语言

开发人员在选择面向对象语言时，还应该着重考虑以下一些实际因素。

1）将来能否占主导地位

在若干年以后，哪种面向对象的程序设计语言将占主导地位呢？为了使自己的产品在若干年后仍然具有很强的生命力，人们可能希望采用将来占主导地位的语言编程。最终决定选用哪种面向对象语言的实际因素，往往是诸如成本之类的经济因素而不是技术因素。

2）可重用性

采用面向对象方法开发软件的基本目的和主要优点，是通过重用提高软件生产率。因此，应该优先选用能够最完整、最准确地表达问题域语义的面向对象语言。

3）类库和开发环境

决定可重用性的因素，不仅仅是面向对象程序语言本身，开发环境和类库也是非常重要的因素。事实上，语言、开发环境和类库这 3 个因素综合起来，共同决定了可重用性。

考虑类库的时候，不仅应该考虑是否提供了类库，还应该考虑类库中提供了哪些有价值的类。随着类库的日益成熟和丰富，在开发新应用系统时，需要开发人员自己编写的代码将越来越少。

为便于积累可重用的类和重用已有的类，在开发环境中，除了提供前述的基本软件工具外，还应该提供使用方便的类库编辑工具和浏览工具。其中的类库浏览工具应该具有强大的联想功能。

4）其他因素

应该考虑的其他因素还有：对用户学习面向对象分析、设计和编码技术所能提供的培训服务；在使用这个面向对象语言期间能提供的技术支持；能提供给开发人员使用的开发工具、开发平台、发行平台；对机器性能和内存的需求；集成已有软件的容易程度等。

11.4.3 程序设计风格

良好的程序设计风格对面向对象实现来说尤其重要，不仅能明显减少维护或扩充的开销，而且有助于在新项目中重用已有的程序代码。良好的面向对象程序设计风格，既包括传统的程序设计风格准则，也包括为适应面向对象方法所特有的概念（如继承性）而必须遵循的一些新准则。

1. 提高可重用性

面向对象方法的一个主要目标，就是提高软件的可重用性。软件重用有多个层次，在编码阶段主要涉及代码重用问题。代码重用有两种：一种是本项目内的代码重用，另一种是新项目重用旧项目的代码。

内部重用找出设计中相同或相似的部分，然后利用继承机制共享它们。外部重用则必须有长远眼光，需要反复考虑精心设计。虽然为实现外部重用而需要考虑的面，比为实现内部重用而需要考虑的面更广，但是，有助于实现这两类重用的程序设计准则却是相同的。下面讲述主要的准则：

（1）提高方法的内聚。一个方法（即服务）应该只完成单个功能。如果某个方法涉及两个或多个不相关的功能，则应该把它分解成几个更小的方法。

（2）减小方法的规模。应该减小方法的规模，如果某个方法规模过大（代码长度超过一页纸可能就太大了），则应该把它分解成几个更小的方法。

（3）保持方法的一致性。保持方法的一致性，有助于实现代码重用。一般来说，功能相似的方法应该有一致的名字、参数特征（包括参数个数、类型和次序）、返回值类型、使用条件及出错条件等。

2. 提高可扩充性

为了提高可扩充性应该考虑以下几个方面。

（1）封装实现策略。应该把类的实现策略（包括描述属性的数据结构、修改属性的算法等）封装起来，对外只提供公有的接口，否则将降低今后修改数据结构或算法的自由度。

（2）慎用公有方法。对公有方法的修改往往会涉及许多其他类，修改代价比较高。为了提高可维护性，降低维护成本，应该精心选择和定义公有方法，对公有方法的使用也应该慎重。

（3）控制方法的规模。一个方法应该只包含对象模型中的有限内容。违反这条准则将导致方法过分复杂，既不易理解，也不易修改扩充。

3. 提高健壮性

为提高健壮性应该遵守以下几条准则。

（1）预防用户的操作错误。软件系统必须具有处理用户操作错误的能力。当用户在输入数据时发生错误，不应该引起程序运行中断，更不应该造成“死机”。任何一个接收用户输入数据的方法，对其接收到的数据都必须进行检查，即使发现了非常严重的错误，也应该给出恰当的提示信息，并准备再次接收用户的输入。

(2) 检查参数的合法性。对公有方法，尤其应该着重检查其参数的合法性，因为用户在使用公有方法时可能违反参数的约束条件。

(3) 不要预先确定限制条件。在设计阶段，往往很难准确地预测出应用系统中使用的数据结构的最大容量需求。因此不应该预先设定限制条件。如果有必要和可能，则应该使用动态内存分配机制，创建未预先设定限制条件的数据结构。

(4) 先测试后优化。为在效率与健壮性之间做出合理的折中，应该在为提高效率而进行优化之前，先测试程序的性能，人们常常惊奇地发现，事实上大部分程序代码所消耗的运行时间并不多。应该仔细研究应用程序的特点，以确定哪些部分需要着重测试(例如，最坏情况出现的次数及处理时间，可能需要着重测试)。经过测试，合理地确定为提高性能应该着重优化的关键部分。如果实现某个操作的算法有许多种，则应该综合考虑内存需求、速度及实现的难易程度等因素，经合理折中选定适当的算法。

11.5 面向对象测试

11.5.1 面向对象测试的特点

面向对象的测试是指对用面向对象技术开发的系统，在测试过程中继续运用面向对象技术进行测试，面向对象测试同传统测试有以下不同。

(1) 传统测试主要是基于程序运行过程的，即选择一组输入数据运行被测程序，通过比较实际结果与预期结果从而判断程序是否有错。而OO程序中的对象通过发送消息启动相应的操作，并且通过修改对象的状态达到转化系统运行状态的目的，同时，在系统中还可能存在并发活动的对象。因此传统的测试方法不再适应。

(2) 传统程序的复用以调用公共模块为主，运行环境是连续的。而面向对象复用很多是用继承实现的，子类继承过来的同名操作有新的语境，必须要重新测试。随着继承层次的加深，测试的工作量和难度也随之增加。由继承支持的多态特性同样给测试带来了难度。

(3) 面向对象软件的开发是渐进、演化的开发，从分析、设计到实现使用相同的语义结构(如类、属性、操作、消息)。因此要扩大测试的视角，对分析模型、设计模型进行测试。例如，在分析模型中定义了一个无用的属性，围绕着这个属性可能会带来以下错误。

在分析模型中：

- 定义了一个与该属性有关的操作；
- 导致了不正确的类关系；
- 为共享属性和操作创建了不必要的子类；
- 为适应该属性和操作刻画了其类和系统的行为。

如果问题在分析阶段未被发现，再将错误继续传播，使得设计模型可能存在：

- 与该类有关的不合适的子系统或任务的划分；
- 与该无用属性有关操作的算法设计；
- 与该无用属性有关操作的接口及消息模式。

如果问题在设计阶段仍未被检测到，并传送到编码活动中，则大量的工作将被花在生成那些实现一个不必要的属性、不必要的操作、不必要的消息通信以及很多其他相关问题的代码上。

由于分析设计模型不能被执行，所以不能进行传统意义上的测试。只能通过正式技术复审来检查分析模型和设计模型的一致性。

(4) 面向对象开发工作的演化性使面向对象测试活动也具有演化性。每个构件产生过程中，单元测试随时进行，迭代的每一个构造都要进行集成测试，后期迭代还包括大量的回归测试，迭代结束时进行系统测试。

11.5.2 测试策略

测试系统的经典策略是从"小型测试"开始，逐步过渡到"大型测试"。就是从单元测试开始，逐步进入集成测试，最后进行确认测试和系统测试。对于传统的软件系统来说，单元测试集中测试最小的可编译的程序单元(过程模块)，一旦把这些单元都测试完之后，就把它们集成到程序结构中去；在集成过程中还应该进行一系列的回归测试，以发现模块接口错误和新单元加入到程序中所带来的副作用；最后，把软件系统作为一个整体来测试，以发现软件需求错误。测试面向对象软件的策略与上述策略基本相同，但也有许多新特点。

1. 面向对象的单元测试

在面向对象语境中，单元的概念发生了变化。封装驱动了类或对象的定义，即每个类或对象封装了属性和操作这些属性的服务，最小的可测试单位不是个体模块，而是封装的类或对象。类包含一组不同的操作，并且某个特殊操作可能作为类的一部分存在(如子类中继承的操作)，因此，单元实际上是类或若干相关的类组成的小簇。

单元测试不再孤立的测试单个操作(这是传统的单元测试的视角)，而是将操作作为类的一部分。例如，假设有一个类层次，操作 X 在超类中定义并被一组子类继承，每个子类都使用操作 X，但是，X 调用子类中定义的操作并处理子类的私有属性。由于在不同的子类中使用操作 X 的环境有微妙的差别，因此有必要在每个子类的语境中测试操作 X。这就说明，当测试面向对象软件时，传统的单元测试方法是不适用的，不能再在"真空"中(即孤立地)测试单个操作。

2. 面向对象的集成测试

因为在面向对象的系统中不存在层次的控制结构，传统的自顶向下或自底向上的集成策略就没有意义了。此外，由于构成类的各个成分彼此间存在直接或间接的交互，一次集成一个操作到类中(传统的渐增式集成方法)通常是不现实的。面向对象软件的集成测试主要有下述两种不同的策略。

1) 于线程的测试(thread-based testing)

集成一组相互协作的对某个输入或事件做出响应的类，每个线程被分别测试，并使用回归测试以保证没有副作用产生。

2) 于使用的测试(use-based testing)

按层次测试系统。先测试不依赖服务器的独立类，如管理和显示数据的类，然后测试依赖独立类的其他类。逐步增加依赖类，直到测试完整个系统。

应该注意发现不同的类之间的协作错误。集群测试(cluster testing)是面向对象系统集成测试的一个步骤。在这个测试步骤中，用精心设计的测试用例检查一组相互协作的类

(通过研究对象模型可以确定协作类),这些测试用例力图发现协作错误。

3. 确认测试和系统测试

确认测试和系统测试与传统的一样。测试的内容主要集中于用户可见的动作和用户可识别的系统输出(用户可见的功能),以及系统性能等其他需求。测试人员应该根据需求说明和用例模型设计测试用例。

11.5.3 设计测试用例

目前,面向对象软件的测试用例的设计方法,还处于研究、发展阶段。与传统软件测试(测试用例的设计由软件的输入、处理、输出视图或单个模块的算法细节驱动)不同,面向对象测试关注于设计适当的操作序列以检查类的状态。

1. 类的测试用例设计

测试单个类的方法主要有随机测试、划分测试和基于故障的测试等 3 种。

1) 类的随机测试

一个银行应用程序中 account 类有下列操作:open(打开)、setup(建立)、deposit(存款)、withdraw(取款)、balance(余额)、summarize(清单)、creditLimit(透支限额)和 close(关闭),但问题的性质隐含了一些限制(例如,账号必须在其他操作可应用前被打开,在所有操作完成后被关闭)。一个 account 实例的最小行为生命历史包括下面操作:open,setup,deposit,withdraw,close,表示了 account 的最小测试序列。然而大量的其他行为可能在下面序列中发生:open,setup,deposit,[deposit|withdraw|balance|summarize|creditLimit]n,withdraw,close。

从上列序列可以随机地产生一系列不同的操作序列,例如下面的两个测试用例。

测试用例 1:open,setup,deposit,deposit,balance,summarize,withdraw,close

测试用例 2:open,setup,deposit,withdraw,deposit,balance,creditLimit,withdraw,close

2) 类的划分测试

与测试传统软件时采用等价划分方法类似,采用划分测试(partition testing)方法可以减少测试类时所需要的测试用例的数量。首先,把输入和输出分类,然后设计测试用例以测试划分出的每个类别。划分类别的具体方法如下。

- 基于状态的划分。基于类操作改变类状态的能力来对类操作分类。类中有的操作改变类的状态(如 account 类中的 deposit 和 withdraw),有的操作不改变类的状态(如 balance,summarize 和 creditLimit)。因此分别独立测试改变状态的操作和不改变状态的操作。例如,用这种方法可以设计出如下的测试用例。

测试用例 1:open,setup,deposit,deposit,withdraw,withdraw,close。

测试用例 2:open,setup,deposit,summarize,creditLimit,withdraw,close。

- 基于属性的划分。根据操作使用的属性来划分类操作,即使用相同属性的操作划分在一个等价类中。如 account 类中,以 creditLimit 来定义划分,操作被定义成 3 个类别。

- 使用 creditLimit 的操作。
- 修改 creditLimit 的操作。
- 不使用或不修改 creditLimit 的操作。

然后对每个划分设计测试序列。

- 基于操作类别的划分。如在 account 类中的操作可被分类为：初始化操作（open，setup）、计算操作（deposit，withdraw）、查询操作（balance，summarize，creditLimit）和终止操作（close）。

3）基于故障的测试

基于故障的测试（fault based testing）与传统的错误推测法类似，也是首先推测软件中可能有的错误，然后设计出最可能发现这些错误的测试用例。例如，在问题的边界处容易犯错误，因此，在测试时，应该着重检查边界情况。

2. 类间测试用例设计

测试类或构件被组装后相互之间能否正常交互完成指定的功能。使用 Use Case 作为测试的主要驱动，顺序图、协作图为测试提供帮助。和单个类一样，可通过应用随机和划分方法以及基于场景和行为模型导出测试用例。

11.6 思考与练习

1. 传统的开发方法存在什么问题？
2. 什么是对象？什么是类、事件和方法？
3. 面向对象有什么特征？
4. 常用的面向对象开发方法有哪几种？
5. 简述面向对象开发过程。
6. 面向对象分析原则是什么？
7. 简述面向对象分析过程。
8. 简述面向对象设计策略。
9. 面向对象程序设计的优点是什么？
10. 如何选择面向对象开发语言？
11. 面向对象测试同传统的测试之间有什么区别？

参 考 文 献

[1] 曹雪虹.信息论与编码[M].北京：清华大学出版社，2009.

[2] 邹永魅.信息论基础[M].北京：科学出版社，2010.

[3] 秦树文.企业管理信息系统[M].北京：清华大学出版社，2008.

[4] 薛华成.管理信息系统[M].北京：清华大学出版社，2004.

[5] 陆安生，欧阳峥峥，李禹生等.管理信息系统[M].北京：中国水利水电出版社，2007.

[6] 彭澎等.管理信息系统[M].北京：机械工业出版社，2007.

[7] 王宜贵，万建成，眭碧霞.软件工程[M].北京：机械工业出版社，2008.

[8] 刘晓强，施伯乐.信息系统与数据库技术[M].北京：机械工业出版社，2008.

[9] 张海藩.软件工程[M].北京：清华大学出版社，2009.

[10] 赵池龙，姜义平，张建.软件工程实践教程[M].北京：电子工业出版社，2007.